中国机械工业教育协会"十四五"普通高等教育规划教材

21世纪普通高等教育系列教材

工程力学简明教程

主　编　付彦坤　赵同彬　陈俊国
副主编　马静敏　李龙飞　高　明　刘星光
参　编　赵增辉　冯元慧　赵志刚　郝　鹏
　　　　吕艳伟　邱　月　李家亮

机械工业出版社

本书是在充分调研当前工科院校有关专业"工程力学"课程开设情况的基础上，对课程体系进行了优化改革，在确保经典内容的前提下，力求使基础力学的基本概念和基本理论的论述简明扼要，易于理解和应用，以便更好地为广大师生服务。

　　本书内容包含静力学和材料力学两部分，可供48学时左右的"工程力学"课程各相关专业（如安全工程、物流工程、水文工程、测绘工程、工程管理、车辆工程、高分子工程等）选用，或作为自学、函授及辅导教材，也可供相关的工程技术人员参考使用。

图书在版编目（CIP）数据

工程力学简明教程/付彦坤，赵同彬，陈俊国主编. —北京：机械工业出版社，2023.12（2025.2重印）

21世纪普通高等教育系列教材

ISBN 978-7-111-73783-4

Ⅰ.①工… Ⅱ.①付… ②赵… ③陈… Ⅲ.①工程力学-高等学校-教材
Ⅳ.①TB12

中国国家版本馆 CIP 数据核字（2023）第 165834 号

机械工业出版社（北京市百万庄大街22号　邮政编码100037）
策划编辑：张金奎　　　　　　　责任编辑：张金奎　汤　嘉
责任校对：贾海霞　梁　静　　　封面设计：张　静
责任印制：刘　媛
涿州市般润文化传播有限公司印刷
2025年2月第1版第2次印刷
184mm×260mm·18印张·445千字
标准书号：ISBN 978-7-111-73783-4
定价：53.00元

电话服务　　　　　　　　　　　网络服务
客服电话：010-88361066　　　机　工　官　网：www.cmpbook.com
　　　　　010-88379833　　　机　工　官　博：weibo.com/cmp1952
　　　　　010-68326294　　　金　书　网：www.golden-book.com
封底无防伪标均为盗版　　　机工教育服务网：www.cmpedu.com

前　言

　　"工程力学"是工科院校诸多专业的专业基础课。它不仅提供后续专业课程的基础知识，而且可以传授科学的研究方法，训练严谨的逻辑思维，培养科学地解决工程实际问题的能力和正确的价值观。

　　本书的内容符合教育部高等学校力学教学指导委员会颁布的《高等学校理工科非力学专业力学基础课程教学基本要求》，是结合目前普通工科院校工程力学教学及教材现状，在参考了诸多优秀教材及总结多年的教学经验基础上编写而成的。

　　在编写过程中，编者还吸取了多所院校近年来工程力学课程教学改革的成功经验。本书在内容上力求精简，重点内容都配有编者录制的教学视频（扫码观看），便于教师教学和学生自学；尽量减少理论的推导过程。本书还配有思考题和大量习题。

　　本书由付彦坤（第 1、7 章）、赵同彬（第 11 章）、陈俊国（第 4 章）、马静敏（第 2 章）、李龙飞（第 12 章）、高明（第 9 章）、刘星光（第 10 章）、赵增辉（第 15 章）、冯元慧（第 13 章）、赵志刚（第 14 章）、郝鹏（第 3 章）、吕艳伟（第 8 章）、邱月（第 6 章）、李家亮（第 5 章）共同编写。

　　本书的出版得到了山东省工程力学线上线下混合式一流本科课程项目的资助。由于编者水平有限，书中难免有不妥之处，欢迎读者批评指正。

编者

2023 年 6 月于山东青岛

目 录

第1篇

刚体静力学

静力学是研究物体在力系作用下平衡规律的科学。

物体相对于惯性参考系（如固连在地面上的参考系）保持静止或做匀速直线运动的状态，称为**平衡状态**，简称为**平衡**。在实际工程中，通常把固连在地球上的参考系近似作为惯性参考系来研究物体相对于地球的平衡问题，这能够较好地与实际问题相吻合。

静力学以刚体为研究对象，所以也称为**刚体静力学**。

静力学的基本概念、公理及物体的受力分析是研究静力学的基础。本章将介绍刚体与力的概念及静力学公理，阐述工程中常见的约束和约束力的类型，介绍物体的受力分析及受力图。这些是解决力学问题的基础。

1.1 静力学基本概念

1.1.1 力

力是物体间的机械作用。这种作用使物体的机械运动状态和物体的形状或体积发生变化。有一个力，就必然有一个施力物体和一个受力物体。物体间相互作用力的形式多种多样，归纳起来可分为两大类：一类是物体间的直接接触作用产生的作用力，如压力、摩擦力等；另一类是通过场产生的作用力，如万有引力和电磁力等。

实践表明，力对物体的作用效果完全取决于力的**三要素**，即力的大小、力的方向和力的作用点。

力是具有大小和方向的量，即力是矢量。它常用带箭头的直线线段或黑体字母来表示，如图 1-1 所示。其中，线段 AB 的长度（按一定的比例）表示力的大小，线段的方位（与水平方向的夹角 θ）和箭头的指向表示力的方向，线段的起点或终点都可以表示力的作用点。过力的作用点沿力的矢量方向画出直线 KL，称为力的作用线。

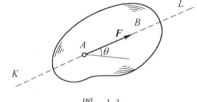

图 1-1

在国际单位制（SI）中，力的单位是 N（牛）或 kN（千牛）。

在本篇中，凡是矢量都用粗斜体字母表示，如力 F；而这个矢量的大小（标量）则用斜体的同一字母（非黑体）表示，如 F。

1.1.2 力系

作用在物体上的一群力称为**力系**。力的作用线在同一平面内，该力系称为平面力系；力的作用线为空间分布的，称为空间力系；力的作用线（或作用线的延长线）汇交于同一点的，称为汇交力系；力的作用线相互平行的，称为平行力系；力的作用线既不平行又不汇交的，称为任意力系。如果力系作用于物体上而不改变其运动状态，则称该力系为**平衡力系**。如果两个力系分别作用于同一个物体上其效果相同，则这两个力系称为**等效力系**。若一个力与一个力系等效，则称这个力是这个力系的合力，而该力系中的每一个力都是这个合力的分力。对一个比较复杂的力系求与它等效的简单力系的过程称为**力系的简化**。

1.2 静力学公理

公理是人们在生产和生活实践中长期积累的经验总结，又经过实践反复检验，被确认是符合客观实际的最普遍、最一般的规律。静力学公理是静力学的理论基础，静力学的定理、推论都可由静力学公理通过数学论证推导出来。

公理一　二力平衡公理

作用于刚体上的两个力，使刚体保持平衡的充要条件是这两个力的大小相等、方向相反且作用在同一条直线上（等值、反向、共线），如图1-2所示。

公理一总结了作用于刚体上的最简单的力系平衡时所必须满足的条件。需要指出的是，此公理只适用于刚体，对于变形体而言这个条件仅仅是必要条件。

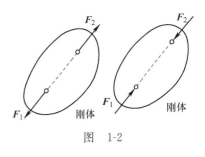

图　1-2

公理二　加减平衡力系公理

在作用于刚体的力系上增加或减去一组平衡力系不改变原力系对刚体的作用效果。

这个公理也只适用于刚体且必须是在同一个刚体上。对变形体来说，增加或减去一组平衡力系，改变了变形体各处的受力状态，将引起其内、外效应的变化。加减平衡力系公理是研究力系等效替换的重要依据。

推论一　力的可传性

作用于刚体上的力可沿其作用线移动到刚体内任一点，而不改变该力对刚体的作用效果。

证明：设力 F 作用于刚体上的 A 点，如图1-3a所示。在其作用线上任一点 B 增加一组平衡力 F' 和 F''，且令 $F'=-F''=F$，根据加减平衡力系公理，一个力 F 与三个力 F、F'、F''等效，如图1-3b所示。在这三个力中，显然 F 与 F'' 构成一平衡力系，再减去这个平衡力系，则作用在刚体上 B 点的力 F' 与作用在 A 点的力 F 等效，即力 F 可以从 A 点沿其作用线任意移动到同一刚体内的 B 点，如图1-3c所示。

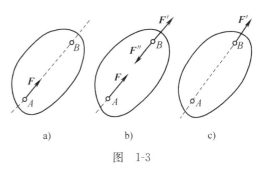

a)　　　　b)　　　　c)

图　1-3

根据力的可传性，力在刚体上的作用点已被它的作用线所代替，所以作用于刚体上力的三要素又可表述为：力的大小、作用线和指向。因此，作用于刚体上的力矢是**滑动矢量**。

公理三　力的平行四边形法则

作用于同一点的两个力可以合成为作用于该点的一个合力，合力的大小和方向由以这两个力矢量为邻边所构成的平行四边形的对角线表示（见图 1-4a）。以 F_R 表示力 F_1、F_2 的合力，则按平行四边形法则相加，这个定律可表示为 $F_R = F_1 + F_2$，即作用于物体同一点的两个力的合力矢，等于这两个力的矢量和。事实上，将二力合成时，可以不必画出平行四边形，只需任选一点 a，作 ab 表示力矢 F_1，过其末端 b 作 bc 表示力矢 F_2，则 ac 即为合力矢 F_R（见图 1-4b），由分力矢和合力矢所构成的三角形 abc 称为**力三角形**。这种方法也称为力的三角形法则。该公理是复杂力系简化的理论依据。

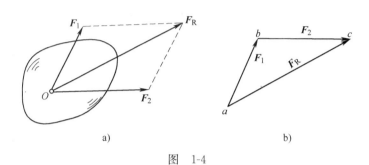

图　1-4

推论二　三力平衡汇交定理

刚体在三个同一平面互不平行的力作用下平衡，若其中两个力的作用线相交，则第三个力的作用线必过该交点。

证明： 设在刚体上 A、B、C 三点分别作用有同平面的力 F_1、F_2、F_3（见图 1-5），由力的可传性，将力 F_1 和 F_2 分别从 A 点和 B 点滑移到 O 点；由力的平行四边形法则，将这两个力合成为 F_R。由二力平衡公理知，若刚体在 F_R 和 F_3 作用下平衡，F_R 和 F_3 必共线，即 F_1、F_2、F_3 必汇交于一点，于是定理得证。

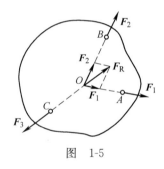

图　1-5

公理四　作用与反作用定律

物体间相互作用的力总是同时存在，大小相等，方向相反，沿同一条直线，并且分别作用在这两个物体上。

这个公理概括了任何两个物体间相互作用力的关系。有作用力，必有反作用力。两者总是同时存在，又同时消失。因此，力总是成对出现在两个相互作用的物体之间。

公理五　刚化原理

变形体在某一力系作用下平衡，如将此变形体刚化为刚体，其平衡状态不变。

这个公理提供了把变形体刚化为刚体模型的条件。如图 1-6 所示，绳索在等值、反向、共线的两个拉力作用下处于平衡，如将绳索刚化成刚体，其平衡状态保持不变。反之，假设刚体在两个等值反向的压力作用下处于平衡，若将它换成绳索，就不能平衡了，这时绳索不能刚化为刚体。

图　1-6

由此可见，刚体的平衡条件是变形体平衡的必要条件，而非充分条件。在刚体静力学的基础上，考虑变形体的特性，可进一步研究变形体的平衡问题。

静力学全部理论都可以由上述五个公理推导而得到，如前述的推论一和推论二。本篇基本上采用这种逻辑推演的方法来建立静力学的理论体系。这样一方面能保证理论体系的完整性和严密性，另一方面也可以培养读者的逻辑思维能力。然而，对于某些易于理解而推证过程又比较烦琐的个别结论，将省略其证明过程，直接给出结论，以便于应用。

1.3　约束和约束力

有些物体，例如飞行中的飞机、炮弹和火箭等，它们在空间的位移不受到任何限制。像这种位移不受限制的物体称为**自由体**。

相反，有些物体在空间的位移却要受到一定的限制。如火车受铁轨的限制，只能沿轨道运动；电动机转子受轴承的限制，只能绕轴线转动；重物由钢索吊住，不能下落等。像这种位移受到限制的物体称为**非自由体**。对非自由体的某些位移起限制作用的周围物体称为**约束体**，简称为**约束**。例如，铁轨对于机车、轴承对于电动机转子、钢索对于重物等，都是约束。

既然约束阻碍着物体的位移，也就是约束能够起到改变物体运动状态的作用，所以约束对物体的作用，实际上就是力，这种力称为**约束力**。约束力的方向必与该约束所能够阻碍的位移方向相反。因此，约束力以前又称为约束反力。应用这个准则，可以确定约束力的方向或作用线的位置。约束力的大小则是未知的。在静力学问题中，约束力和物体受的其他已知力（称主动力）组成平衡力系，因此可用平衡条件求出未知的约束力。

下面介绍几种在工程中经常遇到的约束类型和确定约束力方向的方法。

1.3.1　柔体约束

各种柔体（如绳索、钢丝绳、胶带、链条等）对物体形成的约束称为**柔体约束**。

由于柔体只能限制物体沿柔体中心线伸长方向的运动，而不能限制物体沿其他方向的运动，所以柔体的约束力方向必定沿柔体的轴线且背离被约束物体，即柔体只能承受拉力，如用钢丝绳吊起的重物（见图 1-7a）。根据约束的性质，钢丝绳只能承受拉力，因此，钢丝绳给构件的拉力为 F_A、F_B，作用线分别沿 AC 与 BC，如图 1-7b 所示。

链条或胶带都只能承受拉力，当它们绕在轮子上时，对轮子的约束力沿轮子的切线方向，如图 1-8 所示。

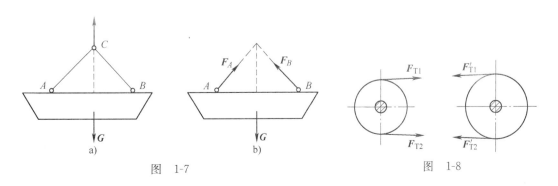

图　1-7　　　　　　　　　　　　　　　　　图　1-8

1.3.2　光滑接触面约束

当两物体接触面上的摩擦力很小，可以忽略不计时，即可认为接触面是光滑的，由光滑接触面形成的约束称为**光滑接触面约束**。这类约束只能限制物体沿接触面的公法线指向支承面的移动，而不限制物体沿公切线或离开支承面的运动，因此，光滑接触面的约束力通过接触点，方向沿接触面的公法线并指向被约束物体（即通常称为法向力），如图 1-9 所示。

图　1-9

1.3.3　光滑圆柱铰链与铰链支座

光滑圆柱铰链简称为**铰链**，在工程结构和机械设备中常用以连接构件或零部件。铰链是用圆柱销插入两物体的圆孔构成的，如图 1-10a、b 所示；铰链的简图如图 1-10c 所示。若销钉与物体间的接触是光滑的，则这种约束只能限制物体在垂直于销钉轴线平面内任意方向的运动，但不能限制物体绕销钉的转动和沿销钉轴线方向的移动。显然，铰链的约束力作用于物体与销钉接触面的公法线上，并且指向物体（见图 1-10d 中的 D 点）。由于假设销钉是光滑的圆柱形，故可知约束力必作用于接触点 D 并通过销钉的中心 O，如图 1-10d 中的 F_{RO}；由于接触点不能预先确定，F_{RO} 的方向是未知的。因此，铰链的约束力作用在垂直于销钉轴线的平面内，通过销钉中心，而方向待定。

图　1-10

在实际的受力分析中，通常把它分解为两个相互垂直且通过销钉中心的分力，用 F_{Ox}、

F_{Oy} 来表示（见图 1-10e、f），其指向可以任意假设，假设的正确性根据计算结果来判断。如果铰链连接中有一个固定在地面或机架上作为支座，则这种约束称为**固定铰链支座**，简称固定铰支座，其基本结构如图 1-11a 所示。固定铰支座的约束特性与铰链相同，固定铰支座的简图以及约束力的表示方法分别如图 1-11b、c 所示。

图　1-11

1.3.4　可动铰链支座

在固定铰支座下面用几个辊轴支撑于平面上，并允许支座可以沿着支承面运动，但不能脱离支承面，就构成了**可动铰链支座**，也称**辊轴支座**、**可动支座**，如图 1-12a 所示。不计各接触面的摩擦，这种支座不能限制物体绕销钉转动和沿支承面的运动，只能限制物体沿与支承面垂直方向（指向或背离支承面）的运动。因此辊轴支座约束力垂直于支承面，且通过销钉中心，指向要由支座与哪一支承面接触来确定。图 1-12b、c 分别为这种支座的简图及其约束力的表示法。

图　1-12

1.3.5　二力杆

物体有时用两端为铰链连接的刚杆支承，如图 1-13a 中的 AB 杆，若杆本身的重力不计，那么这种只有两端受力而处于平衡的构件称为**二力构件**，简称"二力杆"。由二力平衡公理知，作用于二力杆两端的约束力作用线必然通过两铰链的中心，如图 1-13b 中的 F_A 和 F_B 的作用线必过 A、B 两点，其方向待定。二力杆不一定是直杆，也可以是曲杆。

应当指出，工程中约束类型远不止这些，有些约束比较复杂，如何把工程中的约束简化为基本类型的约束，这就需要对实际约束的构

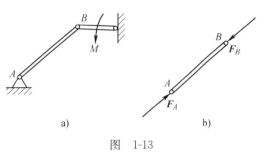

图　1-13

造及其性质进行具体的分析，将结构的实际约束进行简化。以上介绍的约束类型均为平面约束，空间约束将在第 6 章中介绍。

1.4 受力分析与受力图

在工程实际中，为了求出未知的约束力，需要根据已知力，应用平衡条件求解。为此，首先要确定构件受了几个力，以及每个力的作用位置和作用方向。这个分析过程称为**物体的受力分析**。

作用在物体上的力可分为两类：一类是主动力，例如物体的重力、风力、气体压力、电磁力等，其大小和方向一般是已知的；另一类是约束对于物体的约束力，为未知的被动力。为了清晰地表示物体的受力情况，我们把需要研究的物体（称为受力体）从周围的物体（称为施力体）中分离出来，再单独画出它的简图。这个步骤叫作**取研究对象**或**取分离体**。然后把施力物体对研究对象的作用力（包括主动力和约束力）全部画出来。这种表示物体受力的简明图形，称为**受力图**。画物体受力图是解决力学问题最基础的一个重要步骤，下面举例说明。

例 1-1 用力 F 拉动碾子以压平路面，重为 G 的碾子受到一石块的阻碍，如图 1-14a 所示。试画出碾子的受力图。

解：（1）取碾子为研究对象（即取分离体），并单独画出其简图。

（2）画主动力。即重力 G。

（3）画约束力。因碾子在 A 和 B 两处受到石块和地面的约束，如不计摩擦，均为光滑接触面约束，故在 A 处受石块的法向约束力 F_{NA} 的作用，在 B 处受地面的法向约束力 F_{NB} 的作用，它们都沿着碾子上接触点的公法线而指向圆心。还有杆对碾子中心的作用力。由于杆为二力杆，故其对碾子的力为 F'。碾子的受力图如图 1-14b 所示。

图 1-14

例 1-2 屋架如图 1-15a 所示。A 处为固定铰链支座，B 处滚动铰支座，置于光滑的水平面上。已知屋架自重 G，在屋架的 AC 边上承受了垂直于它的均匀分布的风力，单位长度上承受的力为 q。试画出屋架的受力图。

图 1-15

解：（1）取屋架为研究对象，除去约束并画出其简图。

（2）画主动力。有屋架的重力 **G** 和均布的风力 **q**。

（3）画约束力。因 A 处为固定铰支座，其约束力通过铰链中心 A，但方向不能确定，可由两个大小未知的正交分力 F_{Ax} 和 F_{Ay} 表示。B 处为滚动铰支座，约束力垂直向上，用 F_{NB} 表示。

屋架的受力图如图 1-15b 所示。

例 1-3　由水平杆 AB 和斜杆 BC 构成的管道支架如图 1-16a 所示，在 AB 杆上放一重为 G 的管道。A、B、C 处均为铰链连接，不计各杆自重，各接触面都是光滑的，试分别画出管道 O、水平杆 AB、斜杆 BC 及整体的受力图。

解：杆件受力如图 1-16b～e 所示，读者可自行分析。

另外还可根据三力平衡汇交定理确定 A 铰链的约束力的作用线。读者可自己画出受力图。

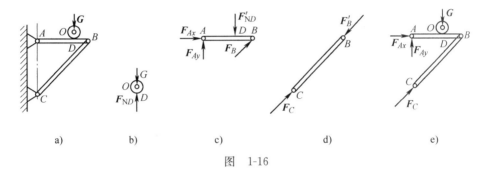

图　1-16

例 1-4　如图 1-17a 所示的三铰拱桥，由左、右两拱铰接而成。设各拱自重不计，在拱 AC 上作用有载荷 F_P。试分别画出拱 AC 和 CB 的受力图。

解：（1）先分析拱 BC 的受力。由于拱 BC 自重不计，且只在 B、C 处分别受 F_B、F_C 两力的作用，由二力平衡公理知 $F_B = -F_C$，这两个力的方向如图 1-17b 所示。

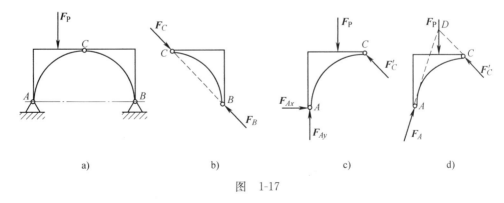

图　1-17

（2）取拱 AC 为研究对象。由于不计自重，因此主动力只有载荷 F_P。拱在铰链 C 处受有拱 BC 给它的约束力 F_C' 的作用，根据作用与反作用定律，$F_C' = -F_C$。拱在 A 处受有固定铰支座给它的约束力 F_A 的作用，由于方向未定，可用两个大小未知的正交分力 F_{Ax} 和 F_{Ay} 代替。拱 AC 的受力图如图 1-17c 所示。

进一步分析可知，由于拱 AC 在 F_P、F_C' 和 F_A 三个力作用下平衡，故可根据三力平衡汇交定理，确定铰链 A 处约束力 $\boldsymbol{F}_A$ 的方向。点 D 为力 $\boldsymbol{F}_P$ 和 $\boldsymbol{F}_C'$ 作用线的交点，当拱 AC 平衡时，A 点的约束力的作用线必通过点 D（见图 1-17d）；至于 $\boldsymbol{F}_A$ 的指向，可以根据平衡条件判定或假定指向。请读者考虑：当左右两拱都计入自重时，各受力图有何不同？

例 1-5 如图 1-18a 所示，梯子的两部分 AB 和 AC 在点 A 铰接，在 D、E 两点用水平绳连接。梯子放在光滑水平面上，若其自重不计，但在 AB 的中点 H 处作用一铅直载荷 $\boldsymbol{F}_P$，试分别画出绳子 DE 和梯子的 AB、AC 部分以及整个系统的受力图。

解：（1）绳子 DE 的受力分析。绳子两端 D、E 分别受到梯子对它的拉力 $\boldsymbol{F}_D$、$\boldsymbol{F}_E$ 的作用，绳子为柔体约束，如图 1-18b 所示。

（2）梯子 AB 部分的受力分析。它在 H 处受载荷 $\boldsymbol{F}_P$ 的作用，在铰链 A 处受 AC 部分给它的约束力 $\boldsymbol{F}_{Ax}$ 和 $\boldsymbol{F}_{Ay}$ 的作用。在点 D 受绳子对它的拉力 $\boldsymbol{F}_D'$（与 $\boldsymbol{F}_D$ 互为作用力和反作用力）。在点 B 受光滑地面对它的法向约束力 $\boldsymbol{F}_B$ 的作用。梯子 AB 部分的受力图如图 1-18c 所示。

（3）梯子 AC 部分的受力分析。在铰链 A 处受 AB 部分对它的作用力 $\boldsymbol{F}_{Ax}'$ 和 $\boldsymbol{F}_{Ay}'$（分别与 $\boldsymbol{F}_{Ax}$ 和 $\boldsymbol{F}_{Ay}$ 互为作用力和反作用力）。在点 E 受绳子对它的拉力 $\boldsymbol{F}_E'$（与 $\boldsymbol{F}_E$ 互为作用力和反作用力）。在 C 处受光滑地面对它的法向约束力 $\boldsymbol{F}_C$。梯子 AC 部分的受力图如图 1-18d 所示。

（4）整个系统的受力分析。当选整个系统为研究对象时，可把平衡的整个结构刚化为刚体。由于铰链 A 处所受的力互为作用力与反作用力关系，即 $\boldsymbol{F}_{Ax}=-\boldsymbol{F}_{Ax}'$，$\boldsymbol{F}_{Ay}=-\boldsymbol{F}_{Ay}'$，绳子与梯子连接点 D 点和 E 点所受的力也分别互为作用力与反作用力关系，即这些力都成对地作用在整个系统内，称为**内力**。内力对系统的作用效果相互抵消，因此可以除去，并不影响整个系统的平衡，故内力在受力图上不必画出。在受力图上只需画出系统以外的物体给系统的作用力，这种力称为**外力**。这里，载荷 $\boldsymbol{F}_P$ 和约束力 $\boldsymbol{F}_B$、$\boldsymbol{F}_C$ 都是作用于整个系统的外力。整个系统的受力图如图 1-18e 所示。

图 1-18

应该指出，内力与外力的区分不是绝对的。例如，当把梯子的 AC 部分作为研究对象时，$\boldsymbol{F}_{Ax}'$、$\boldsymbol{F}_{Ay}'$ 和 $\boldsymbol{F}_E'$ 均属外力；但取整体为研究对象时，$\boldsymbol{F}_{Ax}'$、$\boldsymbol{F}_{Ay}'$ 和 $\boldsymbol{F}_E'$ 又成为内力。可见内力与外力的区分，只有相对某一确定的研究对象才有意义。

例 1-6 图 1-19a 所示的平面构架，由杆 AB、DE 及 DB 铰接而成。A 为二力杆约束，E 为固定铰链。绳一端系在 K 处，另一端绕过定滑轮 Ⅰ 和动滑轮 Ⅱ 后系在销钉 B 上。物重为 G，各杆及滑轮的自重不计。

（1）试分别画出各杆、各滑轮、销钉 B 以及整个系统的受力图；

（2）画出销钉 B 与滑轮 I 一起的受力图；

（3）画出杆 AB、滑轮 I、滑轮 II、绳和重物作为一个系统时的受力图。

解：（1）取杆 BD 为研究对象（不含销钉 B）。由于 BD 为二力杆，故在铰链中心 D、B 处分别受 $\boldsymbol{F}_{DB}$、$\boldsymbol{F}_{BD}$ 两力的作用，其中 $\boldsymbol{F}_{BD}$ 为销钉给孔 B 的约束力，其受力图如图 1-19b 所示。

（2）取杆 AB 为研究对象（不含销钉 B）。A 处有二力杆约束的约束力 $\boldsymbol{F}_A$ 的作用；C 为铰链约束，其约束力可用两个正交分力 $\boldsymbol{F}_{Cx}$、$\boldsymbol{F}_{Cy}$ 表示；B 处受有销钉给孔 B 的约束力，亦可用两个正交分力 $\boldsymbol{F}_{Bx}$、$\boldsymbol{F}_{By}$ 表示，方向暂先假设如图所示。杆 AB 的受力如图 1-19c 所示。

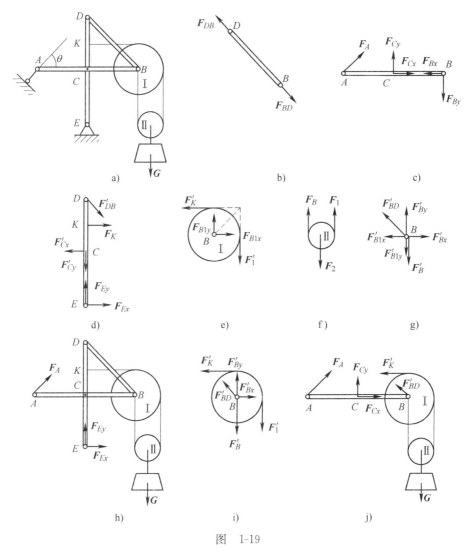

图　1-19

（3）取杆 DE 为研究对象。其上共有 D、K、C、E 四处受力，D 处受二力杆给它的约束力 $\boldsymbol{F}'_{DB}$（$\boldsymbol{F}'_{DB}=-\boldsymbol{F}_{DB}$）；$K$ 处受绳的拉力 $\boldsymbol{F}_K$；铰链 C 受到反作用力 $\boldsymbol{F}'_{Cx}$ 与 $\boldsymbol{F}'_{Cy}$（$\boldsymbol{F}'_{Cx}=-\boldsymbol{F}_{Cx}$，$\boldsymbol{F}'_{Cy}=-\boldsymbol{F}_{Cy}$）；$E$ 为固定铰链，其约束力可用两个正交分力 $\boldsymbol{F}_{Ex}$ 与 $\boldsymbol{F}_{Ey}$ 表示。杆 DE 的受力

如图 1-19d 所示。

(4) 取轮I为研究对象(不含销钉 B)。其上受有两段绳的拉力外 F_1'、F_K'($F_K' = -F_K$),还有销钉 B 对孔 B 的约束力 F_{B1x} 及 F_{B1y}。其受力如图 1-19e 所示(亦可根据三力平衡汇交定理,确定铰链 B 处约束力的方向,如图 1-19e 中虚线所示)。

(5) 取轮II为研究对象。其上受三段绳拉力 F_1、F_B 及 F_2,其中 $F_1' = -F_1$。轮II的受力图如图 1-19f 所示。

(6) 单独取销钉 B 为研究对象。它与杆 DB、AB、轮I及绳等四个物体连接,因此这四个物体对销钉都有力作用。二力杆 DB 对它的约束力为 F_{BD}'($F_{BD}' = -F_{BD}$);杆 AB 对它的约束力为 F_{Bx}'、F_{By}'($F_{Bx}' = -F_{Bx}$、$F_{By}' = -F_{By}$);轮I给销钉 B 的约束力为 F_{B1x}' 与 F_{B1y}'($F_{B1x}' = -F_{B1x}$、$F_{B1y}' = -F_{B1y}$);另外还受到绳对销钉 B 的拉力 F_B'($F_B' = -F_B$)。其受力图如图 1-19g 所示。

(7) 当取整体为研究对象时,可把整个系统刚化为刚体。其上铰链 B、C、D 及绳各处均受到成对的内力,故可不画。系统的外力除主动力 G 外,还有约束力 F_A 与 F_{Ex}、F_{Ey}。其受力图如图 1-19h 所示。

(8) 当取销钉 B 与滑轮I局部系统为研究对象时,销钉 B 与滑轮I之间的作用与反作用力为内力,可不画。其上除受三绳拉力 F_B'、F_1' 及 F_K' 外,还受到二力杆 BD 及杆 AB 在 B 处对它的约束力 F_{BD}' 及 F_{Bx}'、F_{By}'。其受力图如图 1-19i 所示。

(9) 当取杆 AB、滑轮I、II以及重物、绳(包括销钉 B)局部系统为研究对象时,可将此系统刚化为一个刚体。这样,销钉 B 与轮I、杆 AB、绳之间的作用与反作用力都是作用在同一刚体上的成对内力,可不画。系统上的外力有主动力 G,约束力 F_A、F_{BD}' 及 F_{Cx}、F_{Cy},还有 K 处的绳拉力 F_K'。其受力如图 1-19j 所示。

正确地画出物体的受力图,是分析、解决力学问题的基础。画受力图时必须注意如下几点:

(1) 必须明确研究对象。根据求解需要,可以取单个物体为研究对象,也可以取由几个物体组成的系统为研究对象。不同的研究对象的受力图是不同的。

(2) 正确确定研究对象受力的数目。对每一个力都应有明确的施力物体,绝不能凭空产生。同时,也不可漏掉一个力。一般可先画已知的主动力,再画约束力;凡是研究对象与外界接触的地方,都一定存在约束力。

(3) 正确画出约束力。一个物体往往同时受到几个约束的作用,这时应分别根据每个约束本身的类型来确定其约束力的方向,而不能凭主观臆测。

(4) 当分析两物体间相互的作用力时,应遵循作用与反作用定律。若作用力的方向一经假定,则反作用力的方向应与之相反。当画整个系统的受力图时,由于内力成对出现,组成平衡力系,因此不必画出,只需画出全部外力。

思 考 题

1-1 试区别 $F_R = F_1 + F_2$ 和 $F_R = F_1 + F_2$ 两个等式代表的含义。

1-2 什么叫二力构件? 分析二力构件受力时与构件的形状有无关系?

1-3　设在刚体上 A 点作用有如图 1-20 所示的 $\boldsymbol{F}_1$、$\boldsymbol{F}_2$、$\boldsymbol{F}_3$ 三个力，其中 $\boldsymbol{F}_1$、$\boldsymbol{F}_2$ 共线，问此三力能否保持平衡？

1-4　作用于三角架 AB 杆中点的铅垂力 $\boldsymbol{F}$（见图 1-21），能否沿其作用线移到 BC 杆的中点？（要求 A、C 处支座约束力大小及方向保持不变）

图　1-20

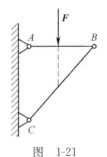

图　1-21

1-5　下列说法是否正确？为什么？

(1) 合力一定比分力大。

(2) 同一平面内作用线不汇交于同一点的三个力一定不平衡。

(3) 同一平面内作用线汇交于一点的三个力一定平衡。

1-6　光滑圆柱铰链约束的约束力一般可用两个相互垂直的分力表示，该两个分力是否一定沿水平方向和铅垂方向？是否一定要用两个垂直的分力表示？

 习　题

1-1　画出题 1-1 图中各物体的受力图。设各接触面均为光滑，未画出重力的物体其重量不计。

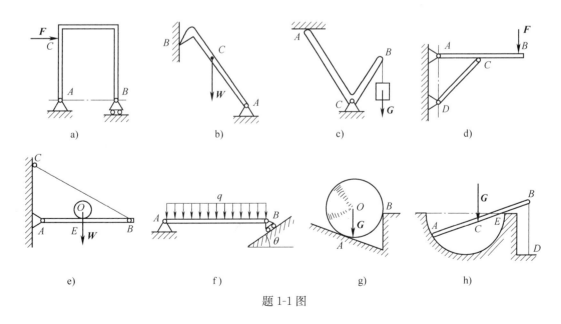

题 1-1 图

1-2　画出题 1-2 图中每一个物体及整体的受力图。设各接触面均为光滑，未画出重力的物体其重量不计。

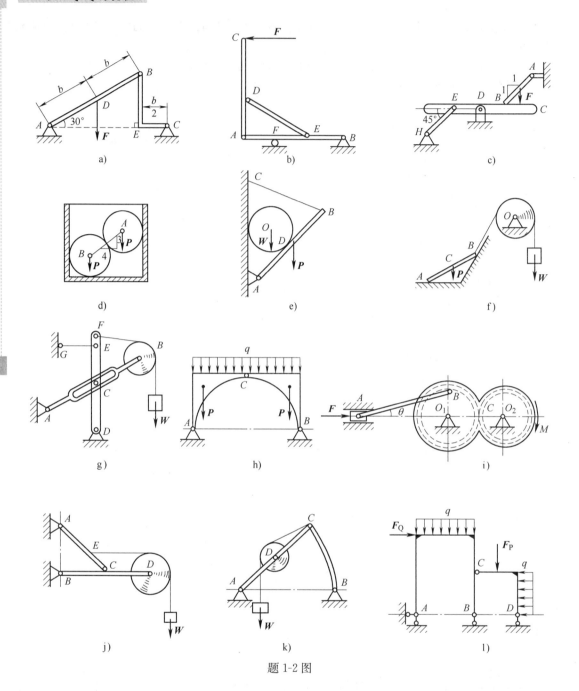

题 1-2 图

第2章
平面汇交力系

平面汇交力系是各种力系中最简单、最基本的一种力系，本章将分别用几何法与解析法研究平面汇交力系的合成与平衡问题。

2.1 平面汇交力系合成的几何法与平衡的几何条件

2.1.1 平面汇交力系合成的几何法

设刚体上的 A 点作用有四个同平面的力 F_1、F_2、F_3、F_4，如图 2-1a 所示。应用力三角形法则，各力依次合成，即先将 F_1 和 F_2 合成，则 ac 表示 F_1 和 F_2 合力矢；再作 cd 表示 F_3，则 ad 表示 F_1、F_2、F_3 的合力矢；最后作 de 表示 F_4，ae 即为 F_1、F_2、F_3、F_4 的合力矢 F_R（见图 2-1b）。

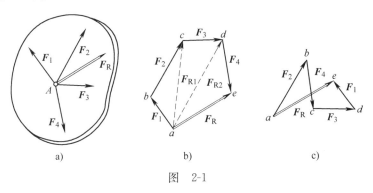

图 2-1

这种求合力矢 F_R 的方法称为**力多边形法则**，多边形 $abcde$ 称为**力多边形**，ae 称为力多边形的封闭边。因此，可得出如下结论：平面汇交力系合成的结果为一个合力，合力的作用线过力系的汇交点，其大小和方向可用力多边形的封闭边表示，即

$$F_R = F_1 + F_2 + \cdots + F_n = \sum_{i=1}^{n} F_i \tag{2-1}$$

根据矢量相加的交换律，任意变换各分力矢的作图顺序，可得形状不同的力多边形，但其合力的大小与方向不变，如图 2-1c 所示。如力系中各力的作用线都沿同一直线，则此力系称为**共线力系**，它是平面汇交力系的特殊情况，它的力多边形在同一直线上。若沿直线的某一指向为正，相反方向为负，则力系合力的大小与方向取决于各分力的代数和，即

$$F_{R} = \sum_{i=1}^{n} F_i \tag{2-2}$$

2.1.2 平面汇交力系平衡的几何条件

由于平面汇交力系可用其合力来代替，显然，平面汇交力系平衡的必要和充分条件是：该力系的合力等于零。即

$$\sum_{i=1}^{n} \boldsymbol{F}_i = 0 \tag{2-3}$$

在平衡情形下，力多边形中最后一力的终点与第一力的起点重合，此时的力多边形称为封闭的力多边形。于是，平面汇交力系平衡的几何条件是：**该力系的力多边形自行封闭。**

求解平面汇交力系的平衡问题时可用图解法，即按比例先画出封闭的力多边形，然后量得所要求的未知量；也可根据图形的几何关系，用三角公式计算出所要求的未知量，这种解题方法称为**几何法**。

例 2-1 支架的横梁 AB 与斜杆 DC 用铰链 C 相连接，并各以铰链 A、D 连接于铅直墙上，如图 2-2a 所示。已知 $AC = CB$；杆 DC 与水平线成 $45°$ 角；载荷 $F = 10$ kN，作用于 B 处。梁和杆的重量忽略不计，求铰链 A 的约束力和杆 DC 所受的力。

图　2-2

解：选取横梁 AB 为研究对象。横梁在 B 处受载荷 F 作用。DC 为二力杆，它对横梁 C 处的约束力 $\boldsymbol{F}_C$ 的作用线必沿两铰链 D、C 中心的连线。铰链 A 的约束力 $\boldsymbol{F}_A$ 的作用线可根据三力平衡汇交定理确定，即通过另两力的交点 E，如图 2-2b 所示。

根据平面汇交力系平衡的几何条件，这三个力应组成一封闭的力三角形。按照图中力的比例尺，先画出已知力矢 $\overrightarrow{ab} = \boldsymbol{F}$，再由点 a 作直线平行于 AE，由点 b 作直线平行于 CE，这两直线相交于点 d，如图 2-2c 所示。由力三角形 abd 封闭，可确定 $\boldsymbol{F}_C$ 和 $\boldsymbol{F}_A$ 的指向。

在力三角形中，线段 bd 和 da 分别表示力 $\boldsymbol{F}_C$ 和 $\boldsymbol{F}_A$ 的大小，量出它们的长度，按比例换算即可求得

$$F_C = 28.3 \text{ kN}, \quad F_A = 22.4 \text{ kN}$$

根据作用力和反作用力的关系，作用于杆 DC 的 C 端的力 $\boldsymbol{F}'_C$ 与 $\boldsymbol{F}_C$ 的大小相等，方向相

反。由此可知杆 *DC* 受压力，如图 2-2b 所示。

应该指出，封闭力三角形也可以如图 2-2d 所示，同样可求得力 F_C 和 F_A，且结果相同。

例 2-2　支架由两杆 *AC* 和 *BC* 及销钉 *C* 组成，并在 *C* 处挂一重物（见图 2-3a）。已知 $G = 10\ kN$，$\alpha = 30°$，$\beta = 60°$，不计两杆自重，试求两杆所受的力。

图　2-3

解：（1）选销钉 *C* 为研究对象，其上受二力杆 *AC* 和 *BC* 的约束力 F_{AC}、F_{BC} 及绳索的拉力 F_T 作用，受力图如图 2-3b 所示，其中 F_T 的大小等于 G，F_{AC} 和 F_{BC} 的方位已知，大小未知。

（2）选取适当的比例尺，画出已知力 F_T，然后过 F_T 的两端点 *a*、*b*，作平行于 F_{AC} 和 F_{BC} 的两条直线，两直线交于 *c*，最后按各力首尾相接的规则标上 F_{AC} 和 F_{BC} 的指向，于是得自行封闭的力三角形 *abc*，如图 2-3c 所示，图中的矢量 $\overrightarrow{ca}$ 及 $\overrightarrow{bc}$ 即为所求之力 F_{AC} 和 F_{BC}。

（3）按图示比例尺直接从力三角形中量得 $F_{AC} = 5\ kN$，$F_{BC} = 8.66\ kN$。由作用与反作用公理知，*AC* 杆受到 5 kN 的拉力，*BC* 杆受到 8.66 kN 的压力。F_{AC}、F_{BC} 的大小亦可用力三角形 *abc* 中的几何关系求解，即

$$F_{AC} = F_T \sin\alpha = 10\ kN \sin 30° = 5\ kN$$

$$F_{BC} = F_T \sin\beta = 10\ kN \sin 60° = 8.66\ kN$$

通过以上例题，可总结几何法解题的主要步骤如下：

（1）选取研究对象。根据题意，选取适当的刚体作为研究对象，并画出受力图。

（2）作力多边形（或力三角形）。选择适当的比例尺，作出该力系的封闭力多边形（或封闭力三角形）。必须注意，作图时总是从已知力开始。根据矢序规则和封闭特点，就可以确定未知力的指向。

（3）求出未知量。按比例确定未知量，或者用三角公式计算出来。

2.2　平面汇交力系合成的解析法

用几何法求解平面汇交力系问题，虽然比较简便，但有一定误差，工程上应用较多的还是解析法，此法以力在坐标轴上的投影为基础。

2.2.1　力在直角坐标轴上的投影

如图 2-4 所示，设力 F 在 Oxy 平面内，过力 F 的两端点 A 和 B 分别向 x、y 轴作垂线，得垂足 a、b 及 a'、b'，带有正负号的线段 ab 与 $a'b'$ 分别称为力 F 在 x、y 轴上的投影，记作 F_x、F_y。

图　2-4

力在轴上的投影是**代数量**，其正负号规定为：当力的投影从始端 a 到末端 b 的指向与坐标轴的正向相同时，投影为正，反之为负。

投影的值与力的大小及方向有关，设力 F 与 x 轴的夹角为 α，则由图 2-4 知

$$F_x = F\cos\alpha$$
$$F_y = -F\sin\alpha$$

一般情况下，若已知力 F 与 x 和 y 轴所夹的锐角分别为 α、β，则力 F 在 x、y 轴上的投影分别为

$$F_x = \pm F\cos\alpha$$
$$F_y = \pm F\cos\beta \tag{2-4}$$

即：力在轴上投影的大小，等于力的大小与该轴所夹锐角余弦的乘积。当力与轴垂直时，投影为零；当力与轴平行时，投影的绝对值等于该力的大小。

反之，若已知力 F 在两正交坐标轴上的投影 F_x、F_y，则可求出该力的大小和方向为

$$F = \sqrt{F_x^2 + F_y^2}$$
$$\tan\alpha = \left| \frac{F_y}{F_x} \right| \tag{2-5}$$

式中，α 为力 F 与 x 轴所夹锐角，其所在象限由 F_x、F_y 的正负确定。

必须注意：投影和分力是两个不同的概念。投影是代数量，分力是矢量，它们与原力的关系各自遵循自己的规则，只有在直角坐标系中，分力 F_x 与 F_y 的大小才分别与投影 F_x、F_y 的绝对值相等。

2.2.2　合力投影定理

设一刚体受到由几个力组成的平面汇交力系作用，根据**合矢量投影定理**：合矢量在某一轴上的投影等于各分矢量在同一轴上投影的代数和，将式（2-1）向 x、y 轴投影，可得

$$\left. \begin{aligned} F_{Rx} &= F_{1x} + F_{2x} + \cdots + F_{nx} = \sum_{i=1}^{n} F_{ix} \\ F_{Ry} &= F_{1y} + F_{2y} + \cdots + F_{ny} = \sum_{i=1}^{n} F_{iy} \end{aligned} \right\} \tag{2-6}$$

式（2-6）表明，平面汇交力系的合力在任一轴上的投影等于各分力在同一轴上投影的代数和，此即为**合力投影定理**。

2.2.3　平面汇交力系合成的解析法

应用合力投影定理计算出合力 $\boldsymbol{F}_R$ 的投影 F_{Rx} 和 F_{Ry} 后就可按式（2-5）求出合力 $\boldsymbol{F}_R$ 的大小和方向了。

$$\left.\begin{array}{l} F_R=\sqrt{F_{Rx}^2+F_{Ry}^2}=\sqrt{(\sum F_x)^2+(\sum F_y)^2} \\ \tan\alpha=\left|\dfrac{F_{Ry}}{F_{Rx}}\right|=\left|\dfrac{\sum F_y}{\sum F_x}\right| \end{array}\right\} \tag{2-7}$$

式中，α 为合力 $\boldsymbol{F}_R$ 与 x 轴所夹锐角，合力的指向由 $\sum F_x$ 和 $\sum F_y$ 的正负确定。合力的作用点在力系的汇交点上。

例 2-3　固定圆环上作用有共面的三个力，如图 2-5a 所示。已知：$F_1=10$ kN，$F_2=20$ kN，$F_3=25$ kN，三力的作用线均通过圆心 O，方向如图所示。试求此力系合力的大小和方向。

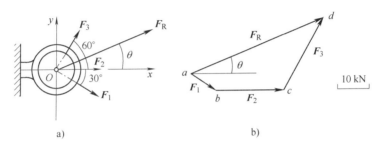

图　2-5

解：用解析法求合力 $\boldsymbol{F}_R$。建立图 2-5a 所示直角坐标系 Oxy，则合力在 x、y 轴上的投影分别为

$$F_{Rx}=F_1\cos30°+F_2+F_3\cos60°=41.16 \text{ kN}$$
$$F_{Ry}=-F_1\sin30°+F_3\sin60°=16.65 \text{ kN}$$

由式（2-7）求得合力的大小为

$$F_R=\sqrt{F_{Rx}^2+F_{Ry}^2}=\sqrt{41.16^2+16.65^2} \text{ kN}=44.40 \text{ kN}$$

合力 $\boldsymbol{F}_R$ 与 Ox 轴的夹角为　$\theta=\arctan\dfrac{F_{Ry}}{F_{Rx}}=\arctan\dfrac{16.65}{41.16}\approx22°$

如图 2-5b 所示为用几何法求合力 $\boldsymbol{F}_R$。

2.3　平面汇交力系的平衡方程及其应用

由 2.1 节可知，平面汇交力系平衡的必要和充分条件是：该力系的合力 F_R 等于零。由式（2-7）应有

$$F_R=\sqrt{(\sum F_{ix})^2+(\sum F_{iy})^2}=0$$

欲使上式成立，必须同时满足

$$\sum F_{ix}=0, \qquad \sum F_{iy}=0 \qquad\qquad (2\text{-}8)$$

于是，平面汇交力系平衡的必要和充分条件是：各力在任意两个坐标轴上投影的代数和分别等于零。式（2-8）称为**平面汇交力系的平衡方程**（为便于书写，下标 i 可略去）。这是两个独立的方程，可以求解两个未知量。

下面举例说明平面汇交力系平衡方程的实际应用。

例 2-4 如图 2-6a 所示，物重 $W=20$ kN，用钢丝绳挂在绞车 D 及滑轮 B 上。A、B、C 处为光滑铰链连接。钢丝绳、杆和滑轮的自重不计，并忽略摩擦和滑轮的大小及重量，试求平衡时杆 AB 和 BC 所受的力。

解：（1）取研究对象。由于 AB、BC 两杆都是二力杆，假设杆 AB 受拉力，杆 BC 受压力，如图 2-6b 所示。为了求出这两个未知力，可求两杆对滑轮的约束力。因此选取滑轮 B 为研究对象。

（2）画受力图。滑轮受到钢丝绳的拉力 F_1 和 F_2（已知 $F_1=F_2=W$）。此外杆 AB 和 BC 对滑轮的约束力为 F_{BA} 和 F_{BC}。由于滑轮的大小可忽略不计，故这些力可看作是平面汇交力系，如图 2-6c 所示。

图 2-6

（3）列平衡方程。选取坐标轴如图 2-6c 所示，坐标轴应尽量取在与未知力作用线相垂直的方向。这样在一个平衡方程中只有一个未知数，不必解联立方程，即

$$\sum F_x=0, \quad -F_{BA}+F_1\cos 60°-F_2\cos 30°=0$$

$$\sum F_y=0, \quad F_{BC}-F_1\cos 30°-F_2\cos 60°=0$$

（4）求解方程，得

$$F_{BA}=-0.366W=-7.32 \text{ kN}$$

$$F_{BC}=1.366W=27.32 \text{ kN}$$

所求结果 F_{BC} 为正值，表示这力的假设方向与实际方向相同，即杆 BC 受压。F_{BA} 为负值，表示这力的假设方向与实际方向相反，即杆 AB 也受压力。

例 2-5 图 2-7a 为一拔桩装置，在木桩的 A 点上系一绳，绳的另一端固定在 C 点，绳的 B 点系另一绳，并且将绳固定在 E 点，然后在绳的 D 点向下施力 F。已知 $F=400$ N，此时绳 AB 段为铅垂，BD 段为水平，$\alpha=4°$，求图示位置时作用在木桩上的拉力。

解：欲求作用于桩 A 上的拉力，需以 B 点为研究对象，但其上并无已知力作用，不能解出所求之拉力。因此，应先选 D 点为研究对象，求出 BD 绳的拉力，然后再选 B 点为研究对象，即可求出木桩所受的拉力。故解此题要分两步进行。

（1）取 D 点为研究对象，画出受力图（见图 2-7b），按图示坐标轴列平衡方程

图　2-7

$$\sum F_x = 0, \quad F_{BD} - F_{DE}\cos\alpha = 0$$

$$\sum F_y = 0, \quad F_{DE}\sin\alpha - F = 0$$

解得

$$F_{BD} = F_{DE}\cos\alpha = \frac{F}{\sin\alpha}\cos\alpha = F\cot\alpha$$

（2）取 B 点为研究对象，受力如图 2-7c 所示，其中 $F'_{BD} = F_{BD}$，按图示坐标轴列平衡方程

$$\sum F_x = 0, \quad -F'_{BD} + F_{BC}\sin\alpha = 0$$

$$\sum F_y = 0, \quad F_{BC}\cos\alpha - F_{AB} = 0$$

解得　　　　$F_{AB} = F_{BD}\cot\alpha = F\cot^2\alpha = 0.4\cot^2 4° = 81.8 \text{ kN}$

由作用与反作用定律知，木桩所受拉力为 81.8 kN，是所施加力 F 的 204.5 倍。

2-1　四个平面汇交力系的力多边形如图 2-8 所示，试问哪些是求合力的力多边形？合力是哪一个？哪些是平衡的力多边形？

图　2-8

2-2　图 2-9 中的力 $F = 10$ N，试分别计算力 F 在 x、y' 轴上的投影和沿此二轴的分力大小，并比较它们的区别。

2-3　图 2-10 所示刚体受一平面力系 F_1、F_2、F_3 作用，此三力组成的力三角形刚好自行封闭，问该力系是否平衡？为什么？

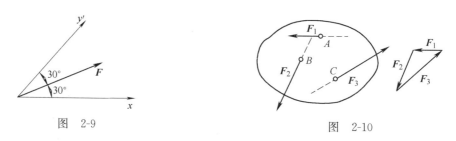

图 2-9   图 2-10

2-4 用解析法求解平面汇交力系的平衡问题时，x 与 y 两轴是否一定要相互垂直？当 x 与 y 轴不垂直时，建立的平衡方程 $\sum F_x = 0$ 和 $\sum F_y = 0$ 能满足力系的平衡条件吗？为什么？

2-5 用解析法求解平面汇交力系的合力时，若取不同的直角坐标轴，所求得的合力是否相同？

2-6 输电线跨度相同时，是电线下垂量小，电线易于拉断；还是下垂量大时，电线易于拉断，为什么？

 习 题

2-1 铆接薄板在孔心 A、B 和 C 处受三力作用，如题 2-1 图所示。已知 $F_1 = 100$ N，沿铅直方向；$F_3 = 50$ N，沿水平方向，并通过点 A；$F_2 = 50$ N，力的作用线也通过点 A，尺寸如图。求此力系的合力。

答：$F_R = 161.2$ kN，$\angle(\boldsymbol{F}_R, \boldsymbol{F}_1) = 29°044'$。

2-2 已知 $F_1 = 3$ kN，$F_2 = 6$ kN，$F_3 = 4$ kN，$F_4 = 5$ kN，如题 2-2 图所示。试用解析法和几何法求此 4 个力的合力。

答：$F_R = 10.97$ kN，$\theta = 31.74°$。

题 2-1 图   题 2-2 图

2-3 题 2-3 图示四个支架，在销钉上作用竖直力 $\boldsymbol{F}$，各杆自重不计。试求杆 AB 与 AC 所受的力。

a)   b)   c)   d)

题 2-3 图

答：

a）$F_{AB}=0.5774F$（拉力），$F_{AC}=1.155F$（压力）；

b）$F_{AB}=1.155F$（拉力），$F_{AC}=0.5774F$（压力）；

c）$F_{AB}=0.866F$（拉力），$F_{AC}=0.5F$（压力）；

d）$F_{AB}=0.5774F$（拉力），$F_{AC}=0.5774F$（拉力）。

2-4　刚架受力和尺寸如题 2-4 图所示。试求支座 A 和 B 的约束力 F_A 和 F_B。刚架自重不计。

答：$F_A=1.118F$，$F_B=0.5F$。

2-5　物体重 $F=20$ kN，用绳子挂在支架的滑轮 B 上，绳子的另一端接在绞车 D 上，如题 2-5 图所示。转动绞车，物体便能升起。滑轮的大小、AB 与 CB 杆自重及摩擦不计，A、B、C 三处均为铰链连接。当物体处于平衡状态时，试求杆 AB 和杆 CB 所受的力。

答：$F_{AB}=54.64$ kN（拉力），$F_{CB}=74.64$ kN（压力）。

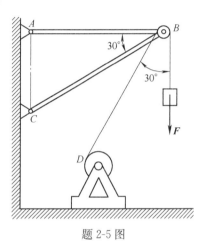

题 2-4 图　　　　　　　　　　　　　　　　　题 2-5 图

2-6　铰接的四连杆机构 $CABD$ 如题 2-6 图所示，其中 CD 边固定。在铰链 A、B 上分别作用有力 $\boldsymbol{F}_P$ 和 $\boldsymbol{F}_Q$，它们的方向如图。不计各杆自重，机构处在平衡状态。试求力 $\boldsymbol{F}_P$ 和力 $\boldsymbol{F}_Q$ 之间的大小关系。

答：$\dfrac{F_P}{F_Q}=0.612$。

2-7　题 2-7 图示液压夹紧机构中，D 为固定铰链，B、C、E 为活动铰链。已知力 $\boldsymbol{F}$，机构平衡时角度如图所示，各构件自重不计，求此时工件 H 所受的压紧力。

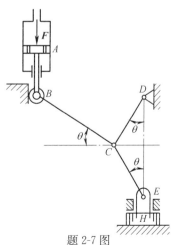

题 2-6 图　　　　　　　　　　　　　　　　　题 2-7 图

答：$F_H = \dfrac{F}{2 \sin^2 \theta}$。

2-8　题 2-8 图示混凝土圆管置于倾角为 30° 的斜面上，用撑架支承。圆管重量为 5 kN，A、B、C 三处均为光滑铰链，杆 AC 和 BC 自重不计，AB 垂直于斜面且 $AD = DB$，各处均为光滑接触，试求铰链 B 处的约束力及 AC 杆的内力。

答：$F_{AC} = F_B = 1.77$ kN。

2-9　题 2-9 图示系统中，已知 $F_{P2} = 40$ kN，$F_{P1} = 50$ kN，$F_P = 20$ kN。不计各处摩擦，试求系统平衡时 A 轮对地面的压力及 θ 角的大小。

题 2-8 图　　　　　　　　　　题 2-9 图

答：$F_N = 15$ kN，$\theta = 60°$。

2-10　题 2-10 图示结构中，已知两个半径为 r、重为 F_P 的均质光滑球 B、C 悬挂在两根绳子上，它们同时又支承一个半径亦为 r、重量亦为 F_P 的均质光滑球 A。试求角 θ 与 β 的关系。

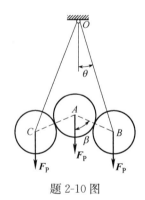

题 2-10 图

答：$\tan\beta = 3\tan\theta$。

第 3 章
平面力偶系

力的外效应是使物体移动或既移动又转动；力偶的外效应是使物体做纯转动。

本章将讨论力矩、力偶的概念及计算，以及平面力偶系的合成与平衡。

3.1 力对点之矩

3.1.1 力对点之矩

由实践经验知，力使物体绕某点 O（矩心）转动的效应不仅与力的大小、方向有关，而且还与力的作用线到矩心 O 间的垂直距离（力臂）有关。例如，用扳手拧螺母时（见图 3-1），力 F 使扳手绕 O 点转动的效应不仅与力 F 的大小、方向有关，而且还与 O 点到力的作用线间的垂直距离 d 有关。在力学中，为度量力使物体绕某点转动的效应，将力的大小与力臂的乘积 Fd 并冠以适当的正负号称为力对点之矩，简称**力矩**，记作 $M_O(\boldsymbol{F})$，即

图 3-1

$$M_O(\boldsymbol{F}) = \pm Fd \qquad (3\text{-}1)$$

力对点之矩是一个代数量，式中的正负号表示力矩的转向。规定：力使物体绕矩心逆时针转动时，力矩为正，反之为负。

力矩的单位为 N•m（牛•米）或 kN•m（千牛•米）。

由力矩定义，不难得出力矩有如下性质：

（1）力矩的大小和转向与矩心位置有关。同一个力对不同的矩心，其力矩不同。

（2）力沿其作用线任意移动时，力矩不变。

（3）力的作用线通过矩心时，力矩为零。

3.1.2 合力矩定理与力矩的解析表达式

合力矩定理：平面汇交力系的合力对于平面内任一点之矩等于所有各分力对于该点之矩的代数和。即

$$M_O(\boldsymbol{F}_{\mathrm{R}}) = \sum_{i=1}^{n} M_O(\boldsymbol{F}_i) \qquad (3\text{-}2)$$

按力系等效概念，式（3-2）易于理解，且其应适用于任何有合力存在的力系。

如图 3-2 所示，已知力 F、作用点 $A(x,y)$ 及其夹角 θ。欲求力 F 对坐标原点 O 之矩，可按式（3-2），通过其分力 F_x 与 F_y 对点 O 之矩而得到，即

$$M_O(F)=M_O(F_y)+M_O(F_x)=xF\sin\theta-yF\cos\theta$$

或

$$M_O(F)=xF_y-yF_x \qquad (3\text{-}3)$$

式（3-3）为平面力对点之矩的解析表达式。其中，x、y 为力 F 作用点的坐标；F_x、F_y 为力 F 在 x、y 轴的投影。计算时应注意用它们的代数量代入。

若将式（3-3）代入式（3-2），即可得合力 F_R 对坐标原点之矩的解析表达式，即

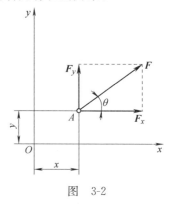

图 3-2

$$M_O(F_R)=\sum_{i=1}^{n}(x_iF_{iy}-y_iF_{ix}) \qquad (3\text{-}4)$$

例 3-1 已知 $F_1=40$ N，$F_2=30$ N，$F_3=50$ N，$F_4=40$ N，杆长 $OA=0.5$ m（见图 3-3）。试求 OA 杆上汇交于 A 点的各力对 O 点之矩。

解： 分别找出各力之力臂 d_1、d_2、d_3、d_4，则

$$M_O(F_1)=F_1d_1=40\text{ N}\times0.5\text{ m}\times\cos30°=17.3\text{ N·m}$$

$$M_O(F_2)=-F_2d_2=-30\text{ N}\times0.5\text{ m}\times\sin30°=-7.5\text{ N·m}$$

$$M_O(F_3)=F_3d_3=50\text{ N}\times0.5\text{ m}\times\sin75°=24.1\text{ N·m}$$

$$M_O(F_4)=F_4d_4=0$$

图 3-3

例 3-2 如图 3-4a 所示圆柱直齿轮受到啮合力 F 的作用。设 $F=1400$ N。压力角 $\theta=20°$，齿轮的节圆（啮合圆）半径 $r=60$ mm，试计算力 F 对于轴心 O 的力矩。

解： 计算力 F 对点 O 的矩，可直接按力矩的定义求得（见图 3-4a），即

$$M_O(F)=Fh=Fr\cos\theta=1400\text{ N}\times60\times10^{-3}\text{ m}\times\cos20°=78.93\text{ N·m}$$

也可以根据合力矩定理，将力 F 分解为圆周力 F_t 和径向力 F_r（见图 3-4b），由于径向力 F_r 通过矩心 O，则

$$M_O(F)=M_O(F_t)+M_O(F_r)=M_O(F_t)=Fr\cos\theta=78.93\text{ N·m}$$

由此可见，以上两种方法的计算结果相同。

图 3-4

3.2 力偶与力偶矩

在工程和日常生活中，常见到物体同时受到大小相等、方向相反、作用线相互平行但不共线的两个力作用而转动。例如，汽车司机用双手转动方向盘时，作用在方向盘上的两个力（见图 3-5）；钳工用丝锥攻螺纹等。

力学中，把作用在物体上的两个大小相等、方向相反、不共线的平行力构成的力系称为**力偶**，记作 (F, F')。这样的两个力不满足二力平衡条件，显然不会平衡，只会使物体产生转动效应。

力偶中，二力作用线间的垂直距离 d 称为**力偶臂**，二力所在的平面称为**力偶的作用面**。构成力偶的两个力在任意轴上的投影之和为零，故力偶无合力，力偶不能与力等效，也不能用一力来平衡。因此，力和力偶是静力学的两个基本力学量。

图 3-5

力偶是由两个力组成的特殊力系，它的作用只改变物体的转动状态。力偶对物体的转动效应，与组成力偶的力之大小以及力偶臂的长短有关，力学上把力偶中力的大小与力偶臂的乘积 Fd 并冠以适当的正负号称为此力偶的**力偶矩**。

力偶在平面内的转向不同，其作用效应也不相同。因此，平面力偶对物体的作用效应，由以下两个因素决定：

（1）力偶矩的大小；

（2）力偶在作用面内的转向。

因此，平面力偶矩可视为代数量，以 M 或 $M(F, F')$ 表示，即

$$M = \pm Fd \tag{3-5}$$

结论：力偶矩是一个代数量，其绝对值等于力的大小与力偶臂的乘积，正负号表示力偶的转向；规定以逆时针转向为正，反之则为负。力偶矩的单位与力矩的单位相同，即 N·m。力偶矩也可用三角形面积表示：$M = \pm Fd = \pm 2A_{\triangle ABC}$，如图 3-6 所示。

力偶对其作用面内任意点的力矩恒等于此力偶的力偶矩，而与矩心位置无关（读者可自行证明）。

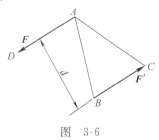

图 3-6

3.3 平面力偶的等效条件

平面力偶等效的条件：在同一平面内的两个力偶，如果力偶矩大小相等，转向相同，则两力偶彼此等效。由此可得推论：

（1）力偶可以在它的作用面内任意移转，而不改变它对刚体的作用。因此，力偶对刚体的作用与力偶在其作用面内的位置无关。

（2）只要保持力偶矩的大小和力偶的转向不变，可以同时改变力偶中力的大小和力偶臂的长短，而不改变力偶对刚体的作用效果。

由此可见，力偶的臂和力的大小都不是力偶的特征量，只有力偶矩是平面力偶作用的唯一量度。常用图 3-7 所示的符号表示力偶，M 为力偶矩。

图 3-7

3.4 平面力偶系的合成与平衡

3.4.1 平面力偶系的合成

设在同一平面内有两个力偶$(\boldsymbol{F}_1,\boldsymbol{F}_1')$和$(\boldsymbol{F}_2,\boldsymbol{F}_2')$，它们的力偶臂分别为 d_1 和 d_2，如图 3-8a 所示。这两个力偶的力偶矩分别为 M_1 和 M_2。根据力偶的性质，在保持力偶矩不变的条件下，同时改变两力偶中力的大小和力偶臂的长短，使它们有相同的力偶臂 d，并将它们在平面内移动，使力的作用线重合，如图 3-8b 所示，则得到与原力偶系等效的两个力偶$(\boldsymbol{F}_3,\boldsymbol{F}_3')$和$(\boldsymbol{F}_4,\boldsymbol{F}_4')$。力偶$(\boldsymbol{F}_3,\boldsymbol{F}_3')$和$(\boldsymbol{F}_4,\boldsymbol{F}_4')$的力偶矩大小分别为

$$M_1=F_3d, \quad M_2=F_4d$$

分别将作用在 A 和 B 点的力合成（设 $F_3>F_4$）得

$$F=F_3-F_4, \quad F'=F_3'-F_4'$$

而 $\boldsymbol{F}$ 和 $\boldsymbol{F}'$ 大小相等，构成一个新力偶$(\boldsymbol{F},\boldsymbol{F}')$，如图 3-8c 所示。以 M 表示合力偶矩，得

$$M=Fd=(F_3-F_4)d=F_3d-F_4d=M_1+M_2$$

a)　　　　　　　　　b)　　　　　　　　　c)

图 3-8

对两个以上的力偶，同理可以按照上述方法合成。这就是说，在同一平面内的各力偶所组成的力偶系可以合成为一个合力偶；合力偶的力偶矩等于各分力偶矩代数和，即

$$M=\sum_{i=1}^{n}M_i \tag{3-6}$$

3.4.2　平面力偶系的平衡条件

由平面力偶系合成的结果，很容易得出平面力偶系平衡的必要与充分条件是：合力偶的力偶矩为零，即各分力偶的力偶矩代数和为零，亦即

$$\sum M_i = 0 \tag{3-7}$$

上式称为平面力偶矩的平衡方程，只能求解一个未知量。

例 3-3　如图 3-9 所示的工件上作用有三个力偶。三个力偶的矩分别为 $M_1 = M_2 = 10\ \text{N} \cdot \text{m}$，$M_3 = 20\ \text{N} \cdot \text{m}$，固定螺柱 A 和 B 的距离 $l = 200\ \text{mm}$。求两个光滑螺柱所受的水平力。

解：取工件为研究对象。工件在水平面内受三个力偶和两个螺柱的水平约束力的作用。根据力偶系的合成定理，三个力偶合成后仍为一力偶，如果工件平衡，必有一反力偶与它相平衡。因此，螺柱 A 和 B 的水平约束力 $\boldsymbol{F}_A$ 和 $\boldsymbol{F}_B$ 必组成一力偶，它们的方向假设如图 3-9 所示，则 $F_A = F_B$。由力偶系的平衡条件知

$$\sum M_i = 0, \quad F_A l - M_1 - M_2 - M_3 = 0$$

得

$$F_A = \frac{M_1 + M_2 + M_3}{l}$$

代入已知数值

$$F_A = \frac{(10 + 10 + 20)\ \text{N} \cdot \text{m}}{200 \times 10^{-3}\ \text{m}} = 200\ \text{N}$$

因为 F_A 是正值，故所假设的方向是正确的，而螺柱 A、B 所受的力则应分别与 $\boldsymbol{F}_A$、$\boldsymbol{F}_B$ 大小相等，方向相反。

例 3-4　杆 AB 与杆 DC 在 C 处为光滑接触，它们分别受矩为 M_1 与 M_2 的力偶作用，转向如图 3-10a 所示。问 M_1 与 M_2 的比值为多大时，结构才能平衡，两杆的自重不计。

  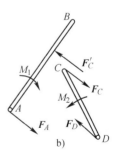

图　3-9　　　　　　　　　　　　图　3-10

解：A、D 处均为光滑铰链约束。由于整个系统的外载只有 M_1 和 M_2，故 A 点和 D 点的约束力必是大小相等、方向相反的一对平行力，即组成一力偶与外载 M_1 和 M_2 的合力偶相平衡。A、D 两点约束力的方向暂不能确定，故只能将 CD 取出来，对 CD 进行受力分析，由约束的性质可知 $\boldsymbol{F}_C$ 和 AB 垂直，$\boldsymbol{F}_C$ 和 $\boldsymbol{F}_D$ 组成一力偶与 M_2 平衡。

由平衡条件

$$\sum M_i = 0, \quad M_2 - F_C \cdot CD \cdot \sin 30° = 0, \quad M_2 = \frac{1}{2} F_C \cdot CD \tag{a}$$

再取 AB 为研究对象，进行受力分析，得 A、C 点的约束力 $\boldsymbol{F}_A$ 和 $\boldsymbol{F}'_C$ 组成一力偶 $(\boldsymbol{F}_A, \boldsymbol{F}'_C)$ 与 M_1 平衡，由平衡条件

$$\sum M_i = 0, \quad F'_C \cdot AC - M_1 = 0, \quad M_1 = F'_C \cdot AC \tag{b}$$

注意到 $AC = CD$，$F_C = F'_C$，联立式（a）、式（b），可解出 $M_1 = 2M_2$。

3-1 力矩与力偶矩有哪些异同？

3-2 图 3-11 所示传动带轮，紧边与松边的张力分别为 $\boldsymbol{F}_{T1}$、$\boldsymbol{F}_{T2}$，若改变带的倾斜角 θ，是否会改变二力及其合力对 O 点之矩？为什么？

3-3 图 3-12 所示物体受四个力 $\boldsymbol{F}_1$、$\boldsymbol{F}_2$、$\boldsymbol{F}_3$ 和 $\boldsymbol{F}_4$ 作用，其力多边形为自行封闭的平行四边形，问该物体是否平衡？若不平衡，其合成结果是什么？

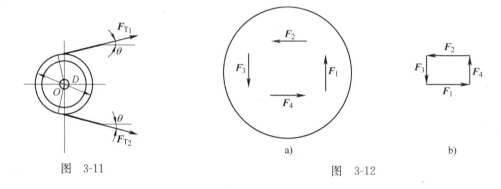

图 3-11　　　　　　　　　　　图 3-12

3-4 为什么力偶不能用一个力与之平衡？如何解释图 3-13 所示滑轮的平衡现象？

3-5 图 3-14 所示四杆机构，各杆自重不计，若 $M_1 = -M_2$，试问此机构能否平衡？为什么？

图 3-13　　　　　　　　　　　图 3-14

3-6 试用最简便的方法确定图 3-15 结构中 A 处约束力的方向。

图 3-15

3-7 如图 3-16 所示，两不计质量的矩形板，由圆柱铰链 C 连接，分别受力偶 M 作用，该系统是否平衡？若平衡，A、B 处约束力的方向应如何确定？

图 3-16

3-1 试分别计算题 3-1 图所示的力 F 对 O 点的矩，设圆半径为 R。

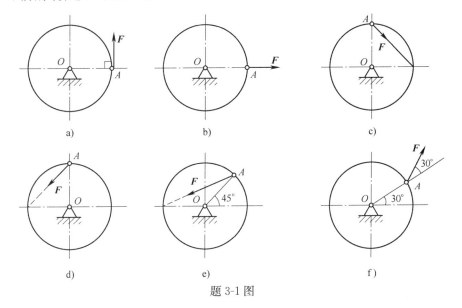

题 3-1 图

答：a) FR；b) 0；c) $-\dfrac{\sqrt{2}}{2}FR$；d) $\dfrac{\sqrt{2}}{2}FR$；e) $0.38FR$；f) $\dfrac{1}{2}FR$。

3-2 试分别计算题 3-2 图中重力 G 及水平力 F 对 A 点之矩。

答：$M_A(F) = -F(b\cos\alpha + a\sin\alpha)$；

$M_A(G) = \dfrac{G}{2}(a\cos\alpha - b\sin\alpha)$。

3-3 已知 AB 上作用一力偶，力偶矩为 M，梁长为 l，梁重不计。求在题 3-3 图所示的三种情况下，支座 A 和 B 的约束力。

答：a)、b) $F_A = F_B = \dfrac{M}{l}$；

c) $F_A = F_B = \dfrac{M}{l\cos\alpha}$。

题 3-2 图

题 3-3 图

3-4 T字形杆 AB 由铰链支座 A 及杆 CD 支持，如题 3-4 图所示。在杆 AB 的一端 B 作用一力偶（F, F'），其力偶矩的大小为 50 N·m，$AC=2CB=0.2$ m，$\theta=30°$，不计杆 AB、CD 的自重。求杆 CD 及支座 A 的约束力。

答：$F_A=F_{CD}=500$ N。

题 3-4 图

3-5 题 3-5 图示机构自重不计，圆轮上的销钉 A 放在摇杆 BC 上的光滑导槽内，圆轮上作用一力偶，其力偶矩为 $M_1=2$ kN·m，$OA=r=0.5$ m，图示位置 OA 与 OB 垂直，$\theta=30°$，且系统平衡，求作用于摇杆 BC 上的力偶矩 M_2 及铰链 O、B 处的约束力。

答：$M_2=8$ kN·m，$F_O=F_B=8$ kN。

3-6 题 3-6 图示结构中，各构件的自重略去不计。在构件 AB 上作用一矩为 M 的力偶，求支座 A 和 C 的约束力。

答：$F_A=F_C=\dfrac{M}{2\sqrt{2}a}$。

题 3-5 图

题 3-6 图

3-7 题 3-7 图示结构中，各构件的自重略去不计，在构件 BC 上作用一矩为 M 的力偶，各尺寸如图所示，求支座 A 的约束力。

答：$F_A=\sqrt{2}\dfrac{M}{l}$。

题 3-7 图

3-8 设有两种导杆机构如题 3-8 图所示，在横杆上有力偶矩 M_1 作用，在斜杆上有力偶矩 M_2 作用，试求在图示位置平衡时 M_1/M_2 的值。

答：a) $M_1/M_2=1$；b) $M_1/M_2=0.25$。

a)   b)

题 3-8 图

3-9 四连杆机构 O_1ABO_2 在题 3-9 图所示位置处于平衡，已知 $O_1A=4$ m，$O_2B=6$ m，作用在 OA 杆上的力偶矩 $M_1=100$ N·m，各杆的自重不计，试求力偶矩 M_2 的大小及 AB 杆的内力。

答：$F_{AB}=50$ N，$M_2=300$ N·m。

3-10 题 3-10 图示结构由不计自重的杆 AB、CDG、DE 组成，A、D、E、G 处均为光滑铰链约束，C 处为光滑面接触，已知 $M=1$ kN·m，$AC=1$ m，$CD=DG=DE$。试求 A、E、G 处的约束力。

答：$F_A=1$ kN；$F_E=\sqrt{2}$ kN；$F_G=1$ kN。

题 3-9 图   题 3-10 图

第4章
平面任意力系

平面任意力系是平面力系中最普通、最常见的力系。本章将研究平面任意力系的简化及平衡问题，并介绍平面简单桁架的内力计算。

4.1 力线平移定理

定理：作用于刚体上的力可以平移到刚体内任一点，但必须附加一力偶，附加力偶的力偶矩等于原力对新作用点之矩。

证明：设有一力 F_A，作用于刚体上的 A 点（见图 4-1a），现要平行移动到作用线以外的任意一点 B 上，此力到 B 点的垂直距离为 d。先在作用点 B 上增加一对平衡力 F_B 和 F_B'（见图 4-1b），使 $F_A = F_B = -F_B'$。显然由于新增加的一对力是一平衡力系，不会改变原力 F_A 对刚体的作用效果，即由 F_A、F_B 和 F_B' 组成的力系与原力系 F_A 是等效的。也就是说，图 4-1a 所示的力系和图 4-1b 所示的力系是等效的。

图　4-1

在图 4-1b 中，F_A 和 F_B' 组成一个力偶，这个力偶的力偶矩 M 等于力 F_A 对 B 点的矩，即 $M = F_A d$。由于 $F_A = F_B$，从而可以认为力 F_A 平行移到了 B 点，但附加了一力偶。这个附加力偶的力偶矩 M 恰好等于原力 F_A 对 B 点的矩，如图 4-1c 所示。

力向一点平移后可得到同平面的一个力和一个力偶。反过来，同平面的一个力 F_1 和力偶矩为 M 的力偶也一定能合成为一个大小和方向与力 F_1 相同的力 F，它的作用线到力 F_1 的作用线的距离为

$$d = \frac{|M|}{|F_1|}$$

力线平移定理不仅是力系简化的理论依据，而且还可用来解释一些实际问题。例如，攻

丝时必须用两手握扳手，用力要尽可能相等，不允许用一只手扳动扳手，如图 4-2a 所示。这是因为在扳手的一端加作用力 $\boldsymbol{F}$ 时，若将力 $\boldsymbol{F}$ 平移到作用点 C，则得到一个力 $\boldsymbol{F}'$ 和一个力偶矩为 M 的力偶（见图 4-2b），力偶使丝锥转动，而力 $\boldsymbol{F}'$ 作用于丝锥上，会使丝锥产生弯曲，甚至折断。

图 4-2

4.2 平面任意力系的简化及简化结果的讨论

4.2.1 平面任意力系的简化

设刚体上作用有 n 个力 $\boldsymbol{F}_1, \boldsymbol{F}_2, \cdots, \boldsymbol{F}_n$ 组成的平面任意力系，如图 4-3a 所示。在平面内任取一点 O，称为简化中心。应用力线平移定理，把各力都平移到点 O。这样，得到作用于点 O 的力 $\boldsymbol{F}_1', \boldsymbol{F}_2', \cdots, \boldsymbol{F}_n'$，以及相应的附加力偶，其矩分别为 $M_1, M_2, \cdots, M_n$，如图 4-3b 所示。这些附加力偶的矩分别为

$$M_i = M_O(\boldsymbol{F}_i), \quad i = 1, 2, \cdots, n$$

这样，平面任意力系等效为两个简单力系：平面汇交力系和平面力偶系。然后，再分别合成这两个力系。

平面汇交力系可合成为作用线通过点 O 的一个力 $\boldsymbol{F}_R'$，如图 4-3c 所示。因为各力矢

$$\boldsymbol{F}_i' = \boldsymbol{F}_i, \quad i = 1, 2, \cdots, n$$

所以

$$\boldsymbol{F}_R' = \boldsymbol{F}_1' + \boldsymbol{F}_2' + \cdots + \boldsymbol{F}_n' = \sum_{i=1}^{n} \boldsymbol{F}_i \tag{4-1}$$

即力矢 $\boldsymbol{F}_R'$ 等于原来各力的矢量和。

图 4-3

平面力偶系可合成为一个力偶，这个力偶的矩 M_O 等于各附加力偶矩的代数和，又等于原来各力对点 O 之矩的代数和。即

$$M_O = M_1 + M_2 + \cdots + M_n = \sum_{i=1}^{n} M_O(\boldsymbol{F}_i) \tag{4-2}$$

平面任意力系中所有各力的矢量和为 $\boldsymbol{F}'_R$，称为该力系的**主矢**；而这些力对于任选简化中心 O 之矩的代数和为 M_O，称为该力系对于简化中心的**主矩**。

显然，主矢与简化中心无关，而主矩一般与简化中心有关，故必须指明力系是对于哪一点的主矩。可见，在一般情形下，平面任意力系向作用面内任一点简化，可得一个力和一个力偶。这个力等于该力系的主矢，作用线通过简化中心，这个力偶的矩等于该力系对于简化中心的主矩。

取坐标系 Oxy，如图 4-3c 所示，$\boldsymbol{i}$、$\boldsymbol{j}$ 为沿 x、y 轴的单位矢量，则力系主矢的解析表达式为

$$\boldsymbol{F}'_R = F'_{Rx}\boldsymbol{i} + F'_{Ry}\boldsymbol{j} = \sum F_x \boldsymbol{i} + \sum F_y \boldsymbol{j} \tag{4-3}$$

于是主矢 $\boldsymbol{F}'_R$ 的大小和方向余弦为

$$F'_R = \sqrt{\left(\sum F_x\right)^2 + \left(\sum F_y\right)^2}$$

$$\cos(\boldsymbol{F}'_R, \boldsymbol{i}) = \frac{\sum F_x}{F'_R}, \quad \cos(\boldsymbol{F}'_R, \boldsymbol{j}) = \frac{\sum F_y}{F'_R}$$

力系对点 O 的主矩的解析表达式为

$$M_O = \sum_{i=1}^{n} M_O(\boldsymbol{F}_i) = \sum_{i=1}^{n}(x_i F_{iy} - y_i F_{ix}) \tag{4-4}$$

式中，x_i、y_i 为力 $\boldsymbol{F}_i$ 作用点的坐标。

现在利用力系向一点简化的方法，分析固定端（插入端）支座的约束力。

如图 4-4a、b 所示，车刀和工件分别夹持在刀架和卡盘上固定不动，这种约束称为**固定端支座**或**插入端支座**，其简图如图 4-4c 所示。

图 4-4

固定端支座对物体的作用，是在接触面上作用了一群约束力。在平面问题中，这些力为一平面任意力系，如图 4-5a 所示。将这群力向作用平面内点 A 简化得到一个力和一个力偶，如图 4-5b 所示。一般情况下这个力的大小和方向均为未知量，可用两个未知分力来代替。因此，在平面力系情况下，固定端 A 处的约束力可简化为两个约束力 $\boldsymbol{F}_{Ax}$、$\boldsymbol{F}_{Ay}$ 和一个矩为 M_A 的约束力偶，如图 4-5c 所示。

比较固定端支座与固定铰链支座的约束性质可知，固定端支座除了限制物体在水平方向和铅直方向移动外，还限制物体在平面内转动。因此，除了约束力 $\boldsymbol{F}_{Ax}$、$\boldsymbol{F}_{Ay}$ 外，还有矩为 M_A 的约束力偶。而固定铰链支座没有约束力偶，因为它不能限制物体在平面内转动。

图 4-5

工程中，固定端支座是一种常见的约束，除前面讲到的刀架、卡盘外，还有插入地基中的电线杆以及悬臂梁等。

4.2.2 平面任意力系简化结果的讨论及合力矩定理

平面任意力系向作用面内一点简化的结果，有 4 种情况，即：

①$\boldsymbol{F}_R'=0$，$M_O\neq0$；②$\boldsymbol{F}_R'\neq0$，$M_O=0$；③$\boldsymbol{F}_R'\neq0$，$M_O\neq0$；④$\boldsymbol{F}_R'=0$，$M_O=0$。

下面对这几种情况进行进一步分析讨论。

1. 平面任意力系简化为一个力偶的情形

如果力系的主矢等于零，而主矩 M_O 不等于零，即 $\boldsymbol{F}_R'=0$，$M_O\neq0$，则原力系合成为一个合力偶。合力偶矩为

$$M_O=\sum_{i=1}^{n}M_O(\boldsymbol{F}_i)$$

因为力偶对于平面内任意一点的矩都相同，因此当力系合成为一个力偶时，主矩与简化中心的位置无关。

2. 平面任意力系简化为一个合力的情形——合力矩定理

如果主矩等于零，主矢不等于零，即 $\boldsymbol{F}_R'\neq0$，$M_O=0$，此时附加力偶系互相平衡，只有一个与原力系等效的力 $\boldsymbol{F}_R'$。显然，$\boldsymbol{F}_R'$ 就是原力系的合力，而合力的作用线通过简化中心 O。

如果平面力系向点 O 简化的结果是主矢和主矩都不等于零，如图 4-6a 所示，即

$$\boldsymbol{F}_R'\neq0，\quad M_O\neq0$$

现将矩为 M_O 的力偶用两个力 $\boldsymbol{F}_R$ 和 $\boldsymbol{F}_R''$ 表示，并令 $\boldsymbol{F}_R'=\boldsymbol{F}_R=-\boldsymbol{F}_R''$（见图 4-6b）。根据加减平衡力系公理减去平衡力 $\boldsymbol{F}_R'$ 与 $\boldsymbol{F}_R''$，于是就将作用点 O 的力 $\boldsymbol{F}_R'$ 和力偶（$\boldsymbol{F}_R$，$\boldsymbol{F}_R''$）合成为一个作用在点 O' 的力 $\boldsymbol{F}_R$，如图 4-6c 所示。

图 4-6

这个力 $\boldsymbol{F}_R$ 就是原力系的合力。合力矢等于主矢；合力的作用线在点 O 的哪一侧，需根据主矢和主矩的方向确定；合力作用线到点 O 距离 d 为

$$d = \frac{|M_O|}{F_R}$$

证明：由图 4-6b 易见，合力 F_R 对点 O 的矩为

$$M_O(F_R) = F_R d = M_O$$

由式（4-2）得

$$M_O = \sum M_O(F_i)$$

所以有

$$M_O(F_R) = \sum M_O(F_i) \tag{4-5}$$

由于简化中心 O 是任意选取的，故式（4-5）有普遍意义。可叙述如下：平面任意力系的合力对作用面内任一点的矩等于力系中各力对同一点之矩的代数和。这就是平面任意力系的**合力矩定理**。

3. 平面任意力系平衡的情形

如果力系的主矢、主矩均等于零，即 $F_R' = 0$，$M_O = 0$，则原力系平衡。

例 4-1　重力坝受力情形如图 4-7a 所示。设 $F_1 = 300$ kN，$F_2 = 70$ kN，$F_3 = 450$ kN，$F_4 = 200$ kN。求力系的合力 F_R 的大小、方向余弦，以及合力与基线 OA 的交点到点 O 的距离 x。

图　4-7

解：（1）先将力系向点 O 简化，求得其主矢 F_R' 和主矩 M_O（见图 4-7b）。由图 4-7a 有

$$\theta = \angle ACB = \arctan \frac{AB}{CB} = 16.7°$$

主矢 F_R' 在 x、y 轴上的投影为

$$F_{Rx}' = \sum F_x = F_1 - F_2 \cos\theta = 232.9 \text{ kN}$$

$$F_{Ry}' = \sum F_y = -F_3 - F_4 - F_2 \sin\theta = -670.1 \text{ kN}$$

主矢 F_R' 的大小为

$$F_R' = \sqrt{(\sum F_x)^2 + (\sum F_y)^2} = 709.4 \text{ kN}$$

主矢 F_R' 的方向余弦为

$$\cos(\boldsymbol{F}_{R}',\boldsymbol{i})=\frac{\sum F_{ix}}{F_{R}'}=0.3283$$

$$\cos(\boldsymbol{F}_{R}',\boldsymbol{j})=\frac{\sum F_{iy}}{F_{R}'}=-0.9446$$

主矢 $\boldsymbol{F}_{R}'$ 在第四象限内，与 x 轴的夹角为 $-70.84°$。力系对点 O 的主矩为

$$M_{O}=M_{O}(\boldsymbol{F})=-3F_{1}-1.5F_{3}-3.9F_{4}=-2355\ \text{kN}\cdot\text{m}$$

（2）合力 $\boldsymbol{F}_{R}$ 的大小和方向与主矢 $\boldsymbol{F}_{R}'$ 相同，其作用线位置的 x 值可根据合力矩定理求得（见图 4-7c），即

$$M_{O}=M_{O}(\boldsymbol{F}_{R})=M_{O}(\boldsymbol{F}_{Rx})+M_{O}(\boldsymbol{F}_{Ry})$$

其中，$M_{O}(\boldsymbol{F}_{Rx})=0$，故 $M_{O}=M_{O}(\boldsymbol{F}_{Ry})=F_{Ry}x$，解得 $x=\dfrac{M_{O}}{F_{Ry}}=3.514\ \text{m}$。

例 4-2　求三角形载荷合力的大小和作用点的位置（见图 4-8）。

解：（1）求合力的大小。设距 A 端为 x 处的载荷集度为 $q(x)$，则 $\mathrm{d}x$ 段的合力大小为

$$\mathrm{d}F_{R}=q(x)\mathrm{d}x$$

又 $\dfrac{q(x)}{x}=\dfrac{q_{m}}{l}$，则合力 $\boldsymbol{F}_{R}$ 的大小为

$$F_{R}=\int_{0}^{l}q(x)\mathrm{d}x=\int_{0}^{l}\frac{q_{m}}{l}x\mathrm{d}x=\frac{1}{2}q_{m}l$$

（2）求合力作用点 C 的位置。由合力矩定理

$$F_{R}AC=\int_{0}^{l}q(x)x\mathrm{d}x=\int_{0}^{l}\frac{q_{m}}{l}x x\mathrm{d}x=\frac{1}{3}q_{m}l^{2}$$

得
$$AC=\frac{q_{m}l^{2}}{3F_{R}}$$

因为
$$F_{R}=\frac{1}{2}q_{m}l$$

故
$$AC=\frac{2}{3}l$$

可证明，如果分布载荷并不与 AB 垂直（见图 4-9），它的合力大小也等于 $\dfrac{q_{m}l}{2}$，合力作用线通过 AB 上的 C 点，且 $AC=\dfrac{2}{3}l$。

图　4-8

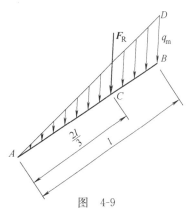

图　4-9

若载荷均匀分布（见图 4-10），则合力的大小为 ql，其作用点 $AC = \dfrac{l}{2}$。若载荷为梯形分布，如图 4-11 所示。这时可将载荷视为两部分的叠加：一部分为载荷集度 $q_1 l$ 的均布载荷，另一部分是以 $q_2 - q_1$ 为高的三角形载荷。

图　4-10

图　4-11

4.3 平面任意力系的平衡条件和平衡方程

4.3.1 平面任意力系的平衡方程

1. 平面任意力系平衡方程的一般形式

现在讨论静力学中最重要的情形，即平面任意力系的主矢和主矩都等于零的情形。

由上节可知，平面任意力系向任一点简化，若主矢、主矩都等于零，则原力系平衡。因此，平面任意力系平衡的必要和充分条件是：力系的主矢和对于任一点的主矩都等于零。即

$$\left.\begin{array}{c} F'_R = 0 \\ M_O = 0 \end{array}\right\} \tag{4-6}$$

由于

$$F'_R = \sqrt{(\textstyle\sum F_x)^2 + (\textstyle\sum F_y)^2}$$

$$M_O = \textstyle\sum M_O(\boldsymbol{F}_i)$$

于是，可得出平面任意力系的平衡方程为

$$\left.\begin{array}{c} \textstyle\sum F_x = 0 \\ \textstyle\sum F_y = 0 \\ \textstyle\sum M_O(\boldsymbol{F}) = 0 \end{array}\right\} \tag{4-7}$$

因此，平面任意力系平衡的解析条件是：所有各力在两个任选的坐标轴上的投影的代数和分别等于零，以及各力对于任意一点之矩的代数和也等于零。

式（4-7）称为平面任意力系平衡方程的**一般形式**。式中三个方程是相互独立的，用来求解平面任意力系的平衡问题时，一个研究对象最多只能列三个独立的平衡方程，求解三个未知量。

应用平衡方程求解问题时，应尽量避免求解联立方程，尽可能一个方程只包含一个未知量，这样可以简化计算。坐标轴选取尽可能与较多的力特别是未知力的作用线平行或垂直，而矩心尽可能选在较多的力（特别是未知力）的交点上。

例 4-3 试求图 4-12a 所示悬臂梁固定端 A 处的约束力。其中 q 为均布载荷集度，单位为 kN/m，集中力的大小 $F=ql$，集中力偶矩为 $M=ql^2$。

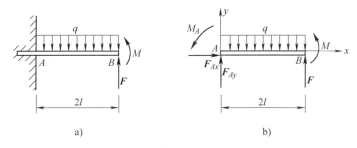

图 4-12

解： 取 AB 为研究对象，画出受力图如图 4-12b 所示。在解本题时应注意以下几点：

（1）固定端 A 处约束力除了 $\boldsymbol{F}_{Ax}$、$\boldsymbol{F}_{Ay}$ 外，还有约束力偶 M_A。

（2）在列平衡方程时应注意，力偶对任何轴的投影均为零，力偶对作用面内任意点之矩恒为该力偶矩。

如图 4-12b 所示，取 x、y 轴，列平衡方程

$$\sum F_x=0,\quad F_{Ax}=0$$
$$\sum F_y=0,\quad F_{Ay}+F-q\cdot 2l=0$$
$$\sum M_A(\boldsymbol{F})=0,\quad M_A-2ql\cdot l+M+F\cdot 2l=0$$

解得

$$F_{Ax}=0,\quad F_{Ay}=-ql,\quad M_A=-ql^2$$

M_A 计算结果为负值，说明实际转向与图示转向相反，为顺时针转向。

例 4-4 绞车通过钢丝绳牵引小车沿斜面轨道匀速上升，如图 4-13a 所示，已知小车重 $G=10$ kN，绳与斜面平行，$\alpha=30°$，$a=0.75$ m，$b=0.3$ m，不计摩擦，求钢丝绳的拉力及轨道对车轮的约束力。

解：（1）取小车为研究对象。

（2）画出小车的受力图（见图 4-13b），小车上作用有重力 $\boldsymbol{G}$，钢丝绳的拉力 $\boldsymbol{F}_T$，A、B 处的约束力 $\boldsymbol{F}_{NA}$ 和 $\boldsymbol{F}_{NB}$，因小车做匀速直线运动，故小车处于平衡状态。

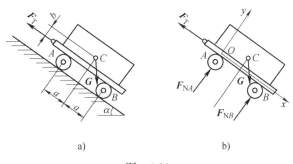

图 4-13

（3）建立坐标系如图 4-13b 所示，列平衡方程

$$\sum F_x = 0, \quad -F_T + G\sin\alpha = 0$$

$$\sum F_y = 0, \quad F_{NA} + F_{NB} - G\cos\alpha = 0$$

$$\sum M_O(\boldsymbol{F}) = 0, \quad 2F_{NB}a - Gb\sin\alpha - Ga\cos\alpha = 0$$

（4）解方程，得

$$F_T = 5 \text{ kN}, \quad F_{NB} = 5.33 \text{ kN}, \quad F_{NA} = 3.33 \text{ kN}$$

例 4-5 图 4-14a 所示的水平横梁 AB，A 端为固定铰链支座，B 端为一滚动支座。梁的长度为 $4a$，梁重 G，作用在梁的中点 C。在梁的 AC 段上受均布载荷 q 作用，在梁的 BC 上受力偶作用，力偶矩 $M = Ga$。试求 A 和 B 处的支座约束力。

图 4-14

解： 取梁 AB 为研究对象。它所受到的主动力有：均布载荷 q、重力 G 和矩为 M 的力偶。它受的约束力有：铰链 A 的两个分力 $\boldsymbol{F}_{Ax}$ 和 $\boldsymbol{F}_{Ay}$，以及滚动支座 B 处垂直向上的约束力 $\boldsymbol{F}_B$。

建立坐标系如图 4-14b 所示，列平衡方程

$$\sum M_A(\boldsymbol{F}) = 0, \quad F_B \cdot 4a - M - G \cdot 2a - q \cdot 2a \cdot a = 0$$

$$\sum F_x = 0, \quad F_{Ax} = 0$$

$$\sum F_y = 0, \quad F_{Ay} - q \cdot 2a - G + F_B = 0$$

解上述方程，得

$$F_B = \frac{3}{4}G + \frac{1}{2}qa$$

$$F_{Ax} = 0$$

$$F_{Ay} = \frac{G}{4} + \frac{3}{2}qa$$

2. 平面任意力系平衡方程的其他形式

在例 4-5 中，若以方程 $\sum M_B(\boldsymbol{F}) = 0$ 取代方程 $\sum F_y = 0$，也可以求得 F_{Ay} 值。在计算某些问题时，采用力矩方程往往比投影方程简便。下面介绍平面任意力系平衡方程的其他两种形式。

三个平衡方程中有两个力矩方程和一个力的投影方程（二矩式），即

$$\begin{rcases} \sum M_A(\boldsymbol{F})=0 \\ \sum M_B(\boldsymbol{F})=0 \\ \sum F_x=0 \end{rcases} \qquad (4\text{-}8)$$

式中，x 轴不得垂直 A、B 两点的连线。

为什么上述形式的平衡方程也能满足力系平衡的必要和充分条件呢？这是因为，如果力系对点 A 的主矩等于零，则这个力系不可能简化为一个力偶。但可能有两种情形：这个力系或者是简化为经过点 A 的一个力，或者平衡。如果力系对另一点 B 的主矩也同时为零，则这个力系或有一合力沿 A、B 两点的连线，或者平衡。如果再加上 $\sum F_x=0$，那么力系如有合力，则此合力必与 x 轴垂直。式（4-8）的附加条件（x 轴不得垂直连线 AB）完全排除了力系简化为一个合力的可能性，故所研究的力系必为平衡力系。

同理，也可写出三个力矩式的平衡方程（三矩式），即

$$\begin{rcases} \sum M_A(\boldsymbol{F})=0 \\ \sum M_B(\boldsymbol{F})=0 \\ \sum M_C(\boldsymbol{F})=0 \end{rcases} \qquad (4\text{-}9)$$

式中，A、B、C 三点不得共线。为什么必须有这个附加条件，读者可自行证明。

上述三组方程式（4-7）～式（4-9）都可用来解决平面任意力系的平衡问题。究竟选用哪一组方程，须根据具体条件确定。对于受平面任意力系作用的单个刚体的平衡问题，只能写出三个独立的平衡方程，求解三个未知量。任何第四个方程只是前三个方程的线性组合，因而不是独立的。可以利用这第四个方程来校核计算结果。

例 4-6 边长为 a 的等边三角形 ABC 在垂直平面内，用三根沿边长方向的直杆铰接，如图 4-15 所示，CF 杆水平，三角形平板上作用一已知力偶，其力偶矩为 M，三角形平板重为 G，略去杆重，试求三杆对三角形平板的约束力。

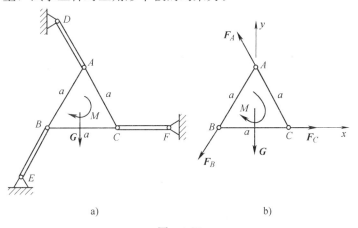

a)   b)

图 4-15

解：取三角形平板 ABC 为研究对象，画出其受力（见图 4-15b）。很明显，作用于三角形平板上的力系是平面任意力系，并且未知力的分布比较特殊，其特点是 A、B、C 三点分别是两个未知约束力的汇交点，因此本题宜用三矩式平衡方程求解。

列平衡方程

$$\sum M_A(\boldsymbol{F})=0,\quad \frac{\sqrt{2}}{2}a\cdot F_C-M=0$$

得

$$F_C=\frac{2\sqrt{3}}{3}\cdot\frac{M}{a}$$

$$\sum M_B(\boldsymbol{F})=0,\quad \frac{\sqrt{3}}{2}a\cdot F_A-M-G\cdot\frac{a}{2}=0$$

得

$$F_A=\frac{2\sqrt{3}}{3}\cdot\frac{M}{a}+\frac{G}{\sqrt{3}}$$

$$\sum M_C(\boldsymbol{F})=0,\quad \frac{\sqrt{3}}{2}aF_B-M+G\cdot\frac{a}{2}=0$$

得

$$F_B=\frac{2\sqrt{3}}{3}\cdot\frac{M}{a}-\frac{G}{\sqrt{3}}$$

4.3.2 平面平行力系的平衡方程

平面平行力系是平面任意力系的一种特殊情形。

如图 4-16 所示，设物体受平面平行力系 F_1，F_2，$\cdots$，F_n 作用。如选取 x 轴与各力垂直，则不论力系是否平衡，每一个力在 x 轴上的投影恒等于零，即 $\sum F_x\equiv 0$。于是，平行力系的独立平衡方程的数目只有两个，即

$$\left.\begin{array}{l}\sum F_y=0\\\sum M_O(\boldsymbol{F})=0\end{array}\right\}\qquad(4\text{-}10)$$

平面平行力系的平衡方程，也可用两个力矩方程的形式，即

$$\left.\begin{array}{l}\sum M_A(\boldsymbol{F})=0\\\sum M_B(\boldsymbol{F})=0\end{array}\right\}\qquad(4\text{-}11)$$

其中 A、B 两点的连线不能与力的作用线平行。

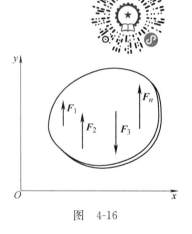

图 4-16

例 4-7 图 4-17 为一塔式起重机，已知轨距 $b=3$ m，机身重 $G=500$ kN，其作用线距右轨为 $e=1.5$ m，起重机的最大起重量 $F=250$ kN，其作用线距右轨为 $l=10$ m，设平衡锤重为 W，其作用线距左轨为 $a=6$ m。试求保证起重机不致翻倒时 W 的取值范围。

解：取起重机为研究对象，其上受有主动力 G、F、W 和轨道约束力 F_{NA}、F_{NB}，这些力组成平面平行力系，受力情况如图 4-17 所示。

为了保证起重机无论在什么情况下都不致翻倒，则需满足如下两方面的要求。

（1）满载时，W 值不能太小，否则起重机将绕 B 轨向右翻转。当起重机处于将绕 B 轨向右翻转但尚未翻转的临界平衡状态时，左轨约束力 $F_{NA}=0$，平衡锤重为最小值 W_{min}，列平衡方程

$$\sum M_B(\boldsymbol{F})=0,\quad W_{min}(a+b)-Ga-Fl=0$$

解得

$$W_{min}=\frac{Ge+Fl}{a+b}=\frac{500\text{ kN}\times1.5\text{ m}+250\text{ kN}\times10\text{ m}}{6\text{ m}+3\text{ m}}=361\text{ kN}$$

图　4-17

（2）空载时，W 值不能太大，否则起重机将绕 A 轨向左翻转。当起重机处于将绕 A 轨向左翻转但尚未翻转的临界平衡状态时，右轨约束力 $F_{NB}=0$，平衡锤重为最大值 W_{max}，列平衡方程

$$\sum M_A(\boldsymbol{F})=0,\quad W_{max}a-G(b+e)=0$$

解得

$$W_{max}=\frac{G(b+e)}{a}=\frac{500\text{ kN}\times(3+1.5)\text{ m}}{6\text{ m}}=375\text{ kN}$$

故平衡锤重 W 的取值范围为 361 kN＜W＜375 kN。

4.4　静定与超静定问题的概念　物体系统的平衡

工程中，如组合构架、三铰拱等结构，都是由几个物体组成的系统。当物体系统平衡时，组成该系统的每一个物体都处于平衡状态，因此对于每一个受平面任意力系作用的物体，均可列出 3 个平衡方程。如物体系由 n 个物体组成，则共有 $3n$ 个独立方程。若系统中有的物体受平面汇交力系或平面平行力系作用，则系统的平衡方程数目相应减少。当系统中的未知量数目少于或等于独立平衡方程的数目时，则所有未知量都能由平衡方程求出，这样的问题称为**静定问题**。显然前面列举的各例都是静定问题。在工程实际中，有时为了提高结构的刚度和坚固性，常常增加多余的约束，因而使这些结构未知量的数目多于平衡方程的数目，未知量就不能全部由平衡方程求出，这类问题称为**超静定问题**或**静不定问题**。对于超静定问题，必须考虑物体因受力作用而产生的变形，加列某些补充方程后，才能使方程的数目等于未知量的数目，从而求解出未知量。超静定问题已超出刚体静力学的范围，须在材料力学部分和结构力学中研究。下面举出一些静定问题和超静定问题的例子。

图 4-18a 所示为两根绳子悬挂一重物。未知的约束力有 2 个，而重物受平面汇交力系的作用，有 2 个平衡方程，因此是静定的。如果用三根绳子悬挂重物，如图 4-18b 所示，则未知的约束力有 3 个，而平衡方程只有 2 个，因此是超静定问题。

设用两个轴承支承一根轴，如图 4-18c 所示。未知约束力有 2 个，因轴受平面平行力系作用，共有 2 个平衡方程，因此是静定的。若用三个轴承支承，如图 4-18d 所示，则未知约束力有 3 个，而平衡方程只有 2 个，因此是超静定的。图 4-18e、f 所示平面任意力系，均有 3 个独立平衡方程；图 4-18e 中有 3 个未知量，因此是静定的；图 4-18f 中有 4 个未知量，因

此是超静定的。图 4-19 所示梁由两部分铰接组成，每一部分有 3 个平衡方程，共 6 个平衡方程，未知量除了图中所画出来的 3 个约束力和一个约束力偶外，尚有铰链 C 处的 2 个未知力。共有 6 个未知量，因此，也是静定的。若将 B 的滚动支座改变为固定铰支座，则此系统共有 7 个未知力，为超静定问题。

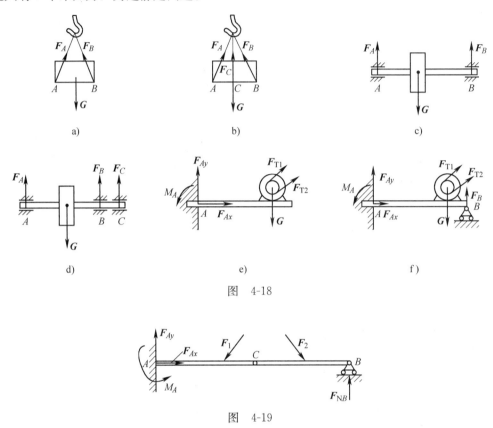

图　4-18

图　4-19

　　求解静定物体系统的平衡问题时，可以选每个物体为研究对象，列出全部平衡方程，然后求解；也可先取整个系统为研究对象，列出平衡方程，这样的方程因不包含内力，式中未知量较少，解出部分未知量后，再从系统中选取某些物体作为研究对象，列出另外的平衡方程，直至求出所有的未知量为止。在选择研究对象和列平衡方程时，应使每一个平衡方程中的未知量个数尽可能少，最好是只含有一个未知量，以避免求解联立方程。

　　例 4-8　图 4-20a 所示为曲轴冲床简图，由轮 I、连杆 AB 和冲头 B 组成。$OA=R$，$AB=l$。忽略摩擦和自重，当 OA 在水平位置、冲压力为 F 时系统处于平衡状态。

　　求：(1) 作用在轮 I 上的力偶矩 M 的大小；(2) 轴承 O 处的约束力；(3) 连杆 AB 受的力；(4) 冲头给导轨的侧压力。

　　解：(1) 取冲头为研究对象。冲头受冲压阻力 F、导轨约束力 F_N 以及连杆（二力杆）的作用力 F_B 作用，如图 4-20b 所示，为一平面汇交力系。设连杆与铅直线间的夹角为 φ，按图示坐标列平衡方程

$$\sum F_x=0,\quad F_N-F_B\sin\varphi=0 \tag{a}$$

图　4-20

$$\sum F_y=0, \quad F-F_B\cos\varphi=0 \tag{b}$$

由式（b）得

$$F_B=\frac{F}{\cos\varphi}$$

F_B 为正值，说明假设的 $\boldsymbol{F}_B$ 的方向是对的，即连杆受压力，如图 4-20c 所示。代入式（a）得

$$F_N=F\tan\varphi=F\frac{R}{\sqrt{l^2-R^2}}$$

冲头对导轨的侧压力的大小等于 F_N，方向相反。

（2）再取轮 I 为研究对象。轮 I 受平面任意力系作用，包括矩为 M 的力偶，连杆作用力 $\boldsymbol{F}_A$ 以及轴承的约束力 $\boldsymbol{F}_{Ox}$、$\boldsymbol{F}_{Oy}$（见图 4-20d）。按图示坐标轴列平衡方程

$$\sum M_O(\boldsymbol{F})=0, \quad F_A\cos\varphi\cdot R-M=0 \tag{c}$$

$$\sum F_x=0, \quad F_{Ox}+F_A\sin\varphi=0 \tag{d}$$

$$\sum F_y=0, \quad F_{Oy}+F_A\cos\varphi=0 \tag{e}$$

由式（c）得

$$M=FR$$

由式（d）得

$$F_{Ox}=-F_A\sin\varphi=-F\frac{R}{\sqrt{l^2-R^2}}$$

由式（e）得

$$F_{Oy}=-F_A\cos\varphi=-F$$

负号说明，力 F_{Ox}、F_{Oy} 的方向与图示假设的方向相反。

此题也可先取整个系统为研究对象，再取冲头或轮 I 为研究对象，列平衡方程求解。

例 4-9　图 4-21a 所示的组合梁由 AC 和 CD 在 C 处铰接而成。梁的 A 端插入墙内，B 处为滚动支座。已知：$F=20$ kN，均布载荷 $q=10$ kN/m，$M=20$ kN·m，$l=1$ m。试求插入端 A 处及可动铰支座 B 的约束力。

解：先取整体为研究对象，组合梁在主动力 M、$\boldsymbol{F}$、q 和约束力 $\boldsymbol{F}_{Ax}$、$\boldsymbol{F}_{Ay}$、M_A 及 $\boldsymbol{F}_B$

作用下平衡，受力如图 4-21b 所示。其中均布载荷的合力通过点 C，大小为 $2ql$。列平衡方程

$$\sum F_x = 0, \quad F_{Ax} - F_B\cos60° - F\sin30° = 0 \tag{a}$$

$$\sum F_y = 0, \quad F_{Ay} + F_B\sin60° - 2ql - F\cos30° = 0 \tag{b}$$

$$\sum M_A(\boldsymbol{F}) = 0, \quad M_A - M - 2ql \cdot 2l + F_B\sin60° \cdot 3l - F\cos30° \cdot 4l = 0 \tag{c}$$

图 4-21

以上三个方程中包含有四个未知量，必须再补充方程才能求解。为此可取梁 CD 为研究对象，受力如图 4-21c 所示，列出对点 C 的力矩方程

$$\sum M_C(\boldsymbol{F}) = 0, \quad F_B\sin60° \cdot l - ql \cdot l/2 - F\cos30° \cdot 2l = 0 \tag{d}$$

由式（d）可得
$$F_B = 45.77 \text{ kN}$$
代入式（a）～式（c）求得
$$F_{Ax} = 32.89 \text{ kN}, \quad F_{Ay} = -2.32 \text{ kN}, \quad M_A = 10.37 \text{ kN} \cdot \text{m}$$

此题也可先取梁 CD 为研究对象，求得 F_B 后，再以 AC 杆为研究对象，求出 F_{Ax}、F_{Ay} 及 M_A。

例 4-10　齿轮传动机构如图 4-22a 所示。齿轮 Ⅰ 的半径为 r，自重 W_1。齿轮 Ⅱ 的半径为 $R = 2r$，其上固结一半径为 r 的塔轮 Ⅲ，轮 Ⅱ 与 Ⅲ 共重 $W_2 = 20W_1$。齿轮压力角为 $\theta = 20°$，被提升的物体 C 重为 $W = 20W_1$。求：（1）保持物体 C 匀速上升时，作用于轮 Ⅰ 上力偶的矩 M；（2）光滑轴承 A、B 的约束力。

解：取轮 Ⅱ、Ⅲ 及重物 C 为研究对象，受力如图 4-22b 所示。齿轮间啮合力 $\boldsymbol{F}_R$ 可沿节圆的切向及径向分解为圆周力 $\boldsymbol{F}_t$ 和径向力 $\boldsymbol{F}_r$。建立图示坐标系，列平衡方程为

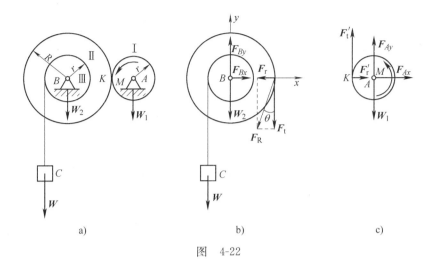

图　4-22

$$\sum F_x=0,\quad F_{Bx}-F_r=0$$

$$\sum F_y=0,\quad F_{By}-W-F_t-W_2=0$$

$$\sum M_B(\boldsymbol{F})=0,\quad Wr-F_tR=0$$

由以上三式及压力角定义 $\tan\theta=F_r/F_t$，$\theta=20°$，解得

$$F_t=Wr/R=10W_1,\quad F_r=F_t\tan\theta=3.64W_1$$

$$F_{Bx}=F_r=3.64W_1,\quad F_{By}=W+W_2+F_t=32W_1$$

再取轮 I 为研究对象，受力如图 4-22c 所示。列平衡方程

$$\sum F_x=0,\quad F_{Ax}+F_r'=0$$

$$\sum F_y=0,\quad F_{Ay}+F_t'-W_1=0$$

$$\sum M_A(\boldsymbol{F})=0,\quad M-F_t'r=0$$

解得　　　　　$F_{Ax}=-F_r'=3.64W_1,\quad F_{Ay}=W-F'=-9W_1,\quad M=F'r=10W_1r$

例 4-11　三铰拱厂房屋架如图 4-23a 所示，两半拱架重 $G_1=G_2=45$ kN，水平风压力 $F=12$ kN，有关尺寸如图所示，单位为 m，试求 A、B、C 三处的约束力。

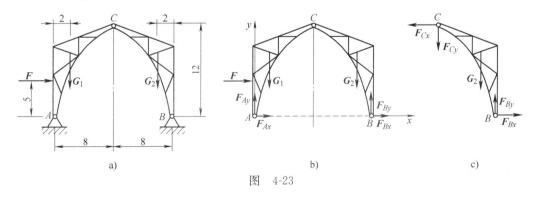

图　4-23

解：（1）选取整体为研究对象，受力图及所选坐标轴如图 4-23b 所示，列平衡方程

$$\sum F_x = 0, \quad F_{Ax} + F_{Bx} + F = 0 \tag{a}$$

$$\sum F_y = 0, \quad F_{Ay} + F_{By} - G_1 - G_2 = 0 \tag{b}$$

$$\sum M_A(\boldsymbol{F}) = 0, \quad -5F - 2G_1 - 14G_2 + 16F_{By} = 0 \tag{c}$$

由式（c）得

$$F_{By} = \frac{5F + 16G_1}{16} = \frac{5 \times 12 \text{ kN} + 16 \times 45 \text{ kN}}{16} = 48.75 \text{ kN}$$

代入式（b）得 $F_{Ay} = 2G_1 - F_{By} = 2 \times 45 \text{ kN} - 48.75 \text{ kN} = 41.25 \text{ kN}$，而由式（a）不能解出 F_{Ax} 和 F_{Bx}。

（2）再取右半拱 BC 为研究对象，受力图如图 4-23c 所示，列平衡方程

$$\sum F_x = 0, \quad F_{Bx} - F_{Cx} = 0 \tag{d}$$

$$\sum F_y = 0, \quad F_{By} - F_{Cy} - G_2 = 0 \tag{e}$$

$$\sum M_C(\boldsymbol{F}) = 0, \quad 8F_{By} + 12F_{Bx} - 6G_2 = 0 \tag{f}$$

由式（e）得 $\qquad F_{Cy} = F_{By} - G_2 = 48.75 \text{ kN} - 45 \text{ kN} = 3.75 \text{ kN}$

由式（f）得 $\qquad F_{Bx} = \dfrac{3G_2 - 4F_{By}}{6} = \dfrac{3 \times 45 \text{ kN} - 4 \times 48.75 \text{ kN}}{6} = -10 \text{ kN}$

代入式（d）得 $\qquad F_{Cx} = F_{Bx} = -10 \text{ kN}$

代入式（a）得 $\qquad F_{Ax} = -F - F_{Bx} = -12 \text{ kN} - (-10 \text{ kN}) = -2 \text{ kN}$

F_{Ax}、F_{Bx}、F_{Cx} 为负值，表明它们的实际方向与图示方向相反。

此题也可以先选整体，后选左半拱或直接选左右两个半拱为研究对象，均可解出全部未知量。但是，为少解或不解联立方程，先选的研究对象要能求出部分未知量。解题时，一般应先选整体，后选受力情况较为简单的局部（如 BC 拱）为研究对象。当选整体为研究对象不能求出任何未知量时，往往需先将物体系统拆开，选取能够求出部分未知量的局部为研究对象，然后再选其他研究对象，联立求解。

最后指出，本题共有 6 个未知量，在解题时，不论是选整体及右半拱，或选整体及左半拱，或选左右两半拱为研究对象，均可列出 6 个独立的平衡方程，所以本题是静定的。

例 4-12 构架尺寸及所受载荷如图 4-24a 所示。求铰链 E、F 处的约束力。

解：这个构架由三根杆组成，其研究对象的选取不像上述例题有一定的规律。但是对构架整体来说，铰链 E、F 的约束力都是内力，单纯以整体为研究对象是不能求出 E、F 处的约束力的；因此一定要把整个构架拆开。拆开后取受力较为简单的杆 DF 为研究对象，其受力图如图 4-24c 所示。其方程为

$$\sum M_E(\boldsymbol{F}) = 0, \quad -F_{Fy} \times 2 + 500 \text{ N} \times 2 = 0, \quad F_{Fy} = 500 \text{ N}$$

$$\sum F_y = 0, \quad F'_{Ey} - F_{Fy} - 500 \text{ N} = 0, \quad F'_{Ey} = F_{Fy} + 500 \text{ N} = 1000 \text{ N} \tag{$*$}$$

$$\sum F_x = 0, \quad F_{Fx} - F'_{Ex} = 0, \quad F'_{Ex} = F_{Fx}$$

再取整体为研究对象，其受力图如图 4-24b 所示。

$$\sum F_x = 0, \quad 500 \text{ N} - F_{Ax} = 0$$

解得 $\qquad\qquad\qquad\qquad\qquad\qquad\qquad F_{Ax} = 500 \text{ N}$

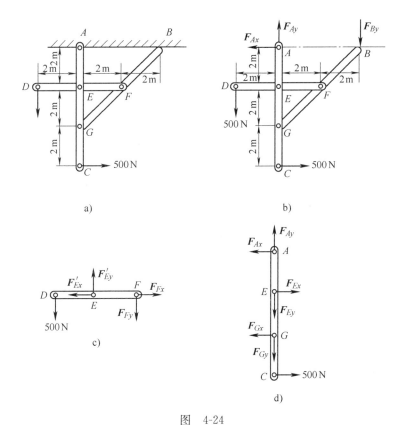

图　4-24

最后再取杆件 AC 为研究对象，其受力图如图 4-24d 所示。

$$\sum M_G(\boldsymbol{F})=0,\quad F_{Ax}\times4-F_{Ex}\times2+500\ \text{N}\times2=0$$

$$2F_{Ax}-F_{Ex}+500\ \text{N}=0$$

$$2\times500\ \text{N}-F_{Ex}+500\ \text{N}=0$$

解得 $F_{Ex}=1500$ N，代入式（＊）得铰链 E、F 的约束力分别为

$$F_{Ex}=F'_{Ex}=1500\ \text{N},\quad F_{Ey}=F'_{Ey}=100\ \text{N}$$

$$F_{Fx}=F'_{Fx}=1500\ \text{N},\quad F_{Fy}=500\ \text{N}$$

以上分析是先后取杆 DF、整体及 AC 为研究对象。但是也可按其他的顺序选取不同的杆件或局部为研究对象，总之为了计算的简便要合理地选取研究对象。一般解题方法都不是唯一的。

例 4-13　如图 4-25a 所示结构受荷载 M、F、q 作用。已知长度 a，略去各杆重力及各处摩擦。试求固定端支座 A 和活动铰支座 B 的约束力。

解：本题属于系统平衡问题，一般先计算最容易求解的。先取 DE 为研究对象：分离出来，受力如图 4-25b 所示，取 D 为矩心，列力矩平衡方程

$$\sum M_D(\boldsymbol{F})=0,\quad F_E\sin45°\cdot a-M=0$$

求得

$$F_E=\frac{\sqrt{2}M}{a}$$

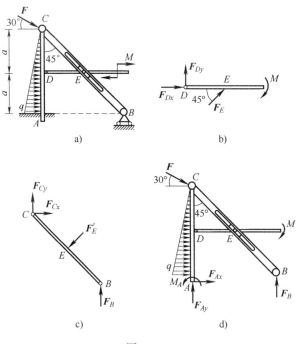

图 4-25

再取 CEB 为研究对象：受力如图 4-25c 所示，取 C 为矩心，列力矩平衡方程

$$\sum M_C(\boldsymbol{F})=0, \quad F_B \cdot 2a - F'_E \sqrt{2}\, a = 0$$

求得

$$F_B = \frac{M}{a}$$

再取整体为研究对象：受力如图 4-25d 所示，列三个平衡方程

$$\sum F_x = 0, \quad F_{Ax} + F\cos30° + \frac{2qa}{2} = 0, \quad F_{Ax} = -\frac{\sqrt{3}F}{2} - qa$$

$$\sum F_y = 0, \quad F_{Ay} + F_B - F\sin30° = 0, \quad F_{Ay} = \frac{1}{2}F - \frac{M}{a}$$

$$\sum M_A(\boldsymbol{F}) = 0, \quad M_A + F_B \cdot 2a - M - 2aF\cos30° - qa\frac{2a}{3} = 0, \quad M_A = -M$$

例 4-14　如图 4-26a 所示结构由 AB、BC 和 CD 三杆用铰链 B、C 连接，其他支承及荷载如图所示，力 P 作用在 CD 杆的中点 E 处。已知 $P = 8$ kN，$q = 4$ kN/m，力偶矩 $M = 10$ kN·m，$a = 1$ m，各杆自重不计。求固定端 A 的约束力。

解：本题是机构平衡问题，方法不唯一。取整体为研究对象，直接求固定端 A 处的约束力，求不出来。所以先取局部 BC 为研究对象：受力如图 4-26b 所示，取 C 为矩心列力矩平衡方程

$$\sum M_C(\boldsymbol{F}) = 0, \quad q \cdot 2a \cdot a - F_{By} \cdot 2a = 0$$

求得

$$F_{By} = 4 \text{ kN}$$

再取 BCD 为研究对象：受力如图 4-26c 所示，取 D 为矩心，列力矩平衡方程

$$\sum M_D(\boldsymbol{F}) = 0, \quad Pa - F_{By} \cdot 4a - F_{Bx} \cdot 2a + q \cdot 2a \cdot 3a = 0$$

图 4-26

求得
$$F_{Bx} = 8 \text{ kN}$$

再取 AB 为研究对象：受力如图 4-26d 所示，列平衡方程

$$\sum F_x = 0, \quad F_{Ax} - F'_{Bx} = 0$$
$$\sum F_y = 0, \quad -F'_{By} + F_{Ay} = 0$$
$$\sum M_A(\boldsymbol{F}) = 0, \quad M_A + M - F'_{By}a + F'_{Bx} \cdot 2a = 0$$

求得

$$F_{Ax} = F'_{Bx} = F_{Bx} = 8 \text{ kN}, \quad F_{Ay} = F'_{By} = F_{By} = 4 \text{ kN}, \quad M_A = -22 \text{ kN} \cdot \text{m}$$

4.5 平面简单桁架的内力计算

4.5.1 平面桁架的概念

桁架是由一些直杆在两端彼此铰接而成的几何形状不变的结构，它在工程中应用非常广泛。例如，房屋建筑中的屋架、大型起重机的机身、高压输电线路的塔架、铁路线上的桥梁桁架等，都属于桁架结构，图 4-27 所示即为一种桁架结构。

图 4-27

如桁架上所有杆件的轴线都位于同一平面内，称为**平面桁架**；如不在同一平面内，则称为**空间桁架**。这里只研究平面桁架。杆件与杆件的交点称为**节点**。杆件的端部实际上是固定端，由于桁架的杆件比较长，端部对整个杆件转动的限制作用比较小，因此，可以把节点抽象为光滑铰链约束而不会引起较大的误差。

桁架的优点主要有：

（1）主要承受拉力或压力；

（2）结构质量轻，节省材料。

为了简化桁架的计算，工程上采用以下假设：

（1）桁架上所有的杆件都为直杆；

（2）杆件之间是光滑铰链连接；

（3）桁架所受到的外载荷都作用于节点上；

（4）桁架杆件的重量不计。

满足以上假设的桁架为**理想桁架**。实际桁架与上述假设有一定的差别，如桁架杆件的中心线不一定是直的，杆件的连接处不一定是铰接的等。但是在工程实际中，上述假设能简化计算，所得的计算结果也能满足工程实际需要。根据上述假设，桁架中所有的杆件均为二力杆，各杆的受力均沿杆的轴线方向，要么受拉，要么受压。

本节只讨论平面静定桁架，讨论桁架在外载荷作用下各杆件内力的计算方法。

4.5.2 平面桁架的内力计算

1. 节点法

桁架在外力（载荷及支座约束力）作用下处于平衡，则其中任一部分都是平衡的。如果选取节点为研究对象，运用平面汇交力系的平衡方程可以求出作用于该点上的未知内力（杆的内力）。这种分析计算杆件内力的方法称为**节点法**。具体求解可用解析法，也可用几何法，这里仅讨论解析法。

由于作用于平面桁架节点上的力是平面汇交力系，对于每个节点可列出两个独立的平衡方程。因此，运用节点法求解时，所选取的节点，其未知量一般应不超过两个。

在计算过程中，桁架中各杆件的内力一般均假设为拉力，用背离节点的矢量来表示。若计算结果为正值，说明实际的内力确实为拉力；如果为负值，说明实际的内力为压力。

例 4-15 平面桁架的尺寸和支座如图 4-28a 所示。在节点 D 处受一集中载荷 $F=10$ kN 的作用。试求桁架各杆件所受的内力。

解：（1）求支座约束力。取桁架整体为研究对象。在桁架上受四个力 F、F_{Ay}、F_{Bx}、F_{By} 作用，如图 4-28b 所示。列平衡方程

$$\sum F_x = 0, \quad F_{Bx} = 0$$

$$\sum M_A(\boldsymbol{F}) = 0, \quad F_{By} \cdot 4 - F \cdot 2 = 0$$

$$\sum M_B(\boldsymbol{F}) = 0, \quad F \cdot 2 - F_{Ay} \cdot 4 = 0$$

解得 $\qquad\qquad\qquad F_{Bx} = 0, \ F_{Ay} = F_{By} = 5$ kN

（2）取每个节点为研究对象，计算各杆内力。假定各杆均受拉力，各节点受力如

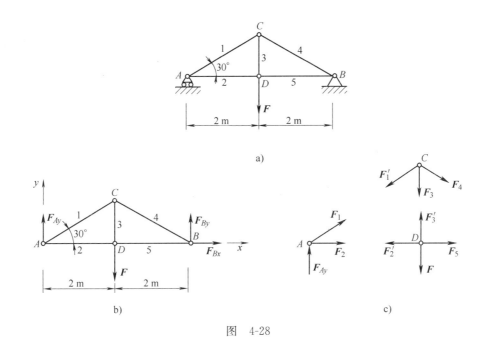

图 4-28

图 4-28c 所示。为计算方便，最好逐次列出只含两个未知力的节点的平衡方程。

在节点 A，杆的内力 F_1 和 F_2 未知。列平衡方程

$$\sum F_x = 0, \quad F_2 + F_1 \cos 30° = 0$$

$$\sum F_y = 0, \quad F_{Ay} + F_1 \sin 30° = 0$$

代入 F_{Ay} 的值后，解得 $F_1 = -10$ kN，$F_2 = 8.66$ kN。

在节点 C，杆的内力 F_3 和 F_4 未知。列平衡方程

$$\sum F_x = 0, \quad F_4 \cos 30° - F_1' \cos 30° = 0$$

$$\sum F_y = 0, \quad -F_3 - (F_1 + F_4) \sin 30° = 0$$

代入 $F_1' = F_1$ 后，解得 $F_4 = -10$ kN，$F_3 = 10$ kN。

在节点 D，只有一个杆的内力 F_5 未知。列平衡方程

$$\sum F_x = 0, \quad F_5 - F_2' = 0$$

代入 $F_2' = F_2$ 后，解得 $F_5 = 8.66$ kN。

（3）判断各杆受拉力或受压力。原假定各杆均受拉力，计算结果 F_2、F_5、F_3 为正值，表明杆 2、5、3 确受拉力；内力 F_1 和 F_4 的结果为负值，表明杆 1 和杆 4 承受压力。

（4）校核计算结果。解出各杆内力之后，可用尚未应用的节点平衡方程校核已得的结果。例如，可对节点 D 列出另一个平衡方程

$$\sum F_y = 0, \quad F - F_3 = 0$$

解得 $F_3 = 10$ kN，与已求得的 F_3 相等，说明计算无误。

2. 截面法

用节点法计算桁架杆件内力时，是依次考虑节点的平衡。如果桁架中所有杆件的内力都

要求出，用节点法是比较方便的。但若只要求求出桁架中某些指定杆件的内力时，用节点法就显得太麻烦；因为求解过程中需求出一些无关杆件的内力，这时可采用截面法。截面法是用适当的截面截取桁架中一部分作为研究对象，这部分桁架在外力和被截断桁架杆件内力作用下处于平衡，并且组成平面任意力系，可列出三个独立的平衡方程来求解未知量。因此，用截面法时，一般被截断的内力未知的杆件数应不多于三根。应用截面法求解杆件内力的关键，在于如何选取适当的截面，而截面的形状并无任何限制。

例 4-16　如图 4-29a 所示平面桁架，各杆件的长度都等于 1 m，在节点 E 上作用载荷 $F_{P1}=10$ kN，在节点 G 上作用载荷 $F_{P2}=7$ kN。试计算杆 1、2 和 3 的内力。

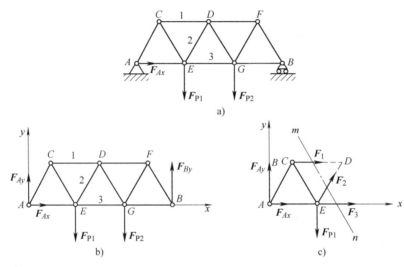

图　4-29

解：先求桁架的支座约束力。取桁架整体为研究对象。在桁架上受主动力 F_{P1} 和 F_{P2} 以及约束力 F_{Ax}、F_{Ay} 和 F_{By} 的作用（见图 4-29b）。列平衡方程

$$\sum F_x=0,\quad F_{Ax}=0$$
$$\sum F_y=0,\quad F_{Ay}+F_{By}-F_{P1}-F_{P2}=0$$
$$\sum M_B(\boldsymbol{F})=0,\quad F_{P1}\cdot 2+F_{P2}\cdot 1-F_{Ay}\cdot 3=0$$

解得 $F_{Ax}=0$，$F_{Ay}=9$ kN，$F_{By}=8$ kN。

为求杆 1、2 和 3 的内力，可作一截面 m-n 将三杆截断。选取桁架左半部为研究对象。假定所截断的三杆都受拉力，受力如图 4-29c 所示，为一平面任意力系。列平衡方程

$$\sum M_E(\boldsymbol{F})=0,\quad -\frac{\sqrt{3}}{2}F_1\cdot 1-F_{Ay}\cdot 1=0$$

$$\sum F_y=0,\quad F_{Ay}+F_2\sin 60°-F_{P1}=0$$

$$\sum M_D(\boldsymbol{F})=0,\quad F_{P1}\times\frac{1}{2}+F_3\frac{\sqrt{3}}{2}\times 1-F_{Ay}\times 1.5=0$$

解得 $F_1=-10.4$ kN（压力），$F_2=1.15$ kN（拉力），$F_3=9.81$ kN（拉力）。

如选取桁架的右半部为研究对象，可得同样的结果。

由上例可知，采用截面法时，选择适当的力矩方程，常可较快地求得某些指定杆件的内力。当然，应注意到，平面任意力系只有三个独立的平衡方程，因而，作截面时每次最多截断三根内力未知的杆件。当截断内力未知的杆件多于三根时，它们的内力还需联合由其他截面列出的方程一起求解。

*例 4-17 悬臂式桁架如图 4-30a 所示，试求杆件 GH、HJ、HK 的内力。

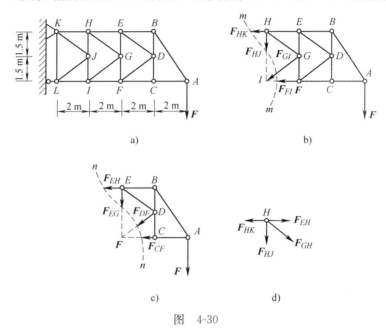

图 4-30

解： 从图 4-30a 上看，若依次取节点 A、B、C、D、E、F、G、H 为研究对象，应用平衡方程，即可求出杆件 GH、HJ、HK 的内力。但这样在时间和精力上都很不经济，那么，能不能从靠近节点 H 的支座节点 K、L 着手呢？不可能。因为取桁架整体为研究对象求出了支座 K、L 的约束力之后，再取 K、L 节点研究，仍都含有三个未知量。

另一方面，由于结构较为复杂，任何截面都至少要截取四根杆件，从而必然会出现四个未知量，因此，不可能选取一个截面就解决全部问题，而必须选取多个截面，所以用截面法也不太方便。

本题最简捷的求解途径是联合应用截面法和节点法。

（1）用假想 m-m 截面将杆件 HK、HJ、GI、FI 截断，取右半桁架为研究对象，其受力图如图 4-30b 所示。独立平衡方程只有三个，而未知量却有 F_{HK}、F_{HJ}、F_{GI}、F_{FI} 共 4 个，但点 I 为 F_{HJ}、F_{GI}、F_{FI} 的交点，故有

$$\sum M_I(\boldsymbol{F})=0, \quad -F\times 6+F_{HK}\times 3=0$$

解得 $F_{HK}=2F$。

（2）为了求 F_{GH}、F_{HJ}，取节点 H 为研究对象（见图 4-30d）。但节点 H 含 F_{EH}、F_{HJ}、F_{GH} 三个未知量，解不出来，故先用截面法求出 F_{EH}。为此，用另一假想截面 n-n 将杆件 CF、DF、EH 截断，取右半桁架为研究对象，受力如图 4-30c 所示，由

$$\sum M_F(\boldsymbol{F})=0, \quad -F\times 4+F_{EH}\times 3=0$$

解得 $F_{EH}=\dfrac{4}{3}F$。

（3）取节点 H 为研究对象，其受力如图 4-30d 所示，则有

$$\sum F_x=0, \quad F_{EH}+F_{GH}\cdot\dfrac{2}{\sqrt{2^2+1.5^2}}-F_{HK}=0$$

解得

$$F_{GH}=\left(2F-\dfrac{4}{3}F\right)\times\dfrac{2.5}{2}=\dfrac{5}{6}F$$

$$\sum F_y=0, \quad -F_{GH}\times\dfrac{1.5}{\sqrt{2^2+1.5^2}}-F_{HJ}=0$$

解得

$$F_{HJ}=-F_{GH}\times\dfrac{1.5}{\sqrt{2^2+1.5^2}}=-\dfrac{5}{6}F\times\dfrac{1.5}{2.5}=-\dfrac{F}{2}$$

由计算结果可知 $\boldsymbol{F}_{HK}$、$\boldsymbol{F}_{GH}$ 为拉力，$\boldsymbol{F}_{HJ}$ 为压力。

思 考 题

4-1　某平面力系向平面内任一点简化的结果都相同，此力系的最终简化结果可能是什么？

4-2　平面汇交力系的平衡方程中，可否取两个力矩方程，或一个力矩方程和一个投影方程？这时，其矩心和投影轴的选择有什么限制？

4-3　图 4-31 所示为三铰拱，在构件 CB 上分别作用一力偶 M（见图 4-31a）或力 F（见图 4-31b）。当求铰链 A、B、C 的约束力时，能否将力偶 M 或力 F 分别移到构件 AC 上？为什么？

图　4-31

4-4　怎样判断静定和超静定问题？图 4-32 所示的 6 种情形中哪些是静定问题，哪些是超静定问题？

图　4-32

4-5　能否直接找出图 4-33 所示桁架中内力为零的杆件?

4-6　当平面平行力系的平衡方程写成 $\sum M_A(\boldsymbol{F})=0$，$\sum M_B(\boldsymbol{F})=0$ 时，是否需要限制条件? 若需要，限制条件是什么?

4-7　图 4-34 所示三铰刚架中 D、H 处各作用一竖直方向的力 $\boldsymbol{P}$，在求解 A、B 处的约束力时，是否可以直接将两竖直力合成，而以作用于 C 点，大小等于 $2P$ 的一个竖直力代替? 为什么?

图　4-33　　　　　　　　　　　　　　　　　　　图　4-34

4-1　如题 4-1 图所示，已知 $F_1=150$ N，$F_2=200$ N，$F_3=300$ N，$F=F'=200$ N。求力系向点 O 的简化结果，并求力系合力的大小及其与原点 O 的距离 d。

答：$\sum M_O(\boldsymbol{F})=21.44$ N·m；$F_R=F'_R=466.5$ N；$d=45.96$ mm。

4-2　一绞盘有三个等长的柄，长度为 l，其间夹角 φ 均为 $120°$，每个柄端各作用一垂直于柄的力 $\boldsymbol{F}$，如题 4-2 图所示。试求：(1) 该力系向中心点 O 简化的结果；(2) 该力系向 BC 连线的中点 D 简化的结果。这两个结果说明了什么问题?

答：(1) $F'_R=0$，$M=3Fl$；(2) $F'_R=0$，$M=3Fl$。

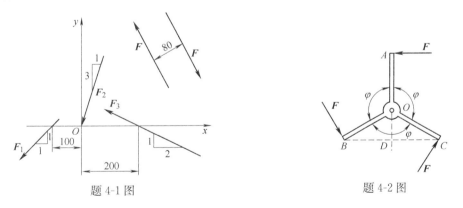

题 4-1 图　　　　　　　　　　　　　　　　题 4-2 图

4-3　无重水平梁的支承和载荷如题 4-3 图 a、b 所示，力 $\boldsymbol{F}$、力偶矩 M 及均布载荷 q 均为已知，求支座 A、B 的约束力。

答：a) $F_{Ax}=0$，$F_{Ay}=-\dfrac{1}{2}\left(F+\dfrac{M}{a}\right)$，$F_B=\dfrac{1}{2}\left(3F+\dfrac{M}{a}\right)$；

b) $F_{Ax}=0$，$F_{Ay}=-\dfrac{1}{2}\left(F+\dfrac{M}{a}-\dfrac{5}{2}qa\right)$，$F_B=\dfrac{1}{2}\left(3F+\dfrac{M}{a}-\dfrac{1}{2}qa\right)$。

4-4　如题 4-4 图所示为刚架 $ABCD$ 的载荷及支承情况。试求图示支座 A、B 的约束力。

题 4-3 图

题 4-4 图

答：a) $F_B = 2.85$ kN，$F_{Ax} = 3.6$ kN，$F_{Ay} = 0.15$ kN；

b) $F_B = 2.85$ kN，$F_{Ay} = -2.85$ kN，$F_{Ax} = 3.6$ kN。

4-5 在题 4-5 图示刚架中，已知 $q = 3$ kN/m，$F = 6\sqrt{2}$ kN，$M = 10$ kN·m，不计刚架自重，求固定端 A 的约束力。

答：$F_{Ax} = 0$，$F_{Ay} = 6$ kN，$M_A = 12$ kN·m。

4-6 题 4-6 图示起重机，不计平衡锤的重量时，移动式起重机重为 $W = 500$ kN，作用于 C 点，它距离右轨为 $e = 1.5$ m。起重机的起重量为 $P = 250$ kN，到右轨距离为 $l = 10$ m。欲使跑车 E 在满载或空载时，起重机在任何位置均不致翻倒，求平衡锤的最小重量 G_{min} 以及平衡锤到左轨 A 的最大距离 x_{max}。跑车 E 的自重不计，$b = 3$ m。

答：$G_{min} = 333.3$ kN，$x_{max} = 6.75$ m。

题 4-5 图

题 4-6 图

4-7　构架 ABC 在 A 点受 $F=1$ kN 的力作用，杆 AB 和 CD 在 D 点用铰链连接，B 和 C 点均为固定铰链支座，如题 4-7 图所示。如不计杆重，求杆 CD 所受的力和支座 B 的约束力。

答：$F_{CD}=2.5$ kN，$F_B=1.8$ kN。

4-8　题 4-8 图示三铰拱刚架，受水平力 F 的作用。求铰链支座 A、B 和铰链 C 的约束力。

答：$F_A=\dfrac{\sqrt{2}}{2}F$，$F_B=\dfrac{\sqrt{2}}{2}F$，$F_C=\dfrac{\sqrt{2}}{2}F$。

題 4-7 图　　　　　　　　　　題 4-8 图

4-9　多跨梁在 C 点用铰链连接在梁上，受均布载荷 $q=5$ kN/m 的作用，尺寸如题 4-9 图所示。求支座 A 和链杆 B、D 的约束力。

答：$F_A=-10$ kN，$F_B=25$ kN，$F_D=5$ kN。

題 4-9 图

4-10　多跨梁如题 4-10 图所示，求支座 A 及可动支座 B、C、D 的约束力。

題 4-10 图

答：$F_A=-20$ kN，$F_B=60$ kN，$F_C=60$ kN，$F_D=-20$ kN。

4-11　梯子的两部分 AB 和 AC 在 A 点铰接，又在 D、E 两点用水平绳子连接。梯子放在光滑水平上，其一边作用有铅垂力 F，尺寸如题 4-11 图所示，不计梯重，求梯子平衡时绳 DE 中的拉力。设 a、l、h 和 θ 均为已知。

答：$F_{\mathrm{T}}=\dfrac{a\cos\theta}{2h}F$。

4-12　题 4-12 图示构架不计自重，A、B、D、E、F、G 都是铰链，设 $F_P=5$ kN，$F_Q=3$ kN，$a=2$ m。试求铰链 G 和杆 ED 所受的力。

答：$F_{Gx}=11$ kN，$F_{Gy}=3$ kN，$F_{ED}=15.56$ kN（压力）。

题 4-11 图

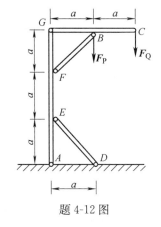

题 4-12 图

4-13　曲柄连杆活塞机构如题 4-13 图所示，此时活塞上受力 $F = 400$ N。如不计所有构件的自重和摩擦，问在曲柄上加多大的力矩才能使机构平衡。

答：$M = 6000$ N·cm。

4-14　如题 4-14 图所示为一颚式破碎机的设计简图。电动机传给 OE 杆的力矩为 $M = 100$ N·m，使 OE 旋转，并通过连杆 CE、BC 和夹板 AB 压碎石料。设机构工作时与夹板的接触点 G 离 A 轴 40 cm，石块对夹板的约束力 F_R

题 4-13 图

可分解为 F_P 和 F，且 $F = 0.4F_P$，指向如图。已知 $OE = 10$ cm，$AB = BC = CD = 60$ cm，不计各杆的自重，破碎机在图示位置处于平衡，试计算：（1）连杆 CE 和 CB 所受的力；（2）夹板的破碎力 F_P 及支座 A 的约束力。

答：（1）$F_{CE} = 1004$ N（拉力），$F_{CB} = 948$ N（压力）；

（2）$F_P = 1422$ N，$F_{Ax} = -695$ N，$F_{Ay} = -256$ N。

4-15　在题 4-15 图示构架中，A、C、D、E 处为铰链连接，BD 杆上的销钉 B 置于 AC 杆的光滑槽内，力 $F = 200$ N，力偶矩 $M = 100$ N·m，不计各构件重量，各尺寸如图，求 A、B、C 处所受力。

答：$F_{Ax} = 267$ N，$F_{Ay} = -87.5$ N，$F_B = 550$ N，$F_{Cx} = 209$ N，$F_{Cy} = -187.5$ N。

题 4-14 图

题 4-15 图

*4-16　题 4-16 图示构架由直杆 BC、CD 及直角弯杆 AB 组成，各杆自重不计。载荷分布及尺寸如图，销钉 B 穿透 AB 及 BC 两构件。在销钉 B 上作用一集中载荷 F。已知 q、a、M，且 $M = qa^2$。求固定端 A

的约束力及销钉 B 对 BC 杆、AB 杆的作用力。

题 4-16 图

答：$F_{Ax}=-qa$，$F_{Ay}=F+qa$，$M_A=(F+qa)a$，$F_{BCx}=-qa/2$，$F_{BCy}=qa$，$F_{BAx}=\dfrac{1}{2}qa$，$F_{BAy}=$
$-(F+qa)$。

4-17　试求题 4-17 图 a、b 所示构架中 A、E 处的约束力。设竖直力 $F=8$ kN，尺寸如图所示。

答：a) $F_{Ax}=0$，$F_{Ay}=-1$ kN，$F_E=9$ kN

b) $F_{Ax}=7$ kN，$F_{Ay}=-1$ kN，$F_{Ex}=-7$ kN，$F_{Ey}=9$ kN。

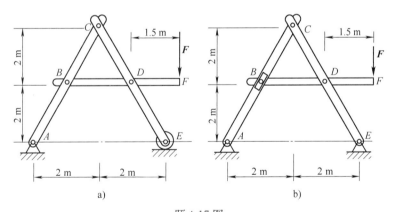

题 4-17 图

4-18　题 4-18 图示结构，已知 $q=10$ kN/m，$F_P=20$ kN，$F_Q=30$ kN。试求固定端 A 的约束力。

答：$F_{Ax}=0$，$F_{Ay}=40$ kN，$M_A=60$ kN。

4-19　题 4-19 图示结构由杆 AD、BE、BD 组成，各杆自重不计，D、C、B 均为铰链连接，A 端为固定端约束。已知 q，$\alpha=45°$，$F=\sqrt{2}qa$，$M=qa^2$，尺寸如图。试求固定端 A 处的约束力及 BD 杆所受的力。

答：$F_{Ax}=0$，$F_{Ay}=qa$，$M_A=-\dfrac{5}{2}qa^2$。

题 4-18 图　　　　　　　　　　　　　　题 4-19 图

4-20　题 4-20 图示直杆 AB、BC 及曲杆 CD 自重不计，B、C、D 三处均为光滑铰链，已知：$F=$ 20 kN，$M=10$ kN·m，$q=10$ kN/m，$a=0.5$ m。求固定端 A 处的约束力及 CD 杆的内力。

答：$F_{Ax}=20$ kN，$F_{Ay}=20$ kN，$M_A=-30$ kN·m。

4-21　题 4-21 图示组合梁自重不计，已知：$F=500$ kN，$\theta=60°$，$q=200$ kN/m，$M=100$ kN·m，$L=2$ m，B 处为铰接。试求固定端 A 处的约束力。

答：$F_{Ax}=-250$ kN，$F_{Ay}=-483$ kN，$M_A=1989$ kN·m。

题 4-20 图　　　　　　　　　　　　　　题 4-21 图

4-22　构架如题 4-22 图所示，各杆自重不计。D、C、E、H 皆为光滑圆柱铰链。已知：$q=30$ kN/m，$a=1$ m，$M=30$ kN·m。试求固定端 A 处和可动铰支座 B 的约束力。

题 4-22 图

答：$F_{Ax}=70$ kN，$F_{Ay}=120$ kN，$M_A=-50$ kN·m，$F_B=-70$ kN。

4-23　在题 4-23 图示平面结构中，A 为固定端，B 与 C 为中间铰链，D 为固定铰支座。已知：$F=$ 6 kN，$M=25$ kN·m，$q=0.8$ kN/m，各杆自重不计。试求 A 与 D 处的约束力。

答：$F_{Dx}=12.5$ kN，$F_{Dy}=-4.7$ kN；$F_{Ax}=-12.1$ kN，$F_{Ay}=9.5$ kN，$M_A=88.3$ kN·m。

4-24　题 4-24 图示结构由杆 AB、BD 及 T 形杆 DEH 组成。B、D 为光滑铰链，各构件均自重不计。已知：$M=4$ kN·m，$F=2$ kN，$q=4$ kN/m。试求支座 A、C 及固定端 E 的约束力。

答：$F_{Ax}=2$ kN；$F_C=4$ kN；$F_{Ex}=3.7$ kN，$F_{Ey}=5$ kN，$M_E=-1.1$ kN·m。

题 4-23 图

题 4-24 图

4-25　平面悬臂桁架所受的载荷如题 4-25 图所示，求杆 1、2 和 3 的内力。

答：$F_1=-5.333F$，$F_2=2F$，$F_3=1.667F$。

4-26　桁架受力如题 4-26 图所示，已知 $F_1=10$ kN，$F_2=F_3=20$ kN。试求桁架 4、5、7、10 各杆的内力。

答：$F_4=21.8$ kN，$F_5=16.73$ kN，$F_7=-20$ kN，$F_{10}=-43.64$ kN。

题 4-25 图

题 4-26 图

第 5 章
摩　擦

摩擦是一种极其复杂的物理力学现象，目前尚未形成完整的理论。本章所阐述的内容仍是建立在古典摩擦理论基础之上的一种近似计算。

本章重点研究滑动摩擦的有关规律及考虑摩擦时的平衡问题，对滚动摩擦只进行简单介绍。

5.1　滑动摩擦

5.1.1　摩擦的概念

前面讨论的平衡问题均未考虑摩擦，而是假设物体间接触均是光滑的，这是实际问题中的一种理想情况。当物体间接触面足够光滑或者润滑较好时，这种假设所产生的误差不大。但当摩擦成为主要因素时，摩擦力不仅不能忽略，而且应该作为重要的因素来考虑。

例如，车辆行驶、机器的运转都存在摩擦；夹具利用摩擦夹紧工件；制动器利用摩擦刹车；传动带利用摩擦传递轮子间的运动。在此类问题中，摩擦对物体的平衡和运动起着重要作用，这是有利的一面；另一方面摩擦也有其不利的一面，如摩擦使机器中的零件磨损、发热、损耗能量等。

研究摩擦的目的是要掌握其规律，充分利用其有利的一面，尽可能避免其有害的一面，为我们的生活和工程实际服务。

按照物体接触部分的运动情况，摩擦可分为滑动摩擦和滚动摩擦两类。滑动摩擦按照两物体接触表面间是否有润滑剂又可分为湿摩擦和干摩擦。

5.1.2　滑动摩擦

两个表面粗糙的物体，当其接触表面之间有相对滑动趋势或相对滑动时，彼此作用有阻碍相对滑动的阻力，即**滑动摩擦力**。摩擦力作用于相互接触处，其方向与相对滑动的趋势或相对滑动的方向相反，根据主动力作用的不同，它的大小可以分为三种情况，即静滑动摩擦力、最大静滑动摩擦力和动滑动摩擦力。

1. 静滑动摩擦力及静摩擦定律

在粗糙的水平面上放置一物体，该物体在重力 G 和法向约束力 F_N 的作用下处于静止状态（见图 5-1a）。今在该物体上作用一大小可变化的水平拉力 F，当拉力 F 由零值逐渐增加但不很大时，物体仅有相对滑动趋势，但仍保持静止。可见支撑面对物体除法向约束力 F_N 外，还有一个阻碍物体沿水平面向右滑动的切向约束力，此力即为**静滑动摩擦力**，简称**静摩擦力**，常以 F_s 表示，方向与滑动趋势相反，如图 5-1b 所示。它的大小由平衡条件确定。此时有

图 5-1

$$\sum F_x = 0, \quad F_s = F$$

由上式可知，静摩擦力的大小随主动力 F 的增大而增大，但它并不随主动力 F 的增大而无限度地增大。当主动力 F 的大小达到一定数值时，物块处于平衡的临界状态。这时，静摩擦力达到最大值，即为最大静滑动摩擦力，简称最大静摩擦力，以 F_{max} 表示。此后，如果主动力 F 再继续增大，静摩擦力也不能再随之增大，物体将失去平衡而滑动。

综上所述，静摩擦力的大小随主动力的情况而改变，但介于零与最大值之间，即

$$0 \leqslant F_s \leqslant F_{s\,max} \tag{5-1}$$

实验表明，最大静摩擦力的大小与两物体间的正压力（即法向约束力）成正比，即

$$F_{s\,max} = f_s F_N \tag{5-2}$$

式中，f_s 为比例常数，称为静摩擦因数，是量纲为一的量。式（5-2）称为**静摩擦定律**（又称库仑摩擦定律），是工程中常用的近似理论。

静摩擦因数的大小需由实验测定。它与接触物体的材料和表面情况（如粗糙度、温度和湿度等）有关。

静摩擦因数的数值可在工程手册中查到，表 5-1 中列出了一部分常用材料的摩擦因数。但影响摩擦因数的因素很复杂，如果需用比较准确的数值时，必须在具体条件下进行实验测定。

表 5-1　摩擦因数参考值

材料名称	摩擦因数			
	静摩擦因数 f_s		动摩擦因数 f'	
	无润滑剂	有润滑剂	无润滑剂	有润滑剂
钢—钢	0.15	0.1～0.2	0.15	0.05～0.10
钢—铸铁	0.3	—	0.18	0.05～0.15
钢—青铜	0.15	0.1～0.15	0.15	0.1～0.15
钢—橡胶	0.9	—	0.6～0.8	—
铸铁—铸铁	—	0.18	0.15	0.07～0.12
铸铁—青铜	—	—	0.15～0.2	0.07～0.12
铸铁—皮革	0.3～0.5	0.15	0.6	0.15
铸铁—橡胶	—	—	0.8	0.5
青铜—青铜	—	0.10	0.2	0.07～0.10

2. 动滑动摩擦力

当主动力继续增大时，物体之间将产生相对滑动，此时物体接触面间仍有摩擦力。这种阻碍物体滑动的摩擦力称为**动滑动摩擦力**，简称**动摩擦力**，以 F' 表示。实践表明，动摩擦

力 $\boldsymbol{F}'$ 的方向与滑动方向相反，大小与两个物体接触面的法向约束力 $\boldsymbol{F}_N$ 的大小成正比，即

$$F' = f' F_N \tag{5-3}$$

式中，f' 称为动摩擦因数，也是量纲为一的量，其参考数值见表 5-1。

动摩擦力的方向与物体相对滑动速度的方向相反。多数情况下，动摩擦因数随相对滑动速度的增大而稍减小，但当相对滑动速度不大时，动摩擦因数可近似认为是常数（参阅表 5-1）。

一般情况下，动摩擦因数 f' 略小于静摩擦因数 f_s；但在处理实际工程问题中，为了计算简便，有时也取 $f' = f_s$。

3. 摩擦角与自锁现象

当存在摩擦时，物体受到接触面的约束力包括法向约束力 $\boldsymbol{F}_N$ 和摩擦力 $\boldsymbol{F}_s$ 的作用。这两个力的合力 $\boldsymbol{F}_R$ 称为支承面对物体的**全约束力**，又称全反力，即

$$\boldsymbol{F}_R = \boldsymbol{F}_s + \boldsymbol{F}_N$$

设 $\boldsymbol{F}_R$ 与接触面法线的夹角为 φ，则

$$\tan\varphi = \frac{F_s}{F_N}$$

图 5-2 中，物体上作用有主动力，即水平方向力 $\boldsymbol{F}_Q$ 和竖直方向力 $\boldsymbol{F}_P$。若 $\boldsymbol{F}_P$ 不变，那么物体在开始滑动前，静摩擦力 $\boldsymbol{F}_s$ 将随主动力的水平方向力 $\boldsymbol{F}_Q$ 的增大而增大。设力 $\boldsymbol{F}_Q$ 增大到 $\boldsymbol{F}_{Qk}$ 时，物体处于临界状态，这时的静摩擦力为 $\boldsymbol{F}_{max}$，相应的全约束力也达到了最大值，如图 5-3 所示。角 φ_m 称为**静摩擦角**，简称**摩擦角**。也就是说，摩擦角就是静摩擦力达到最大值时，全约束力与支撑面法线间的夹角。当物体处于平衡时，静摩擦力总是小于或等于最大静摩擦力，则全约束力与法向约束力的夹角也总是小于或等于摩擦角 φ_m，即

$$0 \leqslant \varphi \leqslant \varphi_m \tag{5-4}$$

图　5-2

图　5-3

处于临界状态时

$$\boldsymbol{F}_R = \boldsymbol{F}_{R\,max} = \boldsymbol{F}_{s\,max} + \boldsymbol{F}_N$$

显然

$$\tan\varphi_m = \frac{F_{s\,max}}{F_N} = \frac{f_s F_N}{F_N} = f_s \tag{5-5}$$

由式（5-5）可看出，摩擦角的正切 $\tan\varphi_m$ 等于静摩擦因数 f_s。

从图 5-2 和图 5-3 中可以看出，如果改变水平力 $\boldsymbol{F}_{Qk}$ 作用线的方向，则 $\boldsymbol{F}_{max}$ 及 $\boldsymbol{F}_{R\,max}$ 的方向也随之改变。若 $\boldsymbol{F}_{Qk}$ 力转过一圈，则全约束力 $\boldsymbol{F}_{R\,max}$ 的作用线将在空间画出一个锥面，称为**摩擦锥**。若物体与支撑面间沿任何方向的静摩因数相同，则 φ_m 都相等，摩擦锥是一个以接触面法线为轴线，顶角为 $2\varphi_m$ 的圆锥，如图 5-4 所示。

图　5-4

物体处于静止状态时，全约束力 F_R 与接触面法线所形成的夹角 φ 不会大于 φ_m。也就是说，F_R 的作用线不可能超出摩擦锥（当处于临界状态时，则在锥面上）。设作用于物体上水平方向的主动力 F_Q 和竖直方向的主动力 F_P 的合力为 F'_R，即 $F'_R = F_Q + F_P$，当主动力的合力 F'_R 的作用线在摩擦锥之外（见图 5-5a），即 $\theta > \varphi_m$ 时，则全约束力 F_R 不可能与 F'_R 共线，此二力不符合二力平衡条件，于是物体将产生滑动；反之，当主动力合力 F'_R 的作用线在摩擦锥之内（见图 5-5b）即 $\theta < \varphi_m$ 时，无论主动力多大，它总是与 F_R 平衡，因而物体将保持静止。这种只要主动力合力的作用线在摩擦锥以内，物体依靠摩擦总能平衡而与主动力大小无关的现象，称为**摩擦自锁**，简称自锁。图 5-5c 表明主动力 F'_R 在锥面时，物体处于临界状态，即 $\theta = \varphi_m$。

工程上常应用自锁条件设计一些机构或夹具，如螺旋千斤顶、圆锥销等。

利用摩擦角的概念，可用简单的试验方法测定两种材料之间的静摩擦因数。如图 5-6 所示，把要测定的两种材料分别做成斜面和物块，把物块放在斜面上，并逐渐从零起增大斜面的倾角 θ，直到物块刚开始下滑时为止。这时的 θ 就是测定的摩擦角 φ_m，因为当物块处于临界状态时，有

$$G = -F_{RA}, \quad \theta = \varphi_m$$

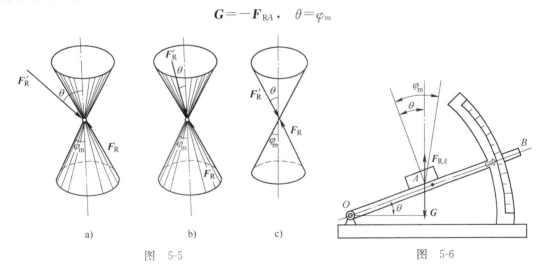

图　5-5　　　　　　　　　　　　　　　　图　5-6

由式（5-5）求得摩擦因数，即

$$f_s = \tan\varphi_m = \tan\theta$$

斜面的自锁条件就是螺纹（见图 5-7a）的自锁条件。因为螺纹可以看成绕在一圆柱体上的斜面（见图 5-7b）；螺纹升角 θ 就是斜面的倾角，如图 5-7c 所示。螺母相当于斜面上的滑块 A，加于螺母的轴向载荷 F_P 相当物块 A 的重力。要使螺纹自锁，必须使螺纹的升角 θ 小于或等于摩擦角 φ_m。因此螺纹的自锁条件是

$$\theta \leqslant \varphi_m$$

若螺旋千斤顶的螺杆与螺母之间的摩擦因数为 $f_s = 0.1$，则

$$\tan\varphi_m = f_s = 0.1$$

得

$$\varphi_m = 5°43'$$

为保证螺旋千斤顶自锁，一般取螺纹升角 $\theta = 4° \sim 4°30'$。

图 5-7

5.2 考虑摩擦时的平衡问题

求解有摩擦时物体的平衡问题与不计摩擦时物体的平衡问题比较，两者有其共同之处，即作用于物体上的力都应满足力系的平衡条件。对有摩擦的平衡问题，还应考虑以下几点：

（1）取研究对象时，一般总是从摩擦面将物体分开。

（2）摩擦力的大小由平衡条件来定，同时应与最大静摩擦力 $F_{s\,max}$ 比较。当 $F_s < F_{s\,max}$ 时，物体平衡；当 $F_s > F_{s\,max}$ 时，物体不平衡。

（3）在临界状态下，摩擦力达到最大静摩擦力，此时，$F_{s\,max} = f_s F_N$。

（4）摩擦力的方向总是与物体相对运动或相对运动趋势方向相反。当物体未处于临界状态时，摩擦力是未知的，如其指向无法预先判断，可以先假定。

（5）由于物体平衡时摩擦力可能是一个范围值，所以解题的最后结果常常也是一个范围值。

例 5-1 物块重 $G = 980$ N，放在一倾角 $\alpha = 30°$ 的斜面上，已知接触面间的摩擦因数为 $f_s = 0.2$，沿斜面向上的推力 $F = 588$ N（见图 5-8a）。问物体在斜面上是静止还是滑动？摩擦力为多大？

图 5-8

解：取物块为研究对象，并假定静止，由于 $F > G\sin\alpha$，故物块有沿斜面向上滑动的趋势，静摩擦力沿斜面向下，受力图如图 5-8b 所示，选取坐标轴如图，列平衡方程及补充方程

$$\sum F_x = 0, \quad F - G\sin\alpha - F_s = 0$$

$$\sum F_y = 0, \quad F_N - G\cos\alpha = 0$$

$$F_{s\,max} = f_s F_N$$

解得
$$F_s = F - G\sin\alpha = 588\text{ N} - 980\text{ N} \times \sin 30° = 98\text{ N}$$
$$F_{s\,\max} = f_s F_N = f_s G\cos\alpha = 0.2 \times 980\text{ N} \times \cos 30° = 170\text{ N} > F_s$$

故物块在斜面上虽有向上滑动的趋势，但仍然静止，摩擦力为 98 N。假若所求的摩擦力 $F_s = F_{s\,\max}$，则物块处于临界平衡状态，摩擦力即为 $F_{s\,\max}$；若所求的摩擦力 $F_s > F_{s\,\max}$，则物块处于滑动状态，摩擦力按式（5-3）计算，也可近似为 $F_{s\,\max}$。

例 5-2　图 5-9a 所示凸轮机构，已知推杆与滑道间的摩擦因数为 f_s，滑道宽为 b，问 a 为多大时推杆才不致被卡住。设凸轮与推杆接触处的摩擦忽略不计。

解：取推杆为研究对象，其受力如图 5-9b 所示，推杆除受凸轮推力 $\boldsymbol{F}_N$ 作用外，在滑道 A、B 处还受法向约束力 $\boldsymbol{F}_{NA}$、$\boldsymbol{F}_{NB}$ 作用。由于推杆有向上的滑动趋势，故 $\boldsymbol{F}_A$、$\boldsymbol{F}_B$ 的方向向下。列平衡方程

$$\sum F_x = 0, \quad F_{NA} - F_{NB} = 0$$
$$\sum F_y = 0, \quad -F_A - F_B + F_N = 0$$
$$\sum M_D(\boldsymbol{F}) = 0, \quad F_N a - F_{NB} b - F_B \cdot d/2 + F_A \cdot d/2 = 0$$

a)　　　　　　　　　　b)

图　5-9

考虑平衡的临界状态（即推杆将动而未动时）。摩擦力达到最大值，根据静摩擦定律可得 $F_A = f_s F_{NA}$，$F_B = f_s F_{NB}$，联立以上各式得 $a = b/2f_s$。

要保证机构不发生自锁现象（卡住），必须使 $a < b/2f_s$。

例 5-3　制动器的构造和主要尺寸如图 5-10a 所示，制动块与鼓轮表面间的摩擦因数为 f_s，试求制动鼓轮转动所必需的最小力 F_P。

解：从摩擦面将鼓轮与杠杆 OAB 分开，分别画出其受力如图 5-10b、c 所示。鼓轮上的力除轴心受有轴承约束力 $\boldsymbol{F}_{1x}$、$\boldsymbol{F}_{1y}$、重物的重力 G 外，摩擦面上还有正压力 $\boldsymbol{F}_N$ 和摩擦力 $\boldsymbol{F}_s$，鼓轮的制动正是摩擦力 $\boldsymbol{F}_s$ 产生的。当轮子处于逆时针方向转动的临界平衡状态时，摩擦力为 $F_{s\,\max}$，此时作用于杠杆 OAB 上的力 F_P 为制动鼓轮所需要的最小值 $F_{P\,\min}$，由鼓轮的平衡方程有

$$\sum M_{O1}(\boldsymbol{F}) = 0, \quad Gr - F_{s\,\max} R = 0$$
$$F_{s\,\max} = f_s F_N$$

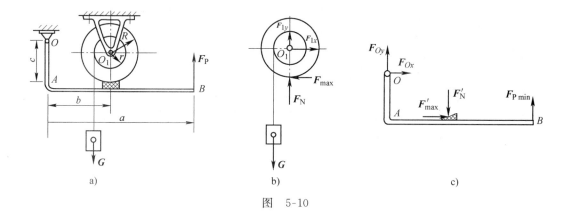

图 5-10

解得

$$F_{s\,max} = r/RG, \quad F_N = F_{s\,max} f_s = rf_s/RG$$

由杠杆的平衡方程有

$$\sum M_O(\boldsymbol{F}) = 0, \quad F'_{s\,max} c - F'_N b + F_{P\,min} a = 0$$

将 $F'_N = F_N = \dfrac{r}{f_s R} G$ 和 $F'_{s\,max} = F_{s\,max} = \dfrac{r}{R} G$ 代入上式，得

$$F_{P\,min} = \frac{rG}{aR}\left(\frac{b}{f_s} - c\right)$$

制动鼓轮的力须满足

$$F_P \geqslant \frac{rG}{aR}\left(\frac{b}{f_s} - c\right)$$

例 5-4 图 5-11a 所示一重为 G 的物体放在倾角为 α 的固定斜面上。已知物块与斜面间的静摩擦因数为 f_s（摩擦角为 $\varphi_m = \arctan f_s$），试求维持物块平衡的水平推力 F_1 的取值范围。

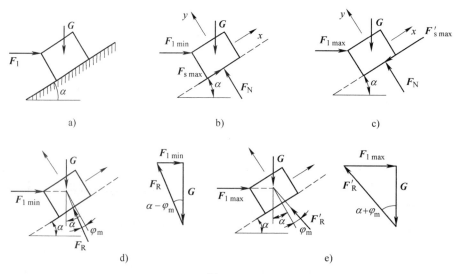

图 5-11

解：F_1 值过大，物块将上滑；F_1 值过小，物块将下滑，故 F_1 值只在一定范围内（$F_{1\min} \leqslant F_1 \leqslant F_{1\max}$）才能保持物块静止。下面就两种情况进行分析。

（1）求 $F_{1\min}$。当 F_1 达到此值时，物体处于将要向下滑动的临界平衡状态，这时静摩擦力 **F_s** 的方向应沿斜面向上，并达到了最大值 $F_{s\max}$，故其受力图和坐标轴如图 5-11b 所示。由平衡方程得

$$\sum F_x = 0, \quad F_{1\min}\cos\alpha - G\sin\alpha + F_{s\max} = 0$$
$$\sum F_y = 0, \quad -F_{1\min}\sin\alpha - G\cos\alpha + F_N = 0$$

由静摩擦定律，建立补充方程

$$F_{s\max} = f_s F_N = F_N \tan\varphi_m$$

解得

$$F_{1\min} = G\frac{\sin\alpha - f_s\cos\alpha}{\cos\alpha + f_s\sin\alpha} = G\tan(\alpha - \varphi_m)$$

（2）求 $F_{1\max}$。当 F_1 达到此值时，物体处于将要向上滑动的临界平衡状态，这时静摩擦力 **F_s** 的方向应沿斜面向下，并达到了最大值 $F'_{s\max}$，其受力图和坐标轴如图 5-11c 所示。由平衡方程得

$$\sum F_x = 0, \quad F_{1\max}\cos\alpha - G\sin\alpha - F'_{s\max} = 0$$
$$\sum F_y = 0, \quad -F_{1\max}\sin\alpha - G\cos\alpha + F'_N = 0$$

由静摩擦定律，建立补充方程

$$F'_{s\max} = f_s F'_N = F'_N \tan\varphi_m$$

解得

$$F_{1\max} = G\frac{\sin\alpha + f_s\cos\alpha}{\cos\alpha - f_s\sin\alpha} = G\tan(\alpha + \varphi_m)$$

由以上分析得知，欲使物块保持平衡，力 F_1 的取值范围为

$$G\tan(\alpha - \varphi_m) \leqslant F_1 \leqslant G\tan(\alpha + \varphi_m)$$

另外，如果应用摩擦角的概念，采用几何法求解本题，将更为简便。

当 $F_1 = F_{1\min}$ 时，物块处于即将下滑的临界平衡状态，全约束力 **F_R** 与法线的夹角为摩擦角 φ_m，物块在 **G**、**$F_{1\min}$**、**F_R** 三力作用下处于平衡，如图 5-11d 所示。作封闭力三角形，得

$$F_{1\min} = G\tan(\alpha - \varphi_m)$$

当 $F_1 = F_{1\max}$ 时，物块处于即将上滑的临界状态，全约束力 **F'_R** 与法线的夹角也是 φ_m，物块在 **G**、**$F_{1\max}$**、**F'_R** 三力作用下处于平衡，如图 5-11e 所示。作封闭力三角形可得

$$F_{1\max} = G\tan(\alpha + \varphi_m)$$

5.3 滚动摩阻简介

实践表明，滚动比滑动省力。例如搬运笨重设备时，若在其底下垫几根圆木，这样搬运起来比不垫圆木时省力。那么滚动的物体是否有阻力，为什么比滑动省力？现以一圆柱滚动为例来分析。

设一半径为 r 的滚子，静止地放置于水平面上（见图 5-12a），设滚子重为 G，在滚子中心作用一较小的水平力 F_T，当力 F_T 未达到某一数值前，滚子既不滚动，也不滑动。由此可知，滚子是平衡的。作用于滚子上的所有外力除 G、F_T、F_N 外，还有支承面与滚子之间的静摩擦力 F_s，如图 5-12b 所示。由平衡方程有

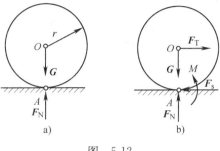

图　5-12

$$\sum F_x=0, \quad F_T-F_s=0, \quad F_T=F_s$$

$$\sum F_y=0, \quad F_N-G=0, \quad F_N=G$$

力 F_s 阻止滚子向前滑动，但它与力 F_T 组成一力偶，其力偶矩为 $F_T r$。我们知道，如果只有这一力偶矩，无论 $F_T r$ 如何小，都会使滚子滚动，但实际上滚子并没有滚动，这说明支撑面对滚子还作用有一个阻止滚子滚动的力偶，称为**滚动摩阻力偶**，简称**滚阻力偶**。

设滚动摩阻力偶的力偶矩为 M，其转向显然与滚子滚动趋势的方向相反，则

$$\sum M_A(\boldsymbol{F})=0, \quad M-F_T r=0$$

得
$$M=F_T r$$

产生滚阻力偶的原因，主要是因为滚子与支承面实际上并非刚体，在压力作用下，两者的接触面都会产生微小变形，如图 5-13 所示。在接触面上，滚子受不均匀分布力作用，这些力向 A 点简化，得一力 F_R 和一矩为 M 的力偶，如图 5-13b 所示。这个矩为 M 的力偶与主动力偶(F_T，F_s)平衡，它的转向与滚动趋势方向相反，如图 5-13c 所示。

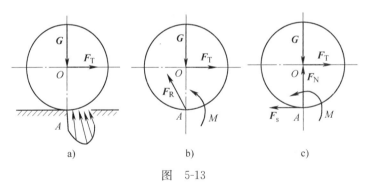

图　5-13

与静滑动摩擦力相似，滚动摩阻力偶 M 随主动力偶矩的增大而增大，当 F_T 增加到某一数值时，滚子处于将滚与未滚的临界平衡状态。这时滚动摩阻力偶达到最大值，称为**最大滚动摩阻力偶**，用 M_{max} 来表示。由此可知，滚动摩阻力偶矩 M 的大小介于零与最大值之间，即

$$0\leqslant M\leqslant M_{max} \tag{5-6}$$

实验证明：最大滚动摩阻力偶矩 M_{max} 与支撑面的正压力（法向约束力）F_N 的大小成正比，即

$$M_{max}=\delta F_N \tag{5-7}$$

这就是**滚动摩阻定律**。式中，δ 为**滚动摩阻系数**，其单位为长度单位，一般用 mm 或 cm。

由于滚动摩阻力偶很小，为简便起见，工程上常取 $M=M_{max}=\delta F_N$。

实验测得，滚动摩阻系数 δ 与滚子、支撑面的硬度和湿度等有关，而与滚子半径无关。表 5-2 为几种材料的滚动摩阻系数的参考值。

表 5-2 几种材料的滚动摩阻系数的参考值

材 料 名 称	滚动摩阻系数 δ/cm
软钢—软钢	0.005
淬火钢—淬火钢	0.001
铸铁—铸铁	0.005
木材—钢	0.03～0.04
木材—木材	0.05～0.08
钢轮—钢轨	0.05

由图 5-14，可以分别计算出使滚子滚动或滑动所需的水平拉力 F。

由平衡方程 $\sum M_A(F)=0$，可以求得

$$F_{滚}=\frac{M_{max}}{R}=\frac{\delta F_N}{R}=\frac{\delta}{R}G$$

由平衡方程 $\sum F_x=0$，可以求得

$$F_{滑}=F_{s\,max}=f_s F_N=f_s G$$

一般情况下，有

$$\frac{\delta}{R}\ll f_s$$

因而使滚子滚动比滑动省力得多。

图 5-14

思 考 题

5-1 静滑动摩擦力的大小与法向约束力的大小成正比的说法对吗？

5-2 何谓摩擦角？它与摩擦因数有何关系？

5-3 何谓自锁？斜面的自锁条件是什么？

5-4 如图 5-15 所示，已知 $F=G$，试问当接触面间的摩擦角 φ_m 分别等于 $10°$、$15°$、$20°$时，物块处于何种状态？

5-5 如图 5-16 所示，重为 W 的物块放在倾角为 α 的斜面上，已知摩擦因数 f_s，且 $\tan\alpha<f_s$，问此物块下滑否？若增加其重量或在其上加一重为 G 的物块，能否达到使物块下滑的目的？

图 5-15

图 5-16

5-6 如图 5-17 所示，试比较在静摩擦因数 f_s 和传动带压力 F 均相同的条件下，平传动带和 V 带的最大摩擦力之大小。

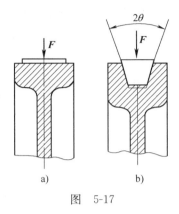

图 5-17

5-7 骑自行车时，前后两轮的摩擦力各是什么方向？为什么？

习 题

5-1 如题 5-1 图所示，物块重 $G=100$ N，与水平面间的静摩擦因数 $f_s=0.3$，试问当水平力 $\boldsymbol{F}_T$ 的大小分别为 10 N、30 N 和 50 N 时，摩擦力各为多大？

答：10 N，30 N，30 N。

5-2 用绳拉一重 $G=500$ N 的物体（见题 5-2 图），拉力 $\boldsymbol{F}_T=150$ N。(1) 若静摩擦因数 $f_s=0.45$，试判断物体是否平衡并求摩擦力的大小；(2) 若静摩擦因数 $f_s=0.577$，求拉动物体所需的拉力。

答：(1) 平衡，$F_s=130$ N；(2) $F_T=250$ N。

5-3 简易升降混凝土吊筒装置如题 5-3 图所示。混凝土和吊筒共重 25 kN，吊筒与滑道间的静摩擦因数为 0.3。试分别求出吊筒匀速上升和匀速下降时绳子的拉力。

答：26.1 kN，20.9 kN。

题 5-1 图   题 5-2 图   题 5-3 图

5-4 重为 G 的物体放在倾角为 β 的斜面上，物体与斜面的摩擦角为 φ_m，如题 5-4 图所示。如在物体上作用力 $\boldsymbol{F}$，此力与斜面的交角为 θ。求拉动物体时的 F 值，并问当角 θ 为何值时，此力为极小。

答：$F=G\sin(\varphi_m+\beta)$，$\theta=\varphi_m$。

题 5-4 图

5-5 题 5-5 图所示均质正方形薄板重 P，置于铅垂面内，薄板与地面间的静摩擦因数 $f_s=0.4$，在 A 处作用一力 $\boldsymbol{F}$，欲使薄板静止不动，则力 $\boldsymbol{F}$ 的最大值是多少？

答：$\dfrac{\sqrt{2}}{4}P$。

5-6 如题 5-6 图所示均质杆 AB 重 $P=100$ N，木块 C 重 $P_1=200$ N，杆 AB 与木块 C 间的静摩擦因数

$f_{1s}=0.4$，木块 C 与水平面 D 间的静摩擦因数 $f_{2s}=0.6$。试求欲拉动木块 C 的水平力 F 的最小值。

答：$F=149.5$ N。

5-7　梯子 AB 靠在墙上，其重为 $G=200$ N，如题 5-7 图所示。梯长为 l，并与水平面交角 $\theta=60°$。已知接触面间的静摩擦因数均为 0.25。今有一重 650 N 的人沿梯上爬，问人所能达到的最高点 C 到 A 点的距离 s 应多少？

答：$s=0.456l$。

题 5-5 图　　　　　　题 5-6 图　　　　　　题 5-7 图

5-8　如题 5-8 图所示，在闸块制动器的两个杠杆上，分别作用有大小相等的力 F_1 和 F_2，问当它们为多大时，方能使受到力偶作用的轴处于平衡？设力偶矩 $M=160$ N·m，静摩擦因数 $f_s=0.2$，尺寸如图所示。

答：$F_1=F_2\geqslant800$ N。

5-9　砖夹的宽度为 0.25 m，曲杆 AGB 与 $GCED$ 在 G 点铰接，尺寸如题 5-9 图所示。设砖重 $G=120$ N，提起砖的力 F 作用在砖夹的中心线上，砖夹与砖间的静摩擦因数 $f_s=0.5$，试求距离 b 为多大才能把砖夹起。

答：$b\leqslant110$ mm。

题 5-8 图

题 5-9 图

5-10　钢管车间的钢管运转台架如题 5-10 图所示，依靠钢管自重缓慢无滑动地滚下，钢管直径为 50 mm。设钢管与台架间的滚动摩阻系数 $\delta=0.5$ mm。试决定台架的最小倾角 θ 应为多大？

答：$\theta=10.9°$。

题 5-10 图

第6章
空 间 力 系

空间力系包括空间汇交力系、空间平行力系、空间力偶系和空间任意力系。其中空间任意力系是各种力系中最复杂、最一般的力系。本章通过对力在空间直角坐标轴上的投影及沿坐标轴的分解、力对轴之矩的讨论，着重研究空间力系的平衡问题，并介绍重心的概念及确定重心位置的方法。

6.1 力在空间直角坐标轴上的投影及分解

6.1.1 力在空间直角坐标轴上的投影

若已知力 F 与正交坐标系 $Oxyz$ 三轴间的夹角（见图 6-1a），则可用直接投影法。即

$$F_x = F\cos\alpha, \quad F_y = F\cos\beta, \quad F_z = F\cos\gamma \tag{6-1}$$

当力 F 与坐标轴 Ox、Oy 间的夹角不易确定时，可把力 F 先投影到平面 Oxy 上，得到力 F_{xy}，然后再把 F_{xy} 投影到 x、y 轴上，此为间接投影法。在图 6-1b 中，已知角 γ 和 φ，则力 F 在三个坐标轴上的投影分别为

$$\left.\begin{aligned} F_x &= F\sin\gamma\cos\varphi \\ F_y &= F\sin\gamma\sin\varphi \\ F_z &= F\cos\gamma \end{aligned}\right\} \tag{6-2}$$

力在空间直角坐标轴上的投影亦为代数量，其正负规定与力在平面坐标轴上的投影相同。

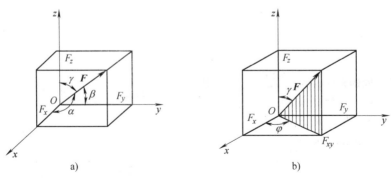

a)   b)

图 6-1

例 6-1　图 6-2 所示的圆柱斜齿轮，其上受啮合力 F 的作用。已知斜齿轮的齿倾角（螺旋角）β 和压力角 θ，试求力 F 在 x、y、z 轴上的投影。

解：先将力 F 向 z 轴和 Oxy 平面投影得

$$F_z = -F\sin\theta, \quad F_{xy} = F\cos\theta$$

再将 F_{xy} 向 x、y 轴投影得

$$F_x = F_{xy}\cos\beta = F\cos\theta\cos\beta$$

$$F_y = -F_{xy}\sin\beta = -F\cos\theta\sin\beta$$

图 6-2

6.1.2　力沿空间直角坐标轴分解

为了分析空间力对物体的作用，常需将其分解成三个相互垂直的分力。与平面力正交分解的方法一样，但空间力的分解需两次使用力的平行四边形法则。如图 6-3 所示，可先向沿 z 轴和垂直于 z 轴的方向分解得分力 F_z 和 F_{xy}，再将力 F_{xy} 在 Oxy 平面内分解为 F_x、F_y。这样便可得到力 F 沿空间直角坐标轴的三个分力 F_x、F_y、F_z。不难看出，此三个正交分力的大小刚好是以力 F 为对角线，以三个坐标轴为棱边所作长方体三条相邻的棱长。这种正交分解，又称为力的长方体法则。

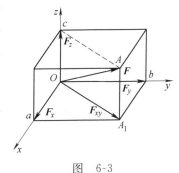

与平面力系的情况类似，力 F 沿空间直角坐标轴分解所得分力 F_x、F_y、F_z 的大小，等于该力在相应轴上投影的绝对值。但应注意分力是矢量，投影是代数量。

图 6-3

6.2　空间力对点之矩和力对轴之矩

6.2.1　力对点之矩以矢量表示——力矩矢

对于平面力系，用代数量表示力对点的矩足以概括它的全部要素。但是在空间情况下，不仅要考虑力矩的大小、转向，而且还要注意力与矩心所组成的平面（力矩作用面）的方位。方位不同，即使力矩大小和转向一样，作用效果也将完全不同。这三个因素可以用力矩矢 $M_O(F)$ 来描述。其中矢量的模即 $|M_O(F)| = Fh = 2A_{\triangle OAB}$，矢量的方位和力矩作用面的法线方向相同；矢量的指向按右手螺旋法则来确定，如图 6-4 所示。

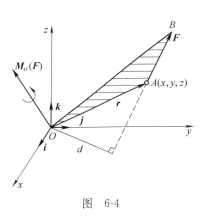

由图 6-4 易见，以 r 表示力作用点 A 的矢径，则矢积

图 6-4

$r \times F$ 的模等于三角形 OAB 面积的两倍，其方向与力矩矢一致。因此可得

$$M_O(F) = r \times F \tag{6-3}$$

式（6-3）为力对点之矩的矢积表达式，即：**力对点之矩矢等于矩心到该力作用点的矢径与该力的矢量积**。

若以矩心 O 为原点，作空间直角坐标系 $Oxyz$（见图 6-4）。设力作用点 A 的坐标为 $A(x,y,z)$，力在三个坐标轴上的投影分别为 F_x、F_y、F_z，则矢径 r 和力 F 分别为

$$r = xi + yj + zk$$
$$F = F_x i + F_y j + F_z k$$

代入式（6-3），并采用行列式形式：

$$M_O(F) = r \times F = \begin{vmatrix} i & j & k \\ x & y & z \\ F_x & F_y & F_z \end{vmatrix} \tag{6-4}$$

$$= (yF_z - zF_y)i + (zF_x - xF_z)j + (xF_y - yF_x)k$$

由式（6-4）可知，单位矢量 i、j、k 前面的三个系数，应分别表示力矩矢 $M_O(F)$ 在三个坐标轴上的投影，即

$$\left.\begin{aligned}
[M_O(F)]_x &= yF_z - zF_y \\
[M_O(F)]_y &= zF_x - xF_z \\
[M_O(F)]_z &= xF_y - yF_x
\end{aligned}\right\} \tag{6-5}$$

由于力矩矢量 $M_O(F)$ 的大小和方向都与矩心 O 的位置有关，故力矩矢的始端必须在矩心，不可任意挪动，这种矢量称为定位矢量。

6.2.2 力对轴之矩

1. 力对轴之矩的概念

工程中，经常遇到刚体绕定轴转动的情形，为了度量力对绕定轴转动刚体的作用效果，必须了解力对轴之矩的概念。

现计算作用在斜齿轮上的力 F 对 z 轴的矩。可将力 F 分解为 F_z 与 F_{xy}，其中分力 F_z 平行 z 轴，不能使静止的齿轮转动，故它对 z 轴之矩为零；只有垂直于 z 轴的分力 F_{xy} 对 z 轴有矩，等于力 F_{xy} 对轮心 C 的矩（见图 6-5a）。一般情况下，可先将空间一力 F，分解到垂直于 z 轴的 Oxy 平面内，得力 F_{xy}；再将力 F_{xy} 对平面与轴的交点 O 取矩（见图 6-5b）。以

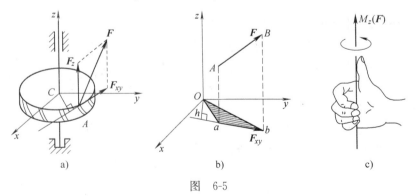

a)   b)   c)

图 6-5

符号 $M_z(\boldsymbol{F})$ 表示力对 z 轴的矩，即

$$M_z(\boldsymbol{F}) = M_O(\boldsymbol{F}_{xy}) = \pm F_{xy}h = \pm 2S_{\triangle Oab} \tag{6-6}$$

力对轴之矩是力使刚体绕转轴转动效果的度量，是一个代数量，它等于这个力在垂直于该轴的平面上的分力对这个平面与轴交点之矩。其正负号按下列方法确定：从 z 轴正向看，物体绕该轴按逆时针转动为正；反之为负。也可按右手螺旋法则来判定其正负：右手四指沿力矩的方向握过转轴，若大拇指指向与该轴的方向一致，力对轴之矩为正；反之为负，如图 6-5c 所示。

很容易得出下列结论：

（1）当力的作用线与轴平行（即 $F_{xy}=0$）或相交（即 $d=0$），即力与轴位于同一平面时，力对该轴之矩等于零；

（2）当力沿其作用线移动时，它对轴之矩不变；

（3）在平面力系中，力对力系所在平面内某点的矩，就是力对通过此点且与力系所在平面垂直的轴之矩。

力对轴之矩也可用解析式表示。设力 $\boldsymbol{F}$ 在三个坐标轴上的投影分别表示为 F_x、F_y、F_z，力的作用点 A 的坐标为 $A(x,y,z)$，如图 6-6 所示。

根据式（6-6）得

$$M_z(\boldsymbol{F}) = M_O(\boldsymbol{F}_{xy}) = M_O(\boldsymbol{F}_x) + M_O(\boldsymbol{F}_y)$$

即 $\qquad M_z(\boldsymbol{F}) = xF_y - yF_x$

同理可得 $M_y(\boldsymbol{F})$、$M_z(\boldsymbol{F})$，故有

$$\left. \begin{aligned} M_x(\boldsymbol{F}) &= yF_z - zF_y \\ M_y(\boldsymbol{F}) &= zF_x - xF_z \\ M_z(\boldsymbol{F}) &= xF_y - yF_x \end{aligned} \right\} \tag{6-7}$$

图 6-6

式（6-7）称为力对轴之矩的解析式。

2. 合力矩定理

设有一空间力系 $\boldsymbol{F}_1, \boldsymbol{F}_2, \cdots, \boldsymbol{F}_n$，可以证明：合力对某轴之矩等于各分力对同一轴之矩的代数和。即

$$M_z(\boldsymbol{F}_R) = \sum M_z(\boldsymbol{F}) \tag{6-8}$$

6.2.3 力对点之矩与力对通过该点的轴之矩的关系

比较式（6-5）与式（6-7），可得

$$\left. \begin{aligned} \left[\boldsymbol{M}_O(\boldsymbol{F})\right]_x &= M_x(\boldsymbol{F}) \\ \left[\boldsymbol{M}_O(\boldsymbol{F})\right]_y &= M_y(\boldsymbol{F}) \\ \left[\boldsymbol{M}_O(\boldsymbol{F})\right]_z &= M_z(\boldsymbol{F}) \end{aligned} \right\} \tag{6-9}$$

即力对点之矩矢在通过该点的某轴上的投影，等于力对该轴之矩。

式（6-9）建立了力对点之矩与力对轴之矩之间的关系。

如果力对通过点 O 的直角坐标轴 x、y、z 的矩是已知的，则可求得该力对点 O 之矩的大小和方向余弦为

$$|\boldsymbol{M}_O(\boldsymbol{F})|=\sqrt{[M_x(\boldsymbol{F})]^2+[M_y(\boldsymbol{F})]^2+[M_z(\boldsymbol{F})]^2}$$

$$\cos(\boldsymbol{M}_O,\boldsymbol{i})=\frac{M_x(\boldsymbol{F})}{|\boldsymbol{M}_O(\boldsymbol{F})|}$$

$$\cos(\boldsymbol{M}_O,\boldsymbol{j})=\frac{M_y(\boldsymbol{F})}{|\boldsymbol{M}_O(\boldsymbol{F})|}$$

$$\cos(\boldsymbol{M}_O,\boldsymbol{k})=\frac{M_z(\boldsymbol{F})}{|\boldsymbol{M}_O(\boldsymbol{F})|}$$

(6-10)

例 6-2 手柄 $ABCE$ 在平面 Axy 内，在 D 处作用一个力 $\boldsymbol{F}$，如图 6-7 所示，它在垂直于 y 轴的平面内，偏离铅直线的角度为 θ，如果 $CD=a$，杆 BC 平行于 x 轴，杆 CE 平行于 y 轴，AB 与 BC 的长度都等于 l。试求力 $\boldsymbol{F}$ 对 x、y、z 三轴的矩。

解： 力 $\boldsymbol{F}$ 在 x、y、z 轴上的投影为

$$F_x=F\sin\theta,\quad F_y=0,\quad F_z=-F\cos\theta$$

力作用点 D 的坐标为 $x=-l$，$y=l+a$，$z=0$，代入式（6-7），得

图 6-7

$$M_x(\boldsymbol{F})=yF_z-zF_y=(l+a)(-F\cos\theta)-0=-F(l+a)\cos\theta$$

$$M_y(\boldsymbol{F})=zF_x-xF_z=0-(-l)(-F\cos\theta)=-Fl\cos\theta$$

$$M_z(\boldsymbol{F})=xF_y-yF_x=0-(l+a)(F\sin\theta)=-F(l+a)\sin\theta$$

本题亦可直接按力对轴之矩的定义计算。

*6.3 空间力偶

6.3.1 力偶矩以矢量表示——力偶矩矢

空间力偶对刚体的作用效应，可用力偶矩矢来度量，即用力偶中的两个力对空间某点之矩的矢量和来度量。设有空间力偶 $(\boldsymbol{F},\boldsymbol{F}')$，其力偶臂为 d，如图 6-8a 所示。力偶对空间任一点 O 的矩矢为 $\boldsymbol{M}_O(\boldsymbol{F},\boldsymbol{F}')$，则有

图 6-8

$$\boldsymbol{M}_O(\boldsymbol{F},\boldsymbol{F}')=\boldsymbol{M}_O(\boldsymbol{F})+\boldsymbol{M}_O(\boldsymbol{F}')=\boldsymbol{r}_A\times\boldsymbol{F}+\boldsymbol{r}_B\times\boldsymbol{F}'$$

由于 $\boldsymbol{F}'=-\boldsymbol{F}$，故上式可改写为

$$\boldsymbol{M}_O(\boldsymbol{F},\boldsymbol{F}')=(\boldsymbol{r}_A-\boldsymbol{r}_B)\times\boldsymbol{F}=\boldsymbol{r}_{BA}\times\boldsymbol{F}\quad(\text{或 }\boldsymbol{r}_{AB}\times\boldsymbol{F}')$$

计算表明，力偶对空间任一点的矩矢与矩心无关，以记号 $\boldsymbol{M}(\boldsymbol{F},\boldsymbol{F}')$ 或 $\boldsymbol{M}$ 表示力偶矩矢，则

$$\boldsymbol{M}=\boldsymbol{r}_{BA}\times\boldsymbol{F}\tag{6-11}$$

由于力偶矩矢 $\boldsymbol{M}$ 无须确定它的初端位置，这样的矢量称为自由矢量，如图 6-8b 所示。总之，空间力偶对刚体的作用效果取决于下列三个因素：

(1) 矢量的模，即力偶矩大小 $M=Fd=2S_{\triangle ABC}$（见图 6-8b）；

(2) 矢量的方位与力偶作用面相垂直（见图 6-8b）；

(3) 矢量的指向与力偶的转向的关系服从右手螺旋法则，如图 6-8c 所示。

6.3.2 空间力偶等效定理

由于空间力偶对刚体的作用效果完全由力偶矩来确定，而力偶矩矢是自由矢量，因此两个空间力偶不论作用在刚体的什么位置，也不论力的大小、方向及力偶臂的大小，只要力偶矩矢相等，就等效。这就是**空间力偶等效定理**，即作用在同一刚体上的两个空间力偶，如果其力偶矩矢相等，则它们彼此等效。

这一定理表明：空间力偶可以平移到与其作用面平行的任意平面上而不改变力偶对刚体的作用效果；也可以同时改变力与力偶臂的大小或将力偶在其作用面内任意移转，只要力偶矩矢的大小、方向不变，其作用效果就不变。可见，力偶矩矢是空间力偶作用效果的唯一度量。

6.3.3 空间力偶系的合成

任意个空间分布的力偶可合成为一个合力偶，合力偶矩矢等于各分力偶矩矢的矢量和，即

$$\boldsymbol{M}=\boldsymbol{M}_1+\boldsymbol{M}_2+\cdots+\boldsymbol{M}_n=\sum_{i=1}^{n}\boldsymbol{M}_i\tag{6-12}$$

合力偶矩矢的解析表达式为

$$\boldsymbol{M}=M_x\boldsymbol{i}+M_y\boldsymbol{j}+M_z\boldsymbol{k}\tag{6-13}$$

将式 (6-12) 分别向 x、y、z 轴投影，有

$$\left.\begin{aligned}M_x&=M_{1x}+M_{2x}+\cdots+M_{nx}=\sum_{i=1}^{n}M_{ix}\\M_y&=M_{1y}+M_{2y}+\cdots+M_{ny}=\sum_{i=1}^{n}M_{iy}\\M_z&=M_{1z}+M_{2z}+\cdots+M_{nz}=\sum_{i=1}^{n}M_{iz}\end{aligned}\right\}\tag{6-14}$$

即合力偶矩矢在 x、y、z 轴上投影等于各分力偶矩矢在相应轴上的投影的代数和（为便于书写，下标 i 可略去）。合力偶矩矢的大小及方向为

$$M=\sqrt{M_x^2+M_y^2+M_z^2}=\sqrt{\left(\sum_{i=1}^{n}M_{ix}\right)^2+\left(\sum_{i=1}^{n}M_{iy}\right)^2+\left(\sum_{i=1}^{n}M_{iz}\right)^2}$$

$$\cos\alpha=\frac{M_x}{M}\quad\cos\beta=\frac{M_y}{M}\quad\cos\gamma=\frac{M_z}{M}$$

6.4 空间任意力系的简化

与平面任意力系一样，空间任意力系向某点简化时，仍然是用力线平移定理。所不同的是，力系中各力的作用线与简化中心所组成的平面不在同一平面，当一力向任一点平移时，应把力与附加力偶矩用矢量表示。

设一刚体受空间任意力系 $F_1, F_2, \cdots, F_n$ 作用，如图6-9a所示。为了简化此力系，在刚体内任取一点 O 作为简化中心。应用力向一点简化的力线平移定理，依次将力 $F_1, F_2, \cdots, F_n$ 平移到 O 点，并各附加一力偶矩矢，这样原力系变换成一个作用于简化中心 O 的空间汇交力系 $F_1', F_2', \cdots, F_n'$ 和一个由力偶矩矢分别为 $M_1, M_2, \cdots, M_n$ 的附加力偶所组成的空间力偶系，其中，

$$F_1 = F_1', \quad F_2 = F_2', \quad \cdots, \quad F_n = F_n'$$
$$M_1 = M_O(F_1), \quad M_2 = M_O(F_2), \quad \cdots, \quad M_n = M_O(F_n)$$

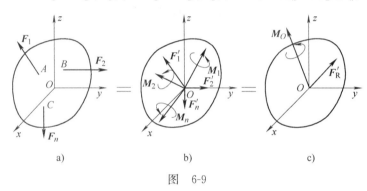

图 6-9

空间汇交力系 $F_1', F_2', \cdots, F_n'$ 一般可合成为作用于 O 点的一个力 F_R'，即

$$F_R' = F_1' + F_2' + \cdots + F_n' = \sum F_i' \tag{6-15}$$

F_R' 称为原力系的主矢（主向量）：

$$F_{Rx}' = \sum F_x', \quad F_{Ry}' = \sum F_y', \quad F_{Rz}' = \sum F_z'$$

由此可得主矢 F_R' 的大小为

$$F_R' = \sqrt{(F_{Rx}')^2 + (F_{Ry}')^2 + (F_{Rz}')^2} = \sqrt{(\sum F_x)^2 + (\sum F_y)^2 + (\sum F_z)^2} \tag{6-16}$$

方向余弦为

$$\cos\alpha = \frac{F_{Rx}'}{F_R'}, \quad \cos\beta = \frac{F_{Ry}'}{F_R'}, \quad \cos\gamma = \frac{F_{Rz}'}{F_R'}$$

式中，α、β、γ 分别表示 F_R' 与 x、y、z 轴正方向之间的夹角。

由力偶矩矢分别为 $M_1, M_2, \cdots, M_n$ 组成的附加空间力偶系，一般可合成为一个合力偶（见图6-9b）。这个合力偶的力偶矩矢等于附加分力偶矩矢的矢量和，即

$$M_O = \sum M_i = M_O(F_1) + M_O(F_2) + \cdots + M_O(F_n) = \sum M_O(F_i) \tag{6-17}$$

M_O 称为原力系对简化中心的主矩。

设 M_{Ox}、M_{Oy}、M_{Oz} 分别表示主矩 M_O 在 x、y、z 轴上的投影。则

$$M_{Ox} = \sum M_x(\boldsymbol{F}_i) = \sum (y_i F_{iz} - z_i F_{iy})$$

$$M_{Oy} = \sum M_y(\boldsymbol{F}_i) = \sum (z_i F_{ix} - x_i F_{zi})$$

$$M_{Oz} = \sum M_z(\boldsymbol{F}_i) = \sum (x_i F_{iy} - y_i F_{xi})$$

$\boldsymbol{M}_O$ 的大小为

$$M_O = \sqrt{M_{Ox}^2 + M_{Oy}^2 + M_{Oz}^2} \qquad (6\text{-}18)$$
$$= \sqrt{\left[\sum M_x(\boldsymbol{F}_i)\right]^2 + \left[\sum M_y(\boldsymbol{F}_i)\right]^2 + \left[\sum M_z(\boldsymbol{F}_i)\right]^2}$$

方向余弦为

$$\cos\alpha = \frac{M_{Ox}}{M_O}, \quad \cos\beta = \frac{M_{Oy}}{M_O}, \quad \cos\gamma = \frac{M_{Oz}}{M_O}$$

综上所述：空间任意力系向一点简化，一般可得一个力和一个力偶；这个力作用于简化中心，它的大小和方向等于原力系的主矢 $\boldsymbol{F}_R'$；这个力偶的力偶矩矢 $\boldsymbol{M}_O$ 等于原力系中各力对简化中心之矩的矢量和，并称为原力系对简化中心的主矩。

显然，主矢 $\boldsymbol{F}_R'$ 只取决于原力系中各力的大小和方向，与简化中心的位置无关；而主矩 $\boldsymbol{M}_O$ 的大小和方向一般都与简化中心的位置有关。

6.5 空间任意力系的平衡方程及其应用

6.5.1 空间任意力系的平衡方程

空间任意力系向任意一点简化的结果可得一主矢 $\boldsymbol{F}_R'$ 和一主矩 $\boldsymbol{M}_O$。因此，要使力系平衡，则必须使主矢 $\boldsymbol{F}_R'$ 和主矩 $\boldsymbol{M}_O$ 都等于零。若主矢 $\boldsymbol{F}_R'$ 等于零，表示作用于简化中心 O 的空间汇交力系平衡；若主矩 $\boldsymbol{M}_O$ 等于零，表示空间力偶系也平衡。故空间任意力系平衡的必要和充分条件是：力系的主矢和力系对任意一点的主矩都等于零，即 $\boldsymbol{F}_R'$ 和 $\boldsymbol{M}_O$ 都等于零。

由式（6-16）及式（6-18）得到

$$\left. \begin{array}{l} \sum F_x = 0 \\ \sum F_y = 0 \\ \sum F_z = 0 \\ \sum M_x(\boldsymbol{F}) = 0 \\ \sum M_y(\boldsymbol{F}) = 0 \\ \sum M_z(\boldsymbol{F}) = 0 \end{array} \right\} \qquad (6\text{-}19)$$

因此，空间任意力系平衡的必要与充分条件是：力系中所有各力在直角坐标系中每一个轴上投影的代数和等于零，以及这些力对每一坐标轴之矩的代数和也等于零。式（6-19）称为空间任意力系的平衡方程。因此，式（6-19）中的 6 个方程是彼此独立的，故求解空间任意力系问题时，每个研究对象可求解 6 个未知量。

由空间任意力系的平衡方程，可以推导出空间特殊力系的平衡方程如下：

（1）空间力偶系：因为空间力偶系各力在 x、y、z 轴上投影的代数和恒等于零，即

$\sum F_x \equiv 0$，$\sum F_y \equiv 0$，$\sum F_z \equiv 0$，故空间力偶系只有三个独立的平衡方程，即

$$\left.\begin{array}{l}\sum M_x = 0 \\ \sum M_y = 0 \\ \sum M_z = 0\end{array}\right\} \qquad (6\text{-}20)$$

（2）空间平行力系：设力系中各力的作用线平行于 Oz 轴。各力在 Ox、Oy 轴上的投影和对 Oz 轴之矩恒等于零，即 $\sum F_x \equiv 0$，$\sum F_y \equiv 0$，$\sum M_z(F) \equiv 0$，故空间平行力系也只有三个独立的平衡方程，分别是

$$\left.\begin{array}{l}\sum F_z = 0 \\ \sum M_x(\boldsymbol{F}) = 0 \\ \sum M_y(\boldsymbol{F}) = 0\end{array}\right\} \qquad (6\text{-}21)$$

力系与 x 轴或 y 轴平行时的平衡方程以此类推。

（3）空间汇交力系：设各力交于 x、y、z 轴的交点 O，则这些力对 Ox、Oy、Oz 轴之矩恒等于零，即 $\sum M_x(F) \equiv 0$，$\sum M_y(F) \equiv 0$，$\sum M_z(F) \equiv 0$，故空间汇交力系也只有三个独立的力的平衡方程，分别是

$$\left.\begin{array}{l}\sum F_x = 0 \\ \sum F_y = 0 \\ \sum F_z = 0\end{array}\right\} \qquad (6\text{-}22)$$

求解空间力系的平衡问题时其解题步骤与平面力系相同。在应用平衡方程求解时，应尽可能灵活选择投影轴和取矩轴的方位，最好使一个方程只含一个未知量，以简化解题过程。

6.5.2 空间约束

一般情况下，当刚体受到空间任意力系作用时，在每个约束中，其约束力的未知量可能有 1～6 个。决定每种约束的约束力未知量个数的基本方法是：观察被约束物体在空间可能的 6 种独立的位移中（沿 x、y、z 三轴的移动和绕三轴的转动），有哪几种位移被约束所阻碍。阻碍移动的是约束力；阻碍转动的是约束力偶。现将几种常见的约束及其相应的约束力综合列于表 6-1 中。

表 6-1 常见空间约束及其约束力表示

约束类型	简化符号	约束力表示
球形铰链 		

（续）

约 束 类 型	简 化 符 号	约 束 力 表 示
向心轴承		
向心推力轴承		
空间固定端		

6.5.3　空间力系平衡方程的应用

例 6-3　三根杆 AB、AC、AD 铰接于 A 点，其下悬一重为 G 的物体（见图 6-10）。AB 与 AC 互相垂直且长度相等，$\angle OAD = 30°$，B、C、D 处均为铰接。若 $G = 1000$ N，三根杆的重力不计，试求各杆所受的力。

解：因各杆的重力不计，所以都是二力杆。先假定各杆都受拉力。取铰链 A 为研究对象。A 点受三杆的拉力 F_B、F_C、F_D 及挂重物的绳子的拉力 F_T 的作用而平衡。取坐标系如图所示，列出空间汇交力系的平衡方程

图　6-10

$$\sum F_x = 0, \qquad -F_C - F_D\cos30°\sin45° = 0 \qquad\qquad (a)$$

$$\sum F_y = 0, \qquad -F_B - F_D\cos30°\cos45° = 0 \qquad\qquad (b)$$

$$\sum F_z = 0, \qquad F_D\sin30° - F_T = 0 \qquad\qquad (c)$$

由于 $F_T = G$，由式（c）可求得

$$F_D = F_T / \sin 30° = 2000 \text{ N}$$

把 F_D 的值代入式（a）、式（b），可得

$$F_B = F_C = -1225 \text{ N}$$

F_B 与 F_C 均为负值，说明力的实际方向与假定的方向相反，即实际都是压力。

例 6-4 车床主轴如图 6-11 所示。已知车刀对工件的切削力为：径向切削力 $F_x = 4.25$ kN，纵向切削力 $F_y = 6.8$ kN，主切削力（切向）$F_z = 17$ kN，方向如图所示。在直齿轮 C 上有切向力 F_t 和径向力 F_r，且 $F_r = 0.36F_t$。齿轮 C 的节圆半径为 $R = 50$ mm，被切削工件的半径为 $r = 30$ mm。卡盘及工件等自重不计，其余尺寸如图示。当主轴匀速转动时，求：

(1) 齿轮啮合力 F_t 及 F_r；

(2) 径向轴承 A 和止推轴承 B 的约束力。

图 6-11

解：先取主轴、卡盘、齿轮以及工件系统为研究对象，受力如图 6-11 所示，为一空间任意力系。取坐标系 $Axyz$ 如图所示，列平衡方程

$$\sum F_x = 0, \quad F_{Bx} - F_t + F_{Ax} - F_x = 0$$

$$\sum F_y = 0, \quad F_{By} - F_y = 0$$

$$\sum F_z = 0, \quad F_{Bz} + F_r + F_{Az} + F_z = 0$$

$$\sum M_x(\boldsymbol{F}) = 0, \quad -(488 + 76) \text{ mm} \times F_{Bz} - 76 \text{ mm} \times F_r + 388 \text{ mm} \times F_z = 0$$

$$\sum M_y(\boldsymbol{F}) = 0, \quad F_t R - F_z r = 0$$

$$\sum M_z(\boldsymbol{F}) = 0, \quad (488 + 76) \text{ mm} \times F_{Bx} - 76 \text{ mm} \times F_t - 30 \text{ mm} \times F_y + 388 \text{ mm} \times F_x = 0$$

又，按题意有

$$F_r = 0.36F_t$$

以上共有 7 个方程，可解出全部 7 个未知量，即

$$F_t = 10.2 \text{ kN}, \quad F_r = 3.67 \text{ kN}$$

$$F_{Ax} = 15.64 \text{ kN}, \quad F_{Az} = -31.87 \text{ kN}$$

$$F_{Bx} = -1.19 \text{ kN}, \quad F_{By} = 6.8 \text{ kN}, \quad F_{Bz} = 11.2 \text{ kN}$$

例 6-5 如图 6-12 所示，水平传动轴上装有两胶带轮 C 和 D，$r_1 = 20$ cm，$r_2 = 25$ cm，$a = b = 50$ cm，$c = 100$ cm。胶带轮 C 上的胶带是水平的，上下胶带的拉力各为 $\boldsymbol{F}_{T1}$ 和 $\boldsymbol{F}'_{T1}$，且 $F_{T1} = 2F'_{T1} = 5$ kN；胶带轮 D 上的胶带和铅垂线成 $\alpha = 30°$，两侧胶带的拉力各为 $\boldsymbol{F}_{T2}$ 和 $\boldsymbol{F}'_{T2}$，且 $F_{T2} = 2F'_{T2}$。当传动轴平衡时，求胶带拉力 $\boldsymbol{F}_{T2}$、$\boldsymbol{F}'_{T2}$ 的值以及轴承 A、B 的约束力。

解：取轴和两传动带轮整体作为研究对象，受力如图 6-12 所示。这是一个空间任意力系，未知量有 F_{Ax}、F_{Az}、F_{Bx}、F_{Bz} 以及 F_{T2}、F'_{T2}。有 5 个独立平衡方程（y 轴方向力的代数和为零）及已知关系式 $F_{T2}=2F'_{T2}$，故可解。空间力系解题时要注意优先考虑使用力对轴之矩，特别是对类似本题的传动轴 y 之矩，这是因为作用在传动轴上的作用线通过 y 轴的力对该轴之矩为零，可简化计算过程。

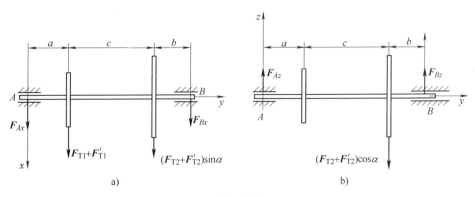

图 6-12

$$\sum M_y(\boldsymbol{F})=0, \quad (F_{T1}-F'_{T1})r_1-(F_{T2}-F'_{T2})r_2=0$$

将已知关系式 $F_{T2}=2F'_{T2}$ 与上式联立解出

$$F_{T2}=4\text{ kN}, \quad F'_{T2}=2\text{ kN}$$

由 $\quad \sum M_x(\boldsymbol{F})=0, \quad -(F_{T2}+F'_{T2})\cos\alpha(a+c)+(a+b+c)F_{Bz}=0$

解出

$$F_{Bz}=3.897\text{ kN}$$

由 $\quad \sum F_z=0, \quad F_{Az}+F_{Bz}-(F_{T2}+F'_{T2})\cos\alpha=0$

解出

$$F_{Az}=1.3\text{ kN}$$

由 $\quad \sum M_z(\boldsymbol{F})=0, \quad -(F_{T1}+F'_{T1})a-(a+c)(F_{T2}+F'_{T2})\sin\alpha-(a+b+c)F_{Bx}=0$

解出

$$F_{Bx}=-4.125\text{ kN}$$

由 $\quad \sum F_x=0, \quad F_{Ax}+F_{Bx}+F_{T1}+F'_{T1}+(F_{T2}+F'_{T2})\sin\alpha=0$

解出

$$F_{Ax}=-6.375\text{ kN}$$

工程实际和后续有关课程中经常将空间力系转化为平面力系来处理，即将力投影到 xy 平面、yz 平面或 xz 平面上（需要几个投影图根据题意选取），然后按平面力系计算。

例如该题，可先作 xy 平面受力图（见图 6-13a），用 $\sum M_A(\boldsymbol{F})=0$ 解出 F_{Bx}，再用 $\sum F_x=0$ 解出 F_{Ax}。

a)   b)

图 6-13

然后作 yz 平面受力图（见图 6-13b），用 $\sum M_A(\boldsymbol{F})=0$ 解出 F_{Bz}，再用 $\sum F_z=0$ 解出 F_{Az}。

空间任意力系有 6 个独立的平衡方程，可求解 6 个未知量，但其平衡方程并不局限于式（6-19）所示的形式；还有其他形式，如四力矩式、五力矩式和六力矩式。与平面任意力系一样，它们对投影和力矩轴有一定的限制条件。为使解题简便，每个方程中最好只包含一个未知量。因此，在选力投影轴时应尽量与其余未知量垂直，在选取力矩轴时应尽量与其余未知力平行或相交。投影轴不必相互垂直，取矩的轴也不必与投影轴重合，力矩方程的数目可取 3~6 个。

6.6 空间平行力系的中心及物体的重心

6.6.1 空间平行力系的中心

空间平行力系合力的作用点称为**平行力系中心**。设有三个同向平行力 $\boldsymbol{F}_1$、$\boldsymbol{F}_2$、$\boldsymbol{F}_3$ 分别作用在刚体上 A_1、A_2、A_3 三点，如图 6-14 所示，求其合力 $\boldsymbol{F}_\mathrm{R}$。

先将力 $\boldsymbol{F}_1$ 与 $\boldsymbol{F}_2$ 相加得合力 $\boldsymbol{F}_\mathrm{R1}$，且 $\boldsymbol{F}_\mathrm{R1}=\boldsymbol{F}_1+\boldsymbol{F}_2$，其作用线与 A_1A_2 相交于 C_1 点，且 $C_1A_1:C_1A_2=F_2:F_1$；再将 $\boldsymbol{F}_\mathrm{R1}$ 与 $\boldsymbol{F}_3$ 相加，得力 $\boldsymbol{F}_\mathrm{R}$，且 $\boldsymbol{F}_\mathrm{R}=\boldsymbol{F}_\mathrm{R1}+\boldsymbol{F}_3=\boldsymbol{F}_1+\boldsymbol{F}_2+\boldsymbol{F}_3$，其作用线与 C_1A_3 相交于 C 点，且 $CC_1:CA_3=F_3:F_\mathrm{R1}$。对于更多个力，可依次类推。

若将原力系各绕其作用点转过同一角度，使其仍互相平行，则合力仍与各力平行，且绕 C 点转过相同角度。同理合力 $\boldsymbol{F}_\mathrm{R}$ 也绕 C 点转过相同角度。这是由于 $C_1A_1:C_1A_2=F_2:F_1$ 的比例关系经转动后仍然成立，使得 $\boldsymbol{F}_\mathrm{R1}$ 绕 C_1 点转过相同的角度（见图 6-14）。

图 6-14

由此可知：C 点的位置仅与各平行力的大小和作用点的位置有关，与各平行力的方向无关。

设有同向平行力 $\boldsymbol{F}_1,\boldsymbol{F}_2,\cdots,\boldsymbol{F}_n$ 分别作用于刚体上 $A_1,A_2,\cdots,A_n$ 各点，任选坐标系 $Oxyz$，各力作用点的坐标为 $(x_1,y_1,z_1),(x_2,y_2,z_2),\cdots,(x_n,y_n,z_n)$，设平行力系中心点 C 的坐标为 (x_C,y_C,z_C)，合力为 $\boldsymbol{F}_\mathrm{R}$，如图 6-15 所示。根据合力矩定理

$$M_x(\boldsymbol{F}_\mathrm{R})=\sum_{i=1}^{n}M_x(\boldsymbol{F}_i)=F_1y_1+F_2y_2+\cdots+F_ny_n$$
$$=\sum F_iy_i$$

又 $$M_x(\boldsymbol{F}_\mathrm{R})=F_\mathrm{R}y_C=\left(\sum F_i\right)y_C$$

图 6-15

故
$$y_C = \frac{\sum F_i y_i}{\sum F_i} \tag{6-23a}$$

同理，对 y 轴取矩得

$$x_C = \frac{\sum F_i x_i}{\sum F_i} \tag{6-23b}$$

再将力系中各力绕其各自的作用点转过 90° 与 y 轴平行，再对 x 轴取矩得

$$z_C = \frac{\sum F_i z_i}{\sum F_i} \tag{6-23c}$$

以上三式合起来就是平行力系中心的坐标公式。

式（6-23）不仅适用于空间同向平行力系，也适用于主矢不等于零的空间反向平行力系，此时分子分母为代数和。

6.6.2 重心和质心

1. 重心的概念

工程实际中，常需计算物体的重心。例如，为了顺利吊装机械设备，就一定要知道其重心的位置；再如水坝以及汽车行驶都涉及确定重心位置问题。

靠近地球的物体，微小部分上都要受到重力的作用。严格说，这些力的作用线都汇交于一点，组成空间汇交力系；但由于所研究的物体远比地球小得多，且离地心很远，故可认为物体上各点重力的作用线是近似平行的，即这些重力组成一个空间平行力系。

如以 ΔV_i 表示物体上任一微小部分的体积，其重力以 G_i 表示，各微小部分的重力 $G_1, G_2, \cdots, G_n$ 组成一平行力系，其合力的大小 $G = \sum G_i$ 称为物体的**重量**。合力的作用线总是通过物体上一个确定的点 C，这个点 C 称为物体的**重心**。

实践证明，形状不变的物体，其重心在该物体内的相对位置不变，与该物体在空间上的位置无关，即不论物体如何放置，其重力的作用线总是通过物体的重心。

2. 物体的重心坐标公式

在图 6-16 上取坐标系 $Oxyz$，使 z 轴与重力平行，设每一小块的重力为 G_i，其作用点为 $M_i(x_i, y_i, z_i)$，则重力 G 大小为

$$G = \sum G_i$$

设物体重心坐标为 $C(x_C, y_C, z_C)$，则由合力矩定理可以求得

$$\left. \begin{aligned} x_C &= \frac{\sum G_i x_i}{\sum G_i} \\ y_C &= \frac{\sum G_i y_i}{\sum G_i} \\ z_C &= \frac{\sum G_i z_i}{\sum G_i} \end{aligned} \right\} \tag{6-24}$$

图 6-16

如果物体是均质的，其密度为 ρ，任一微小部分的体积为 V_i，则整个物体的体积为 $V = \sum V_i$，且 $G_i = \rho g V_i$，$G = \sum G_i = \sum \rho g V_i = \rho g V$。代入式（6-24），得

$$x_C = \frac{\sum V_i x_i}{V}$$
$$y_C = \frac{\sum V_i y_i}{V} \quad\quad\quad\text{(6-25)}$$
$$z_C = \frac{\sum V_i z_i}{V}$$

显然物体分割的微小单元越多，则每个微小单元的体积越小，求得重心 C 的位置越准确。在极限情况下，均质物体重心的坐标公式可写成积分形式，即

$$x_C = \frac{\iiint\limits_V x\,\mathrm{d}V}{V}$$
$$y_C = \frac{\iiint\limits_V y\,\mathrm{d}V}{V} \quad\quad\quad\text{(6-26)}$$
$$z_C = \frac{\iiint\limits_V z\,\mathrm{d}V}{V}$$

从式（6-25）、式（6-26）可以看出，均质物体的重心位置完全取决于其几何形状，与物体重量无关。由物体几何形状和尺寸所决定的物体几何中心，称为**物体的形心**。因此，均质物体的重心也就是该物体的几何形体的形心。

如果均质物体是等厚薄板，设面积为 A，厚度为 δ，则薄板的总体积 $V = A\delta$，任一微小部分的体积 $V_i = A_i\delta$，若将薄板平面置于 Oxy 平面内，将上述关系式代入式（6-25）并消去 δ，可得均质等厚薄板的重心（形心）坐标公式为

$$x_C = \frac{\sum A_i x_i}{A}$$
$$y_C = \frac{\sum A_i y_i}{A} \quad\quad\quad\text{(6-27)}$$

若物体为均质等厚的薄壳（见图 6-17），其表面积为 A，厚度远小于表面积，则其重心公式为

$$x_C = \frac{\iint\limits_A x\,\mathrm{d}A}{A}$$
$$y_C = \frac{\iint\limits_A y\,\mathrm{d}A}{A} \quad\quad\quad\text{(6-28)}$$
$$z_C = \frac{\iint\limits_A z\,\mathrm{d}A}{A}$$

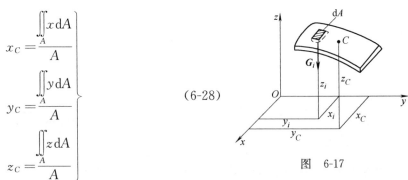

图 6-17

若物体是均质等截面细长杆，其截面尺寸比其长度小得多，如图 6-18 所示，则重心公式为

$$x_C = \frac{\int_l x\,\mathrm{d}l}{l}$$

$$y_C = \frac{\int_l y\,\mathrm{d}l}{l}$$

$$z_C = \frac{\int_l z\,\mathrm{d}l}{l}$$

(6-29)

在重力场中，物体的重量 $G = \sum m_i g$，由式（6-24）有

$$x_C = \frac{\sum m_i g x_i}{\sum m_i g} = \frac{\sum m_i x_i}{\sum m_i}$$

$$y_C = \frac{\sum m_i g y_i}{\sum m_i g} = \frac{\sum m_i y_i}{\sum m_i}$$

$$z_C = \frac{\sum m_i g z_i}{\sum m_i g} = \frac{\sum m_i z_i}{\sum m_i}$$

(6-30a)

将式（6-30a）可写成矢量形式，表达式为

$$\boldsymbol{r}_C = \frac{\sum m_i \boldsymbol{r}_i}{\sum m_i} = \frac{\sum m_i \boldsymbol{r}_i}{m}$$

(6-30b)

图 6-18

满足式（6-30）的几何点 C 称为物体的**质量中心**（简称质心）。显然，在重力场中，物体的质心即物体的重心，但两者的物理意义不同。质心表示质量的分布，重心只在重力场中有意义，而质心在非重力场中也有意义。

表 6-2 列出了均质简单形体的重心位置。

表 6-2　均质简单形体的重心

图　　形	重心位置	图　　形	重心位置
扇形	$x_C = \dfrac{2}{3}\dfrac{r\sin\alpha}{\alpha}$ 对于半圆 $\alpha = \dfrac{\pi}{2}$ 则 $x_C = \dfrac{4r}{3\pi}$	三角形	在中线的交点 $y_C = \dfrac{1}{3}h$
部分圆环	$x_C = \dfrac{2}{3}\dfrac{(R^3-r^3)\sin\alpha}{(R^2-r^2)\alpha}$	梯形	$y_C = \dfrac{h(2a+b)}{3(a+b)}$

93

(续)

图　形	重心位置	图　形	重心位置
抛物线面	$x_C = \dfrac{3}{5}a$ $y_C = \dfrac{3}{8}b$	圆弧	$x_C = \dfrac{r\sin\alpha}{\alpha}$ 对于半圆弧 $\alpha = \dfrac{\pi}{2}$ 则 $x_C = \dfrac{2r}{\pi}$
抛物线面	$x_C = \dfrac{3}{4}a$ $y_C = \dfrac{3}{10}b$	弓形	$x_C = \dfrac{2}{3}\dfrac{r^3\sin^3\alpha}{A}$ $\left[\text{面积 }A = \dfrac{r^2(2\alpha - \sin 2\alpha)}{2}\right]$
锥形筒体	$y_C = \dfrac{4R_1 + 2R_2 - 3t}{6(R_1 + R_2 - t)}L$	正圆锥体	$z_C = \dfrac{1}{4}h$

3. 用组合法求平面图形的重心

工程中还常用组合法求平面图形的重心。

（1）分割法。若一个均质物体由几个简单形状的物体组合而成，而这些物体的重心是已知的，那么整个物体的重心即可用式（6-27）求出。

例 6-6　试求 Z 形截面重心的位置，其尺寸如图 6-19 所示。

解：取坐标轴如图所示，将该图形分割为三个矩形（例如用 ab 和 cd 两线分割）。以 C_1、C_2、C_3 表示这些矩形的重心，而以 A_1、A_2、A_3 表示它们的面积。以 (x_1,y_1)、(x_2,y_2)、(x_3,y_3) 分别表示 C_1、C_2、C_3 的坐标，由图得

$$x_1 = -15\ \text{mm}, \quad y_1 = 45\ \text{mm}, \quad A_1 = 300\ \text{mm}^2$$

$$x_2 = 5\ \text{mm}, \quad y_2 = 30\ \text{mm}, \quad A_2 = 400\ \text{mm}^2$$

$$x_3 = 15\ \text{mm}, \quad y_3 = 5\ \text{mm}, \quad A_3 = 300\ \text{mm}^2$$

图　6-19

由式（6-27）求得该截面重心的坐标 x_C、y_C 为

$$x_C = \frac{A_1 x_1 + A_2 x_2 + A_3 x_3}{A_1 + A_2 + A_3} = 2 \text{ mm}$$

$$y_C = \frac{A_1 y_1 + A_2 y_2 + A_3 y_3}{A_1 + A_2 + A_3} = 27 \text{ mm}$$

（2）负面积法（负体积法）。若在物体或薄板内切去一部分（例如有空穴或孔的物体），则这类物体的重心，仍可应用与分割法相同的公式来求得，只是切去部分的体积或面积应取负值。以下例说明。

例 6-7 试求图 6-20 所示平面图形的重心。已知：$R = 100$ mm，$r = 17$ mm，$b = 13$ mm。

解： 将图形看成是由三部分组成，即半径为 R 的半圆 A_1，半径为 $r+b$ 的半圆 A_2 和半径为 r 的小圆 A_3。因 A_3 是切去的部分，所以面积应取负值。今使坐标原点与圆心重合，且偏心块的对称轴为 y 轴，则有 $x_C = 0$。

设 y_1、y_2、y_3 分别是 A_1、A_2、A_3 重心的坐标，由表 6-2 中半圆形重心位置可知

$$y_1 = \frac{4R}{3\pi} = \frac{400}{3\pi} \text{ mm}$$

$$y_2 = \frac{-4(r+b)}{3\pi} = -\frac{40}{\pi} \text{ mm}$$

$$y_3 = 0$$

图 6-20

于是，偏心块重心的坐标为

$$y_C = \frac{A_1 y_1 + A_2 y_2 + A_3 y_3}{A_1 + A_2 + A_3}$$

$$= \frac{\dfrac{\pi}{2} \times 100^2 \text{ mm}^2 \times \dfrac{400}{3\pi} \text{ mm} + \dfrac{\pi}{2} \times (17+13)^2 \text{ mm}^2 \times \left(-\dfrac{40}{\pi}\right) \text{mm} - (17^2 \times \pi \text{ mm}^2) \times 0}{\dfrac{\pi}{2} \times 100^2 \text{ mm}^2 + \dfrac{\pi}{2} \times (17+13)^2 \text{ mm}^2 + (-17^2 \times \pi) \text{ mm}^2}$$

$$= 40.01 \text{ mm}$$

4. 实验法求物体的重心

对于形状不规则的物体，或者不便于用公式计算其重心的物体，工程上常用实验方法测定其重心位置。常用的实验法有悬挂法和称重法两种。

（1）悬挂法。如果需要求薄板或具有对称面的薄零件的重心，可将薄板（或用等厚均质板按零件的截面形状剪成一平面图形）用细绳悬挂起来，然后过悬挂点 A 在板上画一铅垂线 AA'。由二力平衡原理知，物体重心必在 AA' 线上。换一个悬挂点再悬挂一次，过悬挂点 B 画铅垂线 BB'，则重心也必在 BB' 上。AA' 与 BB' 的交点就是重心（见图 6-21）。

（2）称重法。对某些形状复杂或体积较大的物体常用称重法确定重心位置。如图 6-22 所示连杆，设其前后是对称的，则重心必在其对称面内，即在连杆中心线 AB 上。至于在 AB 线上的确切位置，可用下面方法确定：先称出连杆的重量 G；然后将连杆的一端 B 放在台秤上，另一端 A 搁在水平面上，使中心线 AB 处于水平位置，读出台秤上的读数 G_1，并量出 AB 间距离。

图 6-21

图 6-22

由力矩平衡方程

$$\sum M_A(\boldsymbol{F})=0, \quad G_1 l - G x_C = 0$$

得

$$x_C = \frac{G_1}{G} l$$

   思 考 题

6-1 刚体重力是各微元体重力的合力，由力的可传性，刚体重力可沿合力作用线移至作用线上的任一点，那么刚体的重心是否也可移到作用线上任一点呢？为什么？

6-2 一均质等直截面杆的重心在哪里？若把它弯成半圆形，重心位置是否变化？

6-3 如果组合体是由两种材料构成的，在求这种物体的重心时，应注意哪些方面？

6-4 已知力 $\boldsymbol{F}$ 的大小和它与 x、y 轴的夹角，能否求得它在 z 轴上的投影？

6-5 一个空间力系平衡问题可转化为三个平面力系问题，那么为什么不能求得 9 个未知量？

6-6 物体的重心是否一定在物体内？

 习 题

6-1 已知：$F_1 = 3$ kN，$F_2 = 2$ kN，$F_3 = 1$ kN。F_1 处于由边长为 3、4、5 的正六面体的前棱边，F_2 在此六面体顶面的对角线上，F_3 则处于正六面体的斜对角线上，如题 6-1 图所示。计算 $\boldsymbol{F}_1$、$\boldsymbol{F}_2$、$\boldsymbol{F}_3$ 三力分别在 x、y、z 轴上的投影。

答：$F_{1x} = F_{1y} = 0$，$F_{1z} = 3$ kN；$F_{2x} = -1.2$ kN，$F_{2y} = 1.6$ kN，$F_{2z} = 0$；

$F_{3x} = -0.424$ kN，$F_{3y} = 0.566$ kN，$F_{3z} = 0.707$ kN。

6-2 已知沿边长为 a 的立方体的棱边 BB_1 作用一力 $\boldsymbol{F}$，如题 6-2 图所示。求力 $\boldsymbol{F}$ 对 O 点的矩及对对角线 OC 轴的矩。

题 6-1 图

题 6-2 图

答：$M_{OC}(\boldsymbol{F})=aF\cdot\dfrac{1}{\sqrt{3}}$。

6-3 如题 6-3 图所示，水平轮上 A 点作用一力 $\boldsymbol{F}$，力 $\boldsymbol{F}$ 位于 A 处的切平面内，并与过 A 点的切线成 $60°$ 角，OA 与 y 轴的平行线成 $45°$ 夹角，已知 $F=1000$ N，$h=r=1$ m。试求力 $\boldsymbol{F}$ 对各轴之矩。

答：$M_x(\boldsymbol{F})=-259$ N·m，$M_y(\boldsymbol{F})=966$ N·m，$M_z(\boldsymbol{F})=-500$ N·m。

6-4 如题 6-4 图所示，支架由 AB、AC、AD 三杆组成，已知 $AB=AC=2$ m，ABC 平面为水平面，AD 与垂线之间的夹角为 $30°$，在 A 点悬挂一重物，该物重量为 $G=10$ kN。试求 AB、AC、AD 三杆所受的力。

答：$F_{AB}=F_{AC}=4.08$ kN；$F_{AD}=-11.5$ kN。

题 6-3 图

题 6-4 图

6-5 题 6-5 图所示力 $F=1000$ N，求力 $\boldsymbol{F}$ 对于 z 轴的力矩 M_z。

答：$M_z(\boldsymbol{F})=-101.4$ N·m。

6-6 如题 6-6 图所示，镗刀杆刀头上受切削力 $F_z=500$ N，径向力 $F_x=150$ N，轴向力 $F_y=75$ N，刀尖位于 Oxy 平面内，其坐标 $x=75$ mm，$y=200$ mm。工件重量不计，试求被切削工件左端 O 处的约束力。

答：$F_{Ox}=150$ N，$F_{Oy}=75$ N，$F_{Oz}=500$ N；

$M_x=100$ N·m，$M_y=-37.5$ N·m，$M_z=-24.38$ N·m。

题 6-5 图

题 6-6 图

6-7 如题 6-7 所示，电动机以转矩 M 通过链条传动将重物 W 等速提起，链条与水平线成 $30°$ 角（直线 O_1x_1 平行于直线 Ax）。已知：$x=100$ mm，$R=200$ mm，$W=10$ kN，链条主动边（下边）的拉力为从动边拉力的两倍。轴及轮重不计，求支座 A 和 B 的约束力以及链条的拉力。

答：$F_1=10$ kN，$F_2=5$ kN；$F_{Ax}=-5.2$ kN，$F_{Az}=6$ kN；

$F_{Bx}=-7.8$ kN，$F_{Bz}=1.5$ kN。

6-8　某减速箱由三轴组成（见题6-8图），动力由I轴输入，在I轴上作用转矩 $M_1=697$ N·m。如齿轮节圆直径为 $D_1=160$ mm，$D_2=632$ mm，$D_3=204$ mm，齿轮压力角为 $20°$。不计摩擦及轮、轴重量，求等速传动时，轴承 A、B、C、D 的约束力。

题 6-7 图　　　　　　　　　　　　　题 6-8 图

答：$F_{Ax}=-2.078$ kN，$F_{Az}=-5.708$ kN；$F_{Bx}=-1.093$ kN，$F_{Bz}=-3.004$ kN；

$F_{Cx}=-0.378$ kN，$F_{Cz}=12.46$ kN；$F_{Dx}=-6.273$ kN，$F_{Dz}=23.25$ kN。

6-9　使水涡轮转动的力偶矩为 $M_z=1200$ N·m。在锥齿轮 B 处受到的力分解为三个分力：切向力 F_t、轴向力 F_a 和径向力 F_r。这些力的比例为 $F_t：F_a：F_r=1：0.32：0.17$。已知水涡轮连同轴和锥齿轮的总重为 $G=12$ kN，其作用线沿轴 C_z，锥齿轮的平均半径 $OB=0.6$ m，其余尺寸如题6-9图所示。求推力轴承 C 和轴承 A 的约束力。

答：$F_{Cx}=-666.7$ N，$F_{Cy}=-14.7$ N，$F_{Cz}=12640$ N；

$F_{Ax}=2667$ N，$F_{Ay}=-325.3$ N。

6-10　如题6-10图所示，水平轴上装有两个凸轮，凸轮上分别作用已知力 $F_1=80$ N 和未知力 F。若轴处于平衡状态，试求力 F 的大小和轴承的约束力。

答：$F=80$ N；$F_{Ax}=-48$ N；$F_{Ay}=-32$ N，$F_{By}=112$ N，$F_{Bz}=32$ N。

题 6-9 图　　　　　　　　　　　　　题 6-10 图

6-11 如题 6-11 图所示，水平传动轴承有两个传动带轮 C 和 D，可绕 AB 轴转动。传动带轮的半径分

别为 $r_1 = 20$ cm，$r_2 = 25$ cm，传动带轮与轴承间的

距离为 $a = b = 50$ cm，两传动带轮间的距离为 $c = 100$ cm。套在 C 轴上的传动带是水平的，其张力为 $F_{T1} = 2F_{t1} = 500$ N，套在 D 轴上的传动带和铅垂线成角 $\alpha = 30°$，其张力为 $F_{T2} = 2F_{t2}$。试求在平衡情况下张力 F_{T2} 和 F_{t2} 的值，以及 A、B 两轴承的约束力。

答：$F_{T2} = 400$ N，$F_{t2} = 200$ N；$F_{Ax} = -638$ N，

$F_{Ay} = 130$ N；

$F_{Bx} = -413$ N，$F_{Bz} = 390$ N。

题 6-11 图

6-12 试求题 6-12 图示工字钢截面的重心。

答：$x_C = 9$ cm，$y_C = 0$。

6-13 在半径为 R 的圆面积内挖一半径为 r 的圆孔，如题 6-13 图所示。求剩余面积的重心。

答：$x_C = -\dfrac{r^2 R}{2(R^2 - r^2)}$，$y_C = 0$。

题 6-12 图

题 6-13 图

6-14 求题 6-14 图所示各图形形心的位置（长度单位为 mm）。

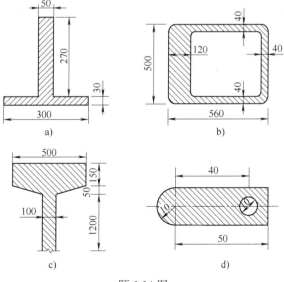

题 6-14 图

答：取图形下边缘水平线为 x 轴，左边铅垂线为 y 轴，则截面重心坐标分别为：（150，105），（220，250），（250，904），（29，65）。

6-15 题 6-15 图示均质梯形薄板 $ABCE$，在 A 处用细绳悬挂。今欲使 AB 边保持水平，则需在正方形 $ABCD$ 的中心挖去一个半径为多少的圆形薄板？

答：$\sqrt{\dfrac{2}{3\pi}}\,a$。

6-16 题 6-16 图示一重为 P、边长为 a 的均质正方形薄板与另一重为 $\dfrac{P}{2}$ 的均质三角形薄板焊接成一梯形板，在 A 点悬挂。今欲使底边 BC 保持水平，则边长 L 为多少？

答：$3a$。

题 6-15 图

题 6-16 图

6-17 求题 6-17 图示均质等厚薄平板重心的坐标。

答：$x_C = -\dfrac{40}{7}$ mm，$y_C = 15$ mm。

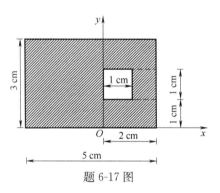

题 6-17 图

第2篇

材料力学

　　各种机械设备和工程结构都是由若干构件组成的，工作时，构件将受到力的作用。在静力学中，研究构件的受力情况和平衡条件时，忽略了构件的变形，将构件视为刚体，但实际上构件受到外力作用时都要发生变形，甚至被破坏。所以在工程设计中，必须考虑构件变形的影响。

　　本篇不再采用"刚体"这一理想模型，而将构件视为受力后尺寸和形状都将发生变化的固体——变形固体。

　　材料力学主要研究构件的承载能力及合理设计问题。

第 7 章
材料力学的概念

　　本章介绍材料力学的任务、研究对象、变形固体的基本假设、杆件的基本变形形式以及内力、应力、变形、应变等材料力学的基本概念，使读者对材料力学部分的内容有一个概要的认识。

7.1 材料力学的任务

7.1.1 对构件正常工作的要求

　　为保证机械或结构能在载荷作用下正常工作，要求每一个构件必须具有足够的承载能力。构件的承载能力一般从以下三方面衡量。

1. 足够的强度

　　构件抵抗破坏的能力称为**强度**。如果构件的尺寸、材料的性能与载荷不相适应，那就有可能发生破坏。如吊起水泥板的绳索若太细（见图 7-1），水泥板太重时，绳索就有可能发生断裂，导致无法正常工作，甚至造成灾难性的事故。因而首先要解决如何使构件具有足够的强度的问题，以保证其在载荷作用下不致破坏。

2. 足够的刚度

　　构件抵抗变形的能力称为**刚度**。在载荷作用下，构件必然产生形状与尺寸的变化，也就是变形。对于有些构件

图　7-1

来说，如车床主轴 AB（见图 7-2a），若受力后变形过大（见图 7-2b），就会影响加工精度，破坏齿轮的正常啮合，同时引起轴承的不均匀磨损，从而导致机器不能正常工作。因此，在设计时，还要解决如何使构件具有足够的刚度，以保证其变形量不超过正常工作所允许的限度。

a)　　　　　　　　　　　　　　　　b)

图　7-2

3. 足够的稳定性

受压的细长杆和薄壁构件，当载荷增加时，还可能出现突然失去初始直线平衡状态的现象，称为**丧失稳定**（简称**失稳**）。例如顶起汽车的千斤顶螺杆（见图 7-3a）、液压缸中的长活塞杆 CD（见图 7-3b），有时会突然变弯，或因变弯而折断，从而丧失工作能力，造成严重事故。因此，对这类构件还须考虑如何使其具有足够的抵抗失去初始直线平衡状态的能力，即构件具有足够的稳定性。

图　7-3

7.1.2　材料力学的任务

当设计的构件具有足够的强度、刚度和稳定性时，就能保证其在载荷作用下安全、可靠地工作，也就是说设计满足了安全性的要求。但是合理的设计还要求符合经济节约的原则，尽可能地减少材料的消耗，以降低成本，或减轻构件自重。这两个要求是相互矛盾的，前者往往需要加大构件的尺寸，采用好的材料；而后者则要求少用材料，用价格较低的材料。这一矛盾促使了材料力学这门学科的产生和发展。

材料力学是一门研究构件强度、刚度和稳定性计算的科学。它的**任务是**：在保证构件既安全适用又经济的前提下，为构件选择合适的材料，确定合理的截面形状和尺寸，提供必要的理论基础和实验方法。

在材料力学中，实验研究是建立理论的重要手段。17 世纪，意大利科学家伽利略解决了船只和水闸所需梁的尺寸问题；英国科学家胡克建立了胡克定律，都是运用了实验来建立理论、验证理论正确性的科学方法，为本学科奠定了基础。此外，构件的强度、刚度和稳定性与材料的力学性能有关，而材料的力学性能必须通过实验来测定。更重要的是由于生产技术的发展，很多复杂的实际问题，还无法通过理论计算来确定，因此必须依靠实验来解决。所以，实验研究在材料力学中具有非常重要的地位。

7.2　变形固体的基本假设

材料力学研究的是变形固体，而变形固体是多种多样的，其具体组成和微观结构更是十分复杂。为了使问题的研究得以简化，以便于对构件的强度、刚度和稳定性进行分析，根据材料的主要性能，对变形固体做如下基本假设。

1. 连续均匀性假设

假定材料内部没有任何空隙，整个体积内充满了物质，且各处的力学性能完全相同。但材料的物质结构理论指出，材料内部是有空隙的，然而这些空隙与构件尺寸相比极其微小，故将它们忽略不计，从而认为材料是均匀密实的。

采用这个假设使问题的研究大为简化，并且可以把实验中所得到的材料力学性能应用到构件的分析中去。

2. 各向同性假设

假定材料沿各个方向都具有相同的力学性能。工程上常用的金属材料就其每一晶粒来讲，其力学性能是具有方向性的。但是由于构件中所含晶粒数量极多，而且排列又是不规则的，因此，从统计理论分析，可以认为材料是各向同性的。钢、铁、混凝土及玻璃等都可以看作各向同性的材料。根据这个假设，在研究了材料任一个方向的力学性能后，就可以认为其结论对其他方向也都适用。但也有一些材料如轧制的钢材、木材等，其力学性能有方向性，称为各向异性材料。根据上述假设建立的理论，用于各向异性材料时，只能得到近似的结果，故仍然可以有条件地使用。

实验证明，变形固体在卸载后，具有恢复原有形状的性质，称为**弹性**。卸载后消失的变形称为**弹性变形**。一般工程材料，当载荷未超过某极限值时，仅产生弹性变形，称为完全弹性体；当外力超过某极限值时，卸载后，变形只能部分地复原，不能恢复而残留下来的变形称为**塑性变形**，这类变形固体称为弹塑性体。材料力学主要研究完全弹性体的小变形问题。所谓**小变形**是指变形或因为变形引起的位移，其大小都远小于构件的最小尺寸。由于变形小，在确定构件的外力和运动时，可认为外力作用点和方向不随构件变形而改变，构件的尺寸可按变形前的尺寸计算。这样使实际计算大为简化，而引起的误差是极微小的。

7.3 杆件基本变形形式

实际构件形状多种多样，大致可简化归纳为杆、板、壳和块 4 类（见图 7-4）。

长度尺寸远大于其他两方向尺寸的构件称为**杆**。杆的几何形状可用其轴线（截面形心的连线）和横截面（垂直于轴线的平面）表示。轴线是直线时称为**直杆**（见图 7-4b）；轴线是曲线时称为曲杆（见图 7-4a）。各横截面相同的直杆称为等直杆，它是本课程的主要研究对象。

a) 变截面曲杆   b) 直杆

c) 板   d) 壳   e) 块

图 7-4

杆件受到不同载荷作用时，将产生不同的变形，其基本形式有以下四种。

1. 轴向拉伸或压缩

杆件受到沿轴线的拉力或压力作用时，杆件沿轴向伸长或缩短，如图 7-5a、b 所示。

2. 剪切

构件受到一对大小相等、方向相反且作用线距离很近的横向力作用时，杆件在两力间的截面发生相对错动，如图 7-5c 所示。

3. 扭转

杆件受到一对大小相等、转向相反且作用面与轴线垂直的力偶作用时，两力偶作用面间的各横截面绕轴线产生相对转动，如图 7-5d 所示。

4. 弯曲

杆件受到垂直于轴线的横向力或作用在杆件纵向对称面的一对转向相反的力偶作用时，杆件的轴线由直线变成曲线，如图 7-5e 所示。

图　7-5

在工程实际中，杆件的变形都比较复杂，但可以看成是由两种或两种以上基本变形组合而成的，即组合变形。

7.4 内力、截面法和应力

1. 内力的概念

构件内各部分之间存在着相互作用的内力，它维持构件各部分之间的联系及构件的形状和尺寸。当构件受到载荷作用时，其形状和尺寸都将发生变化，构件内力也将随之改变。这一因外力作用而引起构件内力的改变量，称为**附加内力**，简称**内力**，其大小随外力的改变而改变。内力的大小及其在构件内部的分布规律与构件的强度、刚度和稳定性密切相关。若内力超过一定限度，构件将不能正常工作。因此，内力分析是解决构件强度等问题的基础。

2. 截面法

为显示和计算内力，通常运用截面法。其一般步骤如下：

（1）截开：在欲求内力的截面，假想将杆件截成两部分。

（2）代替：任取其中一部分作为研究对象，画出受力图，在截面上用内力代替另一部分对该部分的作用。按照连续均匀性假设，内力在截面上是连续分布的，可用内力向截面形心的简化结果来表示整个截面上的内力。

（3）平衡：根据平衡条件，由已知外力求内力。

这种假想的用一个截面将物体一截为二，并对截开后的任一部分建立平衡方程，以确定内力的方法称为**截面法**。

截面法是求解内力的基本方法，下面举例说明。

例 7-1 一柱塞在 F_1、F_2 与 F_3 作用下处于平衡状态，如图 7-6a 所示。若 $F_1 = 60$ kN，$F_2 = 35$ kN，$F_3 = 25$ kN，试求指定截面上的内力。

解：（1）求 1-1 截面上的内力。

① 取研究对象。为了显示 1-1 截面上的内力，并使内力成为作用于研究对象上的外力，假想沿 1-1 截面将柱塞截成两部分，取其左段为研究对象。

② 画受力图。内力可用其合力表示；内力符号用 F_N 表示。由于研究对象处于平衡状态，所以 1-1 截面的内力 F_{N1} 与 F_1 共线，如图 7-6b 所示。

③ 列平衡方程

$$\sum F_x = 0, \quad F_1 - F_{N1} = 0$$

得
$$F_{N1} = F_1 = 60 \text{ kN}$$

由此，求 1-1 截面的内力，也可以将右段为研究对象（图 7-6c）求出，即由平衡方程

$$\sum F_x = 0, \quad F'_{N1} - F_2 - F_3 = 0$$

得
$$F'_{N1} = F_2 + F_3 = 25 \text{ kN} + 35 \text{ kN} = 60 \text{ kN}$$

F'_{N1} 与 F_{N1} 是互为作用力与反作用力的关系，其数值相等，同为 1-1 截面上的内力。因此，求内力时，为使计算方便，可取受力情况简单的一段为研究对象。

（2）求 2-2 截面上的内力。

取 2-2 截面的右段为研究对象，并画出其受力图，如图 7-6d 所示。列平衡方程

$$\sum F_x = 0, \quad F_{N2} - F_3 = 0$$

解得
$$F_{N2} = F_3 = 25 \text{ kN}$$

图　7-6

---

3. 应力的概念

用截面法只能求得截面上内力的总和，不能求出截面上某一点的内力。为了解决杆件强度等问题，不但要知道杆件可能沿哪个截面破坏，而且还要知道从哪一点开始破坏。因此，

仅仅知道截面上的内力总和是不够的，还必须知道内力在截面上各点的分布情况，需引入应力的概念。**应力**是单位面积上的内力，即内力在某一点的集度，它表示某点受力的强弱程度。

研究某截面 m-m 上的任意点 K 处的内力时，可在该面上 K 点的周围取一微小面积 ΔA，设 ΔA 面积上的内力的合力为 $\Delta \boldsymbol{F}$（见图7-7a）。则微小面积 ΔA 上的平均应力 p_{m} 为

$$p_{\mathrm{m}} = \frac{\Delta F}{\Delta A}$$

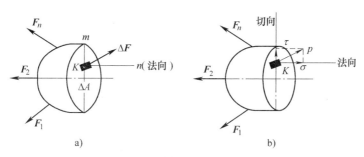

图 7-7

平均应力是作用在单位面积上的内力，它只能表示 ΔA 上各点内力的平均值。由于在一般情况下沿截面上内力的分布并非均匀，欲求截面上某一点应力的大小 p，可令 $\Delta A \to 0$，即

$$p = \lim_{\Delta A \to 0} \frac{\Delta F}{\Delta A} = \frac{\mathrm{d}F}{\mathrm{d}A} \tag{7-1}$$

p 称为截面上某一点的总应力或全应力。它通常分解两个分量：一个是沿着截面法线方向的分量，称为**正应力**或**法向应力**，以 σ 表示；另一个分量是沿着截面切线方向的分量，称为**切应力**，以 τ 表示（见图7-7b）。

在国际单位制中，应力的单位是 Pa（帕，1 Pa=1 N/m²），由于这个单位太小，通常采用的是 MPa（兆帕，1 MPa=1 N/mm²）。

7.5 变形与应变

材料力学研究固体的变形，除了为研究构件的刚度外，还因为固体由外力引起的变形与内力的分布相关。

在图7-8a中，固体的 M 点因变形位移到 M'，MM' 即为 M 点的位移。这里假设固体因受到约束，不发生刚性位移，M 点的位移全是由变形引起的。如允许做刚性运动，则应在总位移中扣除刚性位移。设想在 M 点附近取棱边的边长分别为 Δx、Δy、Δz 的微小正六面体（当六面体的边长趋于无限小时称为单元体），变形后六面体的边长和棱边的夹角都将发生变化。把上述六面体投影于 xOy 平面，并放大为图7-8b。变形前平行于 x 轴的线段 MN，原长为 Δx，变形后 M 和 N 分别位移到 M' 和 N'。$M'N'$ 的长度为 $\Delta x + \Delta s$。这里 $\Delta s = \overline{M'N'} - \overline{MN}$，代表线段 MN 的长度变化。比值

$$\varepsilon_{\mathrm{m}} = \frac{\overline{M'N'} - \overline{MN}}{\overline{MN}} = \frac{\Delta s}{\Delta x} \tag{7-2}$$

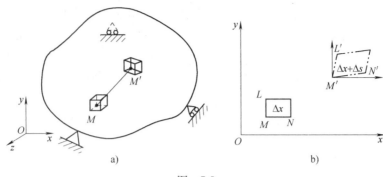

图 7-8

表示线段 MN 单位长度的平均伸长或缩短，称为平均应变。逐渐缩小 N 点和 M 点的距离，使 $\overline{MN}$ 趋近于零，则 ε_m 的极限为

$$\varepsilon = \lim_{\overline{MN} \to 0} \frac{\overline{M'N'} - \overline{MN}}{\overline{MN}} = \lim_{\Delta x \to 0} \frac{\Delta s}{\Delta x} \tag{7-3}$$

ε 称为点 M 沿 x 方向的**线应变**或简称为**应变**。如线段 MN 内各点沿 x 方向的变形程度是均匀的，则平均应变也就是 M 点的应变。如在 MN 内各点的变形程度并不相同，则只有由式（7-3）定义的应变才能表示 M 点沿 x 方向长度变化的程度。用完全相似的方法还可讨论沿 y 和 z 方向的应变。

固体的变形不但表现为线段长度的改变，而且正交线段的夹角也将发生变化。例如在图 7-8b 中，变形前 MN 和 ML 正交，变形后 $M'N'$ 和 $M'L'$ 的夹角变为 $\angle L'M'N'$。变形前、后角度的变化是 $\frac{\pi}{2} - \angle L'M'N'$。当 N 和 L 都趋近于 M 时，上述角度变化的极限值

$$\gamma = \lim_{\substack{\overline{MN} \to 0 \\ \overline{ML} \to 0}} \left(\frac{\pi}{2} - \angle L'M'N' \right) \tag{7-4}$$

称为 M 点在 x-y 平面内的**切应变**或**角应变**。

线应变 ε 和切应变 γ 是度量一点外变形程度的两个基本量。它们是量纲为一的量。

 思 考 题

7-1 变形体固的基本假设是什么？

7-2 什么是强度、刚度和稳定性？

7-3 材料力学的主要任务是什么？

7-4 构件的基本变形形式有几种？试举例说明。

7-5 何为内力、截面法及应力？用截面法求内力有哪几个步骤？

7-6 何为弹性变形和塑性变形？

7-7 什么是小变形假设？小变形假设有何意义？

7-8 杆件受轴向拉力（见图 7-9），若 $F = F'$，试分析 1-1、2-2、3-3 截面的内力是否相同；若设内力沿截面均匀分布，应力是否相同？

图 7-9

第 8 章
轴向拉伸与压缩

本章通过直杆的轴向拉伸与压缩，阐述材料力学的一些基本概念和基本方法。主要讨论拉压杆的内力、应力、变形及强度、刚度计算；材料拉压时的力学性能；静定结构的节点位移计算及拉压超静定问题等。

8.1 轴向拉伸与压缩的概念

在工程实际中，许多构件受到轴向拉力或压力的作用。如图 8-1 所示的三角支架中，横杆 AB 受到轴向拉力的作用，杆件沿轴线产生拉伸变形；斜杆 BC 受到轴向压力的作用，杆件沿轴线产生压缩变形。另外，起吊重物的绳索、内燃机的连杆、千斤顶的顶杆以及连接钢板的螺栓等，都是拉伸和压缩的实例。

a)   b)

图　8-1

图 8-1 所示杆件受力的共同特点是：外力或外力的合力沿杆的轴线方向，其变形特点是杆件沿轴线方向伸长或缩短。这种变形形式称为**轴向拉伸**或**压缩**，这类杆件称为拉（压）杆。

8.2 拉伸与压缩时横截面上的内力——轴力

8.2.1 横截面上的内力——轴力

一拉杆如图 8-2a 所示，两端受轴向力 F 和 $F'(F'=-F)$ 的作用。欲求截面 $m\text{-}m$ 上的内力，可用截面法。沿截面 $m\text{-}m$ 将杆截成两段并取左段（见图 8-2b）为研究对象，将右段对

109

左段的作用截面上的内力用 $\boldsymbol{F}_N$ 代替。由平衡方程

$$\sum F_x=0, \quad F-F_N=0$$

得

$$F_N=F$$

由于内力 $\boldsymbol{F}_N$ 的作用线与杆件的轴线相重合，故称为**轴向内力**，简称**轴力**。轴力可为拉力也可为压力。为了表示轴力方向，区别两种变形，对轴力正负号规定如下：**当轴力方向与截面的外法线方向一致时，杆件受拉，轴力为正；反之，轴力为负**。计算轴力时均按拉伸假设，若得负号则表明杆件受压。

采用这一符号规定，如取右段为研究对象（见图 8-2c），则所求的轴力大小及正负号与上述结果相同。

图　8-2

当杆件受到多个轴向外力作用时，应分段使用截面法来计算各段的轴力。

8.2.2　轴力图

为了形象地表示轴力沿杆件轴线的变化情况，可绘制出轴力随横截面位置变化的图线，这一图线称为**轴力图**。

绘制轴力图时，把轴力图与构件上下对齐，标出轴力大小，标明正负号，并画上阴影线。

例 8-1　试绘出图 8-3 所示杆的轴力图。已知 $F_1=10 \text{ kN}$，$F_2=30 \text{ kN}$，$F_3=50 \text{ kN}$。

图　8-3

解：（1）计算支座约束力。设固定端的约束力为 $\boldsymbol{F}_R$，则由整个杆的平衡方程

$$\sum F_x=0, \quad -F_1+F_2-F_3+F_R=0$$

得

$$F_R=F_1-F_2+F_3=(10-30+50) \text{ kN}=30 \text{ kN}$$

（2）分段计算轴力。由于截面 B 和 C 处有外力作用，故将杆分为三段。设各段轴力均

为拉力，用截面法取如图 8-3b～d 所示的研究对象后，得

$$F_{N1} = F_1 = 10 \text{ kN}$$

$$F_{N2} = F_1 - F_2 = (10 - 30) \text{ kN} = -20 \text{ kN}$$

$$F_{N3} = F_R = 30 \text{ kN}$$

在计算 F_{N3} 时若取左侧为研究对象，则同样可得 $F_{N3} = F_1 - F_2 + F_3 = 30$ kN，结果与取右侧时相同，但不涉及 F_R。也就是说，若杆一端为固定端，可取无固定端的一侧为研究对象来计算杆的内力，而不必求出固定端的约束力。

（3）绘制轴力图。根据上述轴力值，作轴力图（见图 8-3e）。由图可见，绝对值最大的轴力为 $|F_{Nmax}| = 30$ kN。

例 8-2　竖柱 AB 如图 8-4a 所示，其横截面为正方形，边长为 a，柱高为 h，材料的体积密度为 ρ，柱顶受载荷 F 作用。试作出其轴力图。

b)

解：由受力特点可知 AB 为轴向压缩，由于考虑柱子的自重载荷，以竖向的 x 坐标表示横截面位置，则该柱各横截面的轴力为 x 的函数。对任意截面可以取上段为研究对象，如图 8-4b 所示。图中 $F_N(x)$ 是任意 x 截面的轴力；$G = \rho a^2 g x$ 是该段研究对象的自重。由

图　8-4

$$\sum F x = 0, \quad F_N(x) + F + G = 0$$

得

$$F_N(x) = -F - \rho a^2 g x, \quad 0 < x < h$$

上式为该柱的轴力方程，为 x 的一次函数，故只需求解两点的轴力并连成直线即得轴力图，如图 8-4c 所示。

当 $x \to 0$ 时，$F_N = -F$；当 $x \to h$ 时，$F_N = -F - \rho a^2 g h$。

由上述各例可得出如下结论：杆的轴力等于截面一侧所有外力的代数和，其中离开截面的外力取正号，指向截面的外力取负号。利用这一结论求杆件任一截面上的内力时，不必将杆截开，即可直接得出内力的值：

$$F_N = \sum F_i$$

8.3　轴向拉伸与压缩时横截面上的应力

8.3.1　实验观察与假设

为了求得横截面上任意一点的应力，必须了解内力在横截面上的分布规律，为此可通过实验观察来研究。

取一等直杆，如图 8-5a 所示，在杆上画出与轴线垂直的横线 ab 和 cd，在杆上画上与杆

轴线平行的纵向线，然后在杆的两端沿轴线施加一对力 F 和 F'，使杆产生轴向拉伸变形，变形后的形状如虚线所示。

为此通过分析，可做如下假设：变形前为平面的横截面，变形后仍为平面，且仍与杆的轴线垂直。该假设称为**平面假设**。

8.3.2 横截面上的应力

根据平面假设可以认为任意两个横截面之间的所有纵向线段的伸长都相同，即杆件横截面内各点的变形相同。由材料连续均匀性假设，可知内力在横截面上是均匀分布的，即横截面上各点的应力大小相等，方向垂直于横截面，即横截面任一点的正应力为

$$\sigma = \frac{F_N}{A} \tag{8-1}$$

式中，A 为杆件横截面面积；F_N 为横截面上的轴力；正应力 σ 的正负号与轴力 F_N 的符号相对应，即拉应力为正，压应力为负。

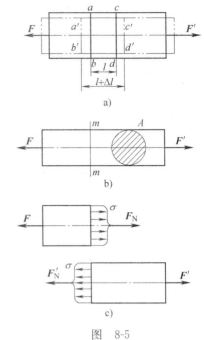

图 8-5

例 8-3 一横截面为正方形的砖柱分上下两段，受轴向外力作用，各段长度及横截面尺寸如图 8-6a 所示。已知 $F=50\ kN$，试求载荷引起的最大工作应力。

解：（1）绘制轴力图。上段轴力等于截面以上外力代数和（取上部为研究对象），因力 F 与截面外法线同向，故 $F_{N1}=-F=-50\ kN$。同理可得下段轴力

$$F_{N2}=-3F=-3\times50\ kN=-150\ kN$$

于是可画出轴力图，如图 8-6b 所示。

（2）求各段应力。上段横截面上的应力为

$$\sigma_1=\frac{F_{N1}}{A_1}=\frac{-50\times1000\ N}{240\ mm\times240\ mm}=-0.87\ MPa$$

下段横截面上的应力为

$$\sigma_2=\frac{F_{N2}}{A_2}=\frac{-150\times1000\ N}{370\ mm\times370\ mm}=-1.1\ MPa$$

图 8-6

由计算结果可知，砖柱的最大工作应力在下段，其值为 1.1 MPa，是压应力。

8.4 拉伸与压缩时斜截面上的应力

前面讨论了轴向拉伸与压缩时横截面上的应力，但有时杆件的破坏并不沿着横截面发

生，例如铸铁压缩时沿着与轴线约成 45°角的斜截面发生破坏，为此有必要研究轴向拉伸（压缩）时，杆件斜截面上的应力分布规律。

现以图 8-7a 所示的拉杆为例，研究任意斜截面 $m\text{-}m$ 上的应力。杆两端受轴向拉力 $\boldsymbol{F}=-\boldsymbol{F}'$，横截面面积为 A，斜截面 $m\text{-}m$ 与横截面的夹角为 α，斜截面面积为 A_α。利用截面法，假想将杆件沿着截面 $m\text{-}m$ 切开，以左段为研究对象，如图 8-7b 所示，由平衡方程 $\sum F_x=0$，得斜截面上的内力为 $F_{N\alpha}=F$。

在研究横截面上的正应力时，已知杆件内各点的纵向变形相同，故斜截面上的全应力也是均匀分布的，即斜截面上任意一点的全应力 p_α 为

$$p_\alpha=\frac{F_{N\alpha}}{A_\alpha}=\frac{F}{A_\alpha}$$

因

$$A_\alpha=\frac{A}{\cos\alpha}$$

故代入上式得

$$p_\alpha=\frac{F\cos\alpha}{A}=\sigma\cos\alpha$$

式中，σ 为横截面上的正应力。

将斜截面上的全应力 p_α 分解为垂直于斜截面上的正应力 σ_α 和在斜截面内的切应力 τ_α（见图 8-7c），可得

$$\left.\begin{aligned}\sigma_\alpha&=p_\alpha\cos\alpha=\sigma\cos^2\alpha\\\tau_\alpha&=p_\alpha\sin\alpha=\frac{\sigma}{2}\sin2\alpha\end{aligned}\right\}\tag{8-2}$$

图　8-7

由式（8-2）可见，斜截面上的正应力 σ_α 和切应力 τ_α 都是 α 的函数。这表明，过杆内同一点的不同斜截面上的应力是不同的。

注意：

（1）当 $\alpha=0°$ 时，横截面上的正应力达到最大值 $\sigma_{max}=\sigma$；

（2）当 $\alpha=45°$ 时，切应力达到最大值：$\tau_{max}=\dfrac{\sigma}{2}$；

（3）当 $\alpha=90°$ 时，σ_α 和 τ_α 均为零，这表明轴向拉（压）杆在平行于杆轴的纵向截面上没有任何应力。

在应用式（8-2）时，须确定 α 和 σ_α、τ_α 的正负号。

规定如下：

α 为从横截面外法线到斜截面外法线时，逆时针旋转时为正，顺时针旋转时为负；

σ_α 仍以拉应力为正，压应力为负；

τ_α 的方向按对所取部分内部产生顺时针转向的力矩为正，反之为负。

8.5 拉伸与压缩时的变形

8.5.1 变形和应变的概念

通过实验表明，轴向拉伸（压缩）时直杆的纵向与横向尺寸都有所改变。如图 8-8 所示的正方形截面直杆，受轴向拉力 F 后，则长度由 l 变为 l_1，宽度由 b 收缩为 b_1。则杆的变形有绝对变形与相对变形两种。

图 8-8

1. 绝对变形

纵向绝对变形 $\Delta l = l_1 - l$

横向绝对变形 $\Delta b = b_1 - b$

2. 相对变形

显然，杆的绝对变形与杆的原长有关。为方便分析和比较，用单位长度的变形即**线应变**（相对变形）来度量杆件的变形程度。杆分纵向和横向线应变，即

纵向线应变（简称应变）

$$\varepsilon = \frac{\Delta l}{l} \tag{8-3}$$

横向线应变

$$\varepsilon' = \frac{\Delta b}{b} \tag{8-4}$$

显然，拉伸时 ε 为正，ε' 为负；压缩时则相反。

实验表明，当应力不超过某一限度时，材料的横向线应变 ε' 和纵向线应变 ε 之间成正比且符号相反，即

$$\varepsilon' = -\mu \varepsilon \tag{8-5}$$

该式称为**泊松公式**，式中的比例系数 μ 称为**泊松系数**或**泊松比**。但负泊松比也是存在的，即有一些材料在两个相互垂直的方向同时产生拉伸变形或压缩变形。

8.5.2 胡克定律

实验表明，当杆的正应力 σ 不超过某一限度时，杆的绝对变形 Δl 与轴力 F_N 和杆长 l 成正比，而与横截面面积 A 成反比，即

$$\Delta l \propto \frac{F_N l}{A}$$

引进比例系数 E，得

$$\Delta l = \frac{F_{\mathrm{N}} l}{EA} \tag{8-6}$$

式（8-6）为胡克定律表达式。式中的比例系数 E 称为材料的**弹性模量**。由式（8-6）可知，弹性模量越大，变形越小，所以 E 是表示材料抵抗变形能力的物理量，其值随材料不同而异，可由试验测定。EA 称为杆件的**抗拉**（抗压）**刚度**，对于长度相同、受力情况相同的杆，其 EA 值越大，则杆的变形越小。因此，EA 表示了杆件抵抗拉伸或压缩变形的能力。

若将式 $\sigma = \dfrac{F_{\mathrm{N}}}{A}$ 和 $\varepsilon = \dfrac{\Delta l}{l}$ 代入式（8-6），则可得胡克定律的另一表达形式，即

$$\sigma = E\varepsilon \tag{8-7}$$

于是，胡克定律还可以表述为：当应力不超过材料的比例极限时，应力与应变成正比。因为 ε 的量纲是一，所以 E 与 σ 的单位相同，其常用单位为 GPa。

例 8-4　变截面钢杆（见图 8-9）受轴向载荷 $F_1 = 30$ kN，$F_2 = 10$ kN。杆长 $l_1 = l_2 = l_3 = 100$ mm，杆各横截面面积分别为 $A_1 = 500$ mm²，$A_2 = 200$ mm²，弹性模量 $E = 200$ GPa。试求杆的总伸长量。

解：因钢杆的一端固定，故可不必求出固定端的约束力。

（1）计算各段轴力。AB 段和 BC 段的轴力分别为

$$F_{\mathrm{N1}} = F_1 - F_2 = (30 - 10) \text{ kN} = 20 \text{ kN}$$

$$F_{\mathrm{N2}} = -F_2 = -10 \text{ kN}$$

轴力分布图如图 8-9b 所示。

（2）计算各段变形。由于 AB、BC 和 CD 各段的轴力与横截面面积不全相同，因此应分段计算，即

图　8-9

$$\Delta l_{AB} = \frac{F_{\mathrm{N1}} l_1}{EA_1} = \frac{20 \times 10^3 \text{ N} \times 100 \text{ mm}}{200 \times 10^3 \text{ MPa} \times 500 \text{ mm}^2} = 0.02 \text{ mm}$$

$$\Delta l_{BC} = \frac{F_{\mathrm{N2}} l_2}{EA_1} = \frac{-10 \times 10^3 \text{ N} \times 100 \text{ mm}}{200 \times 10^3 \text{ MPa} \times 500 \text{ mm}^2} = -0.01 \text{ mm}$$

$$\Delta l_{CD} = \frac{F_{\mathrm{N2}} l_3}{EA_2} = \frac{-10 \times 10^3 \text{ N} \times 100 \text{ mm}}{200 \times 10^3 \text{ MPa} \times 200 \text{ mm}^2} = -0.025 \text{ mm}$$

（3）求总变形

$$\Delta l_{AD} = \Delta l_{AB} + \Delta l_{BC} + \Delta l_{CD} = (0.02 - 0.01 - 0.025) \text{ mm} = -0.015 \text{ mm}$$

即整个杆缩短了 0.015 mm。

例 8-5　图 8-10 所示连接螺栓，内径 $d_1 = 15.3$ mm，被连接部分的总长度 $l = 54$ mm，

拧紧时螺栓 AB 段的伸长量 $\Delta l = 0.04$ mm，钢的弹性模量 $E = 200$ GPa，泊松比 $\mu = 0.3$。试求螺栓横截面上的正应力及螺栓的横向变形。

解： 根据式（8-3）得螺栓的纵向变形为

$$\varepsilon = \frac{\Delta l}{l} = \frac{0.04 \text{ mm}}{54 \text{ mm}} = 7.41 \times 10^{-4}$$

将所得 ε 代入式（8-7），得螺栓横截面上的正应力为

$$\sigma = E\varepsilon = (200 \times 10^{3}) \text{ MPa} \times 7.41 \times 10^{-4} = 148.2 \text{ MPa}$$

由式（8-5）可得螺栓的横向应变为

$$\varepsilon' = -\mu\varepsilon = -0.3 \times 7.41 \times 10^{-4} = -2.223 \times 10^{-4}$$

故得螺栓的横向变形为

$$\Delta d = \varepsilon' \times d_1 = -2.223 \times 10^{-4} \times 15.3 \text{ mm} = -0.0034 \text{ mm}$$

图 8-10

8.6 静定结构节点的位移计算

结构节点的位移是指节点位置改变的直线距离或一线段方向改变的角度。计算时必须计算节点所连各杆的变形量，然后根据变形相容条件作出位移图，即结构的变形图。再由位移图的几何关系计算出位移的数值。

静定结构节点的位移计算一般比较复杂，下面以几种比较简单的静定结构为例来具体介绍节点的位移计算。

例 8-6 图 8-11 为一简单托架。BC 杆为圆钢，横截面直径 $d = 20$ mm；BD 杆为 8 号槽钢。求节点 B 的位移。设 $F = 60$ kN，钢的弹性模量 $E = 200$ GPa。

解： 三角形 BCD 三边的长度比为 $BC : CD : BD = 3 : 4 : 5$，由此求出 $BD = 2$ m。根据 B 点的平衡方程，求得 BC 杆的轴力 F_{N1} 和 BD 杆的轴力 F_{N2} 分别为

$$F_{N1} = \frac{3}{4}F = 45 \text{ kN（拉）}, \quad F_{N1} = \frac{5}{4}F = 75 \text{ kN（压）}$$

BC 杆圆截面的面积为 $A_1 = 314 \times 10^{-6}$ m²。BD 杆为 8 号槽钢，由附录的型钢表中查得截面面积为 $A_2 = 1020 \times 10^{-6}$ m²。根据胡克定律，求出 BC 和 BD 两杆的变形分别为

$$\overline{BB_1} = \Delta l_1 = \frac{F_{N1} l_1}{EA_1} = \frac{45 \times 10^3 \text{ N} \times 1.2 \text{ m}}{200 \times 10^9 \text{ Pa} \times 314 \times 10^{-6} \text{ m}^2} = 0.86 \times 10^{-3} \text{ m}$$

$$\overline{BB_2} = \Delta l_2 = \frac{F_{N2} l_2}{EA_2} = \frac{75 \times 10^3 \text{ N} \times 2 \text{ m}}{200 \times 10^9 \text{ Pa} \times 1020 \times 10^{-6} \text{ m}^2} = 0.732 \times 10^{-3} \text{ m}$$

这里 Δl_1 为拉伸变形，而 Δl_2 为压缩变形。设想将托架在节点 B 拆开。BC 杆伸长变形后变为 B_1C，BD 杆压缩后变为 B_2D。分别以 C 点和 D 点为圆心，CB_1 和 DB_2 为半径，作弧相交于 B_3 点。B_3 点即为托架变形后 B 点的位置。因为变形很小，B_1B_3 和 B_2B_3 是两段极其微小的短弧，因而可用分别垂直于 BC 和 BD 的直线段来代替，这两段直线的交点即为 B_3，所以 BB_3 即为 B 点的位移。

可以用图解法求位移 BB_3。这时，把多边形 $B_1BB_2B_3$ 放大成图 8-11b。从图中可以直接量出位移 BB_3 及其垂直和水平分量。图中的 $BB_1 = \Delta l_1$ 和 $BB_2 = \Delta l_2$ 都与载荷 F 成正比。例如，

若 F 减小一半，则 BB_1 和 BB_2 都将减小一半。根据多边形的相似性，BB_3 也将减小一半。可见 $\boldsymbol{F}$ 力作用点的位移也与 F 成正比。亦即，对线弹性杆系，位移与载荷的关系也是线性的。

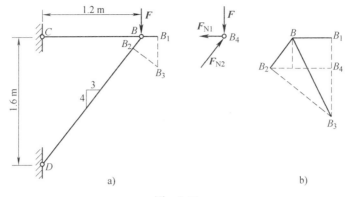

图　8-11

也可用解析法求位移 BB_3。注意到三角形 BCD 三边的长度比为 $3:4:5$，由图 8-11b 可以求出

$$\overline{B_2B_4} = \Delta l_2 \times \frac{3}{5} + \Delta l_1$$

B 点的垂直位移

$$\overline{B_1B_3} = \overline{B_1B_4} + \overline{B_4B_3} = \overline{BB_2} \times \frac{4}{5} + \overline{B_2B_4} \times \frac{3}{4}$$

$$= \Delta l_2 \times \frac{4}{5} + \left(\Delta l_2 \times \frac{3}{5} + \Delta l_1\right) \times \frac{3}{4} = 1.56 \times 10^{-3}\ \mathrm{m}$$

B 点的水平位移

$$\overline{BB_1} = \Delta l_1 = 0.86 \times 10^{-3}\ \mathrm{m}$$

最后求出位移

$$\overline{BB_3} = \sqrt{(\overline{B_1B_3})^2 + (\overline{BB_1})^2} = 1.78 \times 10^{-3}\ \mathrm{m}$$

例 8-7　钢杆 AB、AC 在 A 点用一铰链连接（见图 8-12a）。AB 杆和 AC 杆的直径分别为 $d_1 = 12\ \mathrm{mm}$，$d_2 = 15\ \mathrm{mm}$，钢的弹性模量 $E = 210\ \mathrm{GPa}$，若在 A 点作用垂直向下的力 $F = 35\ \mathrm{kN}$，试求 A 点垂直方向的位移。

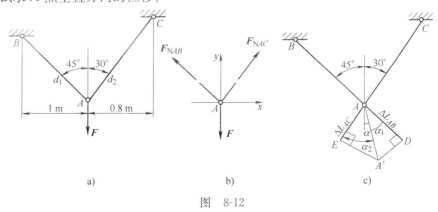

图　8-12

解：截取节点 A 并画出杆件轴力（见图 8-12b）。根据平衡条件

$$\sum F_x = 0, \quad F_{NAC}\sin30° - F_{NAB}\sin45° = 0 \tag{a}$$

$$\sum F_y = 0, \quad F_{NAC}\cos30° + F_{NAB}\cos45° - F = 0 \tag{b}$$

联立式（a）、式（b），解得

$$F_{NAB} = 18.1 \text{ kN}, \quad F_{NAC} = 25.6 \text{ kN}$$

AB 杆和 AC 杆的伸长分别为

$$\Delta l_{AB} = \frac{F_{NAB}l_{AB}}{EA_{AB}} = \frac{18.1 \times 10^3 \text{ N} \times 1 \times \sqrt{2} \text{ m}}{210 \times 10^9 \text{ Pa} \times \frac{\pi \times 12^2}{4} \times 10^{-6} \text{ m}^2} = 1.08 \times 10^{-3} \text{ m}$$

$$\Delta l_{AC} = \frac{F_{NAC}l_{AC}}{EA_{AC}} = \frac{25.6 \times 10^3 \text{ N} \times 0.8 \times 2 \text{ m}}{210 \times 10^9 \text{ Pa} \times \frac{\pi \times 15^2}{4} \times 10^{-6} \text{ m}^2} = 1.1 \times 10^{-3} \text{ m}$$

沿 BA 方向作 $AD = \Delta l_{AB}$，沿 CA 方向作 $AE = \Delta l_{AC}$，再分别从 D、E 两点作垂线交于 A' 点（见图 8-12c），则

$$\overline{AA'} = \frac{\Delta l_{AB}}{\cos\alpha_1} = \frac{\Delta l_{AB}}{\cos(45° - \alpha)}$$

$$\overline{AA'} = \frac{\Delta l_{AC}}{\cos\alpha_2} = \frac{\Delta l_{AC}}{\cos(30° + \alpha)}$$

即

$$\frac{\Delta l_{AC}}{\cos(30° + \alpha)} = \frac{\Delta l_{AB}}{\cos(45° - \alpha)}$$

代入数值，解此方程得

$$\tan\alpha = 0.119, \quad \alpha = 6°47'$$

故节点 A 的垂直位移为

$$\Delta_{Ay} = \overline{AA'}\cos\alpha = \frac{\Delta l_{AC}}{\cos(30° + \alpha)}\cos\alpha$$

$$= \frac{1.1 \times 10^{-3} \text{ m}}{\cos 36°47'} \times \cos6°47' = 1.365 \times 10^{-3} \text{ m} = 1.365 \text{ mm}$$

例 8-8 图 8-13a 所示结构，杆 AB 和 BC 的抗拉刚度 EA 相同，在节点 B 承受集中载荷 F，试求节点 B 的水平及铅垂位移。

解：（1）求各杆的轴力。以节点 B（见图 8-13b）为研究对象，平衡条件为

$$\sum F_x = 0, \quad F_{N2}\cos45° - F_{N1} = 0$$

$$\sum F_y = 0, \quad F_{N2}\sin45° - F = 0$$

解得

$$F_{N1} = F, \quad F_{N2} = 2F$$

（2）各杆的变形。杆 AB

$$\Delta l_1 = \frac{F_{N1}l_1}{EA} = \frac{Fa}{EA} \text{（伸长）}$$

杆 BC

$$\Delta l_2 = \frac{F_{N2}l_2}{EA} = \frac{(\sqrt{2}F) \cdot (\sqrt{2}a)}{EA} = \frac{2Fa}{EA}$$

（3）节点 B 的位移计算。结构变形后两杆仍相交于一点，这就是变形的相容条件。作

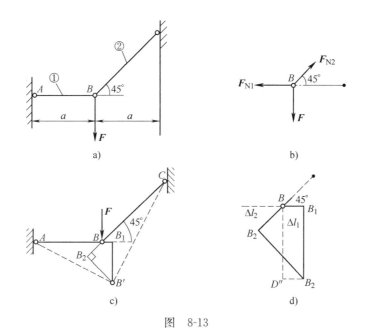

图 8-13

结构的变形图（见图 8-13c）；沿杆 AB 的延长线量取 BB_1 等于 Δl_1，沿杆 CB 的延长线量取 BB_2 等于 Δl_2，分别在 B_1 和 B_2 处作 BB_1 和 BB_2 的垂线，两垂线的交点 B' 为结构变形后节点 B 新位置，亦即结构变形后成为 $AB'C$ 的形状。

为求节点 B 的位移，也可单独作出节点 B 的位移图（见图 8-13d）。由位移图的几何关系可得

水平位移
$$x_A = \overline{BB_1} = \Delta l_1 = \frac{Fa}{EA}(\rightarrow)$$

垂直位移
$$y_A = \overline{BB'} = \frac{\Delta l_2}{\sin 45°} + \Delta l_1 \tan 45° = \sqrt{2}\left(\frac{2Fa}{EA}\right) + \frac{Fa}{EA} = (1 + 2\sqrt{2})\frac{Fa}{EA}(\downarrow)$$

8.7 材料的力学性能

前面在讨论轴向拉伸（压缩）的杆件内力与应力的计算时，曾涉及材料的弹性模量和比例极限等参数，同时为了解决构件的强度等问题，除分析构件的应力和变形外，还必须通过实验来研究材料的力学性能（也称机械性能）。所谓材料的力学性能是指材料在外力作用下其强度和变形方面表现出来的特性。反映这些性质的数据一般由试验来测定，这些试验结果往往与实验条件相关。本节主要讨论在常温和静载荷条件下材料承受轴向拉伸（压缩）时的力学性能。

静载荷是指载荷从零开始缓慢地增加到一定数值后不再改变（或变化极不明显）的载荷。

拉伸试验是研究材料的力学性质时最常用的试验。为便于比较试验结果，试件必须按照

国家标准加工成标准试件，如图 8-14 所示。试件的中间等直杆部分为试验段，其长度 l 称为标距。较粗的两端是装夹部分。标准试件规定标距 l 与横截面直径 d 之比有 $\dfrac{l}{d}=10$ 和 $\dfrac{l}{d}=5$ 两种。前者为长杆试件（10 倍试件），后者为短杆试件（5 倍试件）。

图 8-14

拉伸试验在万能试验机上进行。试验时将试件装在夹头中，然后开动机器加载。试件受到由零逐渐增加的拉力 F 的作用，同时发生轴向拉伸变形，加载一直进行到试件断裂时为止。拉力 F 的数值可从试验机上读出，同时试验机上附有自动绘图软件，在试验过程中能自动绘出载荷 F 和相应的伸长变形 Δl 的关系曲线，此曲线称为拉伸图或 $F\text{-}\Delta l$ 曲线，如图 8-15a 所示。

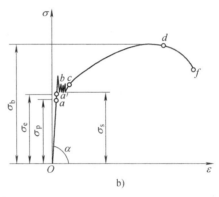

a)　　　　　　　　　　　　　b)

图 8-15

拉伸图的形状与试件的尺寸有关。为了消除试件横截面尺寸和长度的影响，将载荷 F 除以试件原来的横截面面积 A，得到应力 σ；将变形量 Δl 除以试件原长 l，得到应变 ε，这样绘出的曲线称为应力-应变曲线（$\sigma\text{-}\varepsilon$ 曲线）。$\sigma\text{-}\varepsilon$ 曲线的形状与 $F\text{-}\Delta l$ 曲线的形状相似，但又反映了材料的本身特性（见图 8-15b）。

8.7.1　低碳钢拉伸时的力学性能

低碳钢是含碳量较少（$<0.25\%$）的普通碳素结构钢，是工程中广泛使用的金属材料，它在拉伸时表现出来的力学性能具有典型性。图 8-15b 是低碳钢拉伸时的应力-应变曲线。由图可见，整个拉伸过程大致可分为 4 个阶段，现分段说明。

1. 弹性阶段

这是材料变形的开始阶段。Oa 为一段直线，说明在该阶段内应力与应变成正比，即 $\sigma = E\varepsilon$，材料满足胡克定律。直线部分的最高点 a 所对应的应力值 σ_p 称为**比例极限**，即材料的应力与应变成正比的最大应力值。Q235A 碳素钢的比例极限 $\sigma_\mathrm{p} = 200\ \mathrm{MPa}$。直线的倾角为 α，其正切值 $\tan\alpha = \dfrac{\sigma}{\varepsilon} = E$，即为材料的**弹性模量**。

当应力超过比例极限后，aa' 已不是直线，说明材料不满足胡克定律。但应力不超过 a' 点所对应的应力 σ_e 时，如将外力卸去，则试件的变形将随之完全消失。σ_e 称为**弹性极限**，即材料产生弹性变形的最大应力值。比例极限和弹性极限的概念不同，但实际上两者数值非常接近，工程中一般不做严格区分。

2. 屈服阶段

当应力超过弹性极限后，图上出现接近水平的小锯齿形波段，说明此时应力虽有小的波动，但基本保持不变，而应变却迅速增加，即材料暂时失去了抵抗变形的能力。这种应力变化不大而应变显著增加的现象称为材料的**屈服**或**流动**。bc 段称为**屈服阶段**，屈服阶段的最低应力值 σ_s 称为材料的**屈服极限**，Q235 号钢的 $\sigma_s = 235$ MPa。这时如果卸去载荷，试件的变形就不能完全恢复，而残留下一部分变形，即**塑性变形**（也称为**永久变形**或**残余变形**）。屈服阶段时，在试件表面出现的与轴线成45°角的倾斜条纹，通常称为**滑移线**（见图 8-16a）。

图　8-16

3. 强化阶段

屈服阶段后，若要使材料继续变形，必须增加载荷，即材料又恢复了抵抗变形的能力，这种现象称为**材料的强化**，cd 段称为材料的**强化阶段**。在此阶段中，变形的增加远比弹性阶段要快。强化阶段的最高点所对应的应力值称为材料的**强度极限**，用 σ_b 表示，它是材料所能承受的最大应力值。Q235A 钢的 $\sigma_b = 400$ MPa。

4. 颈缩阶段

当应力达到强度极限后，在试件某一薄弱的横截面处发生急剧的局部收缩，产生**颈缩现象**（见图 8-16b）。由于颈缩处横截面面积迅速减小，塑性变形迅速增加，试件承载能力下降，载荷也随之下降，直至断裂。

综上所述，当应力增大到屈服极限时，材料出现了明显的塑性变形；当应力增大到强度极限时，材料就要发生断裂。故 σ_s 和 σ_b 是衡量塑性材料的两个重要指标。

试件拉断后，弹性变形消失，但塑性变形仍保留下来。工程中用试件拉断后残留的塑性变形来表示材料的塑性性能。常用的塑性性能指标有两个：

延伸率 δ

$$\delta = \frac{l_1 - l}{l} \times 100\% \tag{8-8}$$

断面收缩率 ψ

$$\psi = \frac{A - A_1}{A} \times 100\%, \tag{8-9}$$

式中，l 为标距原长；l_1 为拉断后标距的长度；A 为试件原横截面面积；A_1 为颈缩处最小横截面面积。

对应于 10 倍试件和 5 倍试件，延伸率分别记为 δ_{10} 或 δ_5。通常所说的延伸率一般是指对应 5 倍试件的 δ_5。

一般的碳素结构钢，延伸率在 20%～30%，断面收缩率约为 60%。工程上通常把 $\delta \geqslant 5\%$ 的材料称为**塑性材料**，如低碳钢、铜和铝等；把 $\delta < 5\%$ 的材料称为**脆性材料**，如铸铁、砖

石等。

　　试验表明，如果将试件拉伸到强化阶段的某一点 f（见图 8-17），然后缓慢卸载，则应力与应变关系曲线将沿着近似平行于 Oa 的直线回到 g 点，而不是回到 O 点。Og 就是残留下的塑性变形，gh 表示消失的弹性变形。如果卸载后立即再加载，则应力和应变曲线将基本上沿着 gf 上升到 f 点，以后的曲线与原来的 σ-ε 曲线相同。由此可见，将试件拉到超过屈服极限后卸载，然后重新加载时，材料的比例极限有所提高，而塑性变形减小，这种现象称为**冷作硬化**。工程中常用冷作硬化来提高某些构件在弹性阶段的承载能力。如预应力钢筋、钢丝绳等。

图　8-17

8.7.2　其他塑性材料拉伸时的力学性能

　　其他金属材料的拉伸试验和低碳钢拉伸试验方法相同，但材料所显示出来的力学性能有很大差异。图 8-18 给出了锰钢、硬铝、退火球墨铸铁和 45 号钢的应力-应变曲线。这些材料都是塑性材料，但前三种材料没有明显的屈服阶段。对于没有明显屈服极限的塑性材料在工程上规定，取对应于试件产生 0.2% 塑性应变时所对应的应力值为材料的**名义屈服极限**，以 $\sigma_{0.2}$ 表示，如图 8-19 所示。

图　8-18

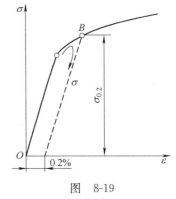

图　8-19

8.7.3　铸铁拉伸时的力学性能

　　图 8-20 为灰铸铁拉伸时的应力-应变图。由图可见，σ-ε 曲线没有明显的直线部分，既无屈服阶段，也无颈缩现象；断裂时应变很小，断口垂直于试件轴线，$\delta < 1\%$，是典型的脆性材料。因铸铁构件在实际使用的应力范围内，其 σ-ε 曲线的曲率很小，计算时常近似地以直线（见图 8-20 中的虚线）代替，认为近似地符合胡克定律，强度极限 σ_b 是衡量脆性材料拉伸时的唯一强度指标。

图　8-20

8.7.4 材料压缩时的力学性能

金属材料的压缩试件，一般做成圆柱体，其高度为直径的 1.5～3 倍，以免试验时被压弯；非金属材料（如水泥）的试样常采用立方体形状。

图 8-21 所示为低碳钢压缩时的 σ-ε 曲线，其中虚线是拉伸时的 σ-ε 曲线。可以看出，在弹性阶段和屈服阶段，两条曲线基本重合。这表明，低碳钢在压缩时的比例极限 σ_p、弹性极限 σ_e、弹性模量 E 和屈服极限 σ_s 等，都与拉伸时基本相同；进入强化阶段后，两曲线逐渐分离，压缩曲线上升，试件的横截面积显著增大，试件越压越扁，由于两端面上的摩擦，试件变成鼓形，不会产生断裂，故无法测得材料的抗压强度极限，所以一般不进行低碳钢的压缩试验，而从拉伸试验得到压缩时的主要力学性能。

图 8-21

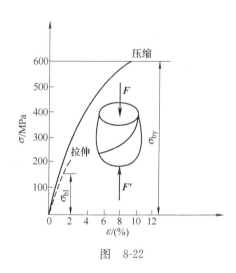

图 8-22

铸铁压缩时的 σ-ε 曲线如图 8-22 所示，图中虚线为拉伸时的 σ-ε 曲线。可以看出，铸铁压缩时的 σ-ε 曲线也没有直线部分，因此压缩时也只是近似地服从胡克定律。铸铁压缩时的强度极限比拉伸时高出 4～5 倍。对于其他脆性材料，如硅石、水泥等，其抗压强度也显著高于抗拉强度。另外，铸铁压缩时，断裂面与轴线大约成 45°角，说明铸铁的抗剪能力低于抗压能力。

由于脆性材料塑性差，抗拉强度低，而抗压能力强，价格低廉，故宜制作承压构件。铸铁坚硬耐磨，且易于浇铸，故广泛应用于铸造机床床身、机壳、底座、阀门等受压配件。因此，其压缩试验比拉伸试验更为重要。

综上所述，衡量材料力学性能的主要指标有：强度指标即屈服极限 σ_s 和强度极限 σ_b；弹性指标即比例极限 σ_p（或弹性极限 σ_e）和弹性模量 E；塑性指标即延伸率 δ 和断面收缩率 ψ。对很多材料来说，这些量往往受温度、热处理等条件的影响。表 8-1 中列出了几种常用材料在常温、静载下的部分力学性能指标。

表 8-1　几种常见材料的力学性能

材料名称	型　号	σ_s/MPa	σ_b/MPa	δ_5（％）	ψ（％）
普通碳素钢	Q235A	235	375～460	25～27	—
	Q275	275	490～610	21	—
优质碳素钢	35	314	529	20	45
	45	353	598	3	40
合金钢	40Cr	785	980	9	45
球墨铸铁	QT600－3	370	600	3	—
灰铸铁	HT150	—	拉 150 压 500～700	—	—

工程中有很多机械和结构在高温下长时期工作，而金属在一定温度和静载长期作用下，将要发生缓慢塑性变形，这一现象称为**蠕变**。不同的金属，发生蠕变的温度不同，温度越高，蠕变现象越显著。另外，在高温下工作的一些零件，例如连接两法兰的螺栓等，还时常发生应力松弛的现象，引起联接件之间的松动，造成事故。所谓应力**松弛**，是指在一定温度下，零件或材料的总变形保持不变，但零件内的应力出现随时间增加而自发地逐渐下降的现象。因此，对于长期在高温下工作的机械或结构，必须考虑蠕变及应力松弛等因素的影响。

8.7.5　复合材料的力学性能

随着科学技术的发展，新型复合材料的应用也越来越广泛。所谓**复合材料**，一般是指由两种或两种以上性质不同的材料复合而成的一类多相材料。它在性能上具有所选各材料的优点，克服或减少了各单一材料的弱点。总体来说，复合材料有如下几个方面的特性。

（1）比强度和比模量高。强度和弹性模量与密度的比值分别称为**比强度和比模量**，它是度量材料承载能力的一个重要指标。由于复合材料具有超轻质、超高强度的特点，因而可使构件重量大大降低。

（2）抗疲劳性能好。一般材料在交变载荷作用下容易发生疲劳破损，而复合材料抗疲劳性能好，因而可延长构件的使用寿命。

（3）减振性好。复合材料具有较高的自振频率，因而不易引起工作时的共振，这样就可避免因共振而产生的破坏。同时，复合材料的振动阻尼很高，可使振动很快减弱，提高了构件的稳定性。

（4）破损安全性好。对于纤维增强复合材料制成的构件，一旦发生超载而出现少量断裂时，载荷会重新迅速地分配到未破坏的纤维上，从而使这类构件不致在极短的时间内有整体破坏的危险，提高了构件的安全性。

（5）耐热性好。一些复合材料能在高温下保持较高的强度、弹性模量等力学性能，克服了一些金属和合金在高温下强度等性能降低的缺陷。

（6）成型工艺简单灵活及材料结构的可设计性。复合材料可用一次成型来制造各种构件，减少了零部件的数目及接头等紧固件，减轻了构件的重量，节省了材料和工时，改善并提高了构件的耐疲劳和稳定性。

同时，可根据不同的要求，通过调整复合材料的成分、比例、结构及分配方式和稳定性，来满足构件在不同方面的强度、刚度、耐蚀、耐热等特殊性能的要求，提高了可设计性及功能的复合性。另外，某些复合材料还具有耐腐蚀、耐冲击、耐绝缘性好及特殊的电、磁、光等特性。

8.8　轴向拉伸与压缩时的强度计算

8.8.1　极限应力、许用应力和安全系数

材料丧失正常工作能力时的最小应力，称为**极限应力**或**危险应力**，用 σ_u 表示。由 8.7 节可知：对塑性材料，当构件的应力达到材料的屈服极限时，构件将因塑性变形而不能正常工作，故 $\sigma_u = \sigma_s$；对脆性材料，当构件的应力达到强度极限时，构件将因断裂而丧失工作能力，故 $\sigma_u = \sigma_b$。

为了保证构件安全可靠地工作，仅仅使其工作应力不超过材料的极限应力是远远不够的，还必须使构件留有适当的强度储备，即把极限应力 σ_u 除以大于 1 的系数 n 后，作为构件工作时允许达到的最大应力值，这个应力值称为**许用应力**，以 $[\sigma]$ 表示，即

$$[\sigma] = \frac{\sigma_u}{n} \tag{8-10}$$

式中，n 称为安全系数。

安全系数的选择取决于载荷估计的准确程度、应力计算的精确程度、材料的均匀程度以及构件的重要程度等因素。正确地选取安全系数，是解决构件的安全与经济这一对矛盾的关键。若安全系数过大，则不仅浪费材料，而且使构件变得笨重；反之，若安全系数过小，则不能保证构件安全工作，甚至会造成事故。各种不同工作条件下构件安全系数 n 可从有关工程手册中查到。对于塑性材料，一般来说，取 $n = 1.5 \sim 2.0$；对于脆性材料，取 $n = 2.0 \sim 3.5$。

8.8.2　轴向拉伸（压缩）杆件的强度计算

为了保证构件安全可靠地工作，必须使构件的最大工作应力不超过材料的许用应力，即

$$\sigma_{max} = \frac{F_{Nmax}}{A} \leqslant [\sigma] \tag{8-11}$$

式（8-11）称为轴向拉伸（压缩）杆件的**强度条件**，运用这一强度条件可解决三类强度计算问题。

（1）强度校核　　　　　　　　　$\sigma_{max} = \dfrac{F_{Nmax}}{A} \leqslant [\sigma]$

（2）截面尺寸设计　　　　　　　$A \geqslant \dfrac{F_{Nmax}}{[\sigma]}$

（3）确定许可载荷　　　　$F_{Nmax} \leqslant A[\sigma]$

现举例说明强度条件的应用。

例 8-9　外径 D 为 32 mm、内径 d 为 20 mm 的空心钢杆如图 8-23 所示，设某处有直径 $d_1 = 5$ mm 的销钉孔，材料为 Q235A 钢，许用应力 $[\sigma] = 170$ MPa，若承受拉力 $F = 60$ kN，试校核该杆的强度。

解：由于截面被穿孔削弱，所以应取最小的截面面积作为危险截面，校核截面上的应力。

（1）求未被削弱的圆环面积为

$$A_1 = \frac{1}{4}\pi(D^2 - d^2) = \frac{1}{4}\pi(3.2^2 - 2^2)\ \text{cm}^2 = 5.04\ \text{cm}^2$$

（2）被削弱的面积为

$$A_2 = (D - d)d_1 = (3.2 - 2) \times 0.5\ \text{cm}^2 = 0.60\ \text{cm}^2$$

（3）危险截面面积为

$$A = A_1 - A_2 = (5.04 - 0.60)\ \text{cm}^2 = 4.44\ \text{cm}^2$$

（4）强度校核

$$\sigma = \frac{F_N}{A} = \frac{60 \times 10^3\ \text{N}}{4.44\ \text{cm}^2} = 135.1\ \text{MPa} \leqslant [\sigma]$$

图 8-23

故此杆安全。

例 8-10 一悬壁吊车，如图 8-24 所示。已知起重小车自重 $G = 5$ kN，起重量 $F = 15$ kN，拉杆 BC 用 Q235A 钢，许用应力 $[\sigma] = 170$ MPa。试选择拉杆直径 d。

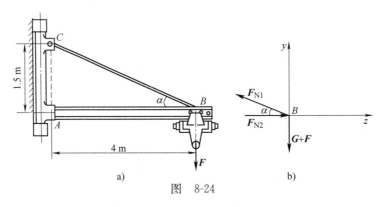

图 8-24

解：（1）计算拉杆的轴力。当小车运行到 B 点时，BC 杆所受的拉力最大，必须在此情况下求拉杆的轴力。取 B 点为研究对象，其受力图如图 8-24b 所示。

由平衡条件

$$\sum F_y = 0, \quad F_{N1}\sin\alpha - (G + F) = 0$$

得

$$F_{N1} = \frac{G + F}{\sin\alpha}$$

在△ABC 中，

$$\sin\alpha = \frac{AC}{BC} = \frac{1.5}{\sqrt{1.5^2 + 4^2}} = 0.351$$

代入上式得

$$F_{N1} = \frac{G + F}{\sin\alpha} = \frac{(5 + 15) \times 10^3\ \text{N}}{0.351} = 56.9\ \text{kN}$$

（2）选择截面尺寸。由式（8-11）得

$$A \geqslant \frac{F_N}{[\sigma]} = \frac{56900\ \text{N}}{170\ \text{MPa}} = 334\ \text{mm}^2$$

圆截面面积 $A = \dfrac{1}{4}\pi d^2$，所以拉杆直径

$$d \geqslant \sqrt{\frac{4A}{\pi}} = \sqrt{\frac{4 \times 334}{\pi}} \text{ mm} = 20.6 \text{ mm}$$

可取

$$d = 21 \text{ mm}$$

例 8-11　如图 8-25 所示，起重机 BC 杆由绳索 AB 拉住，若绳索的横截面面积为 5 cm^2，材料的许用应力 $[\sigma] = 40 \text{ MPa}$，求起重机能安全吊起的载荷大小（不考虑 BC、CD 的强度）。

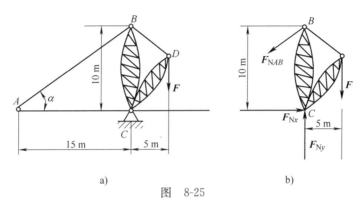

a)　　　　　　　　　b)

图　8-25

解：（1）求绳索所受的拉力 F_{NAB} 与 F 的关系。

用截面法，将绳索 AB 截断，并绘出如图 8-25b 所示的受力图。由

$$\sum M_C(\boldsymbol{F}) = 0, \quad F_{NAB}\cos\alpha \times 10 \text{ N} \cdot \text{m} - F \times 5 \text{ N} \cdot \text{m} = 0$$

将 $\cos\alpha = \dfrac{15}{\sqrt{15^2 + 10^2}}$ 代入上式得

$$F_{NAB} \times \frac{15}{\sqrt{15^2 + 10^2}} \times 10 \text{ N} \cdot \text{m} - F \times 5 \text{ N} \cdot \text{m} = 0$$

即

$$[F] = 1.67 F_{NAB}$$

（2）根据绳索 AB 的许用内力求起吊的最大载荷为

$$[F_{NAB}] \leqslant A[\sigma] = 5 \times 10^2 \text{ mm}^2 \times 40 \text{ MPa} = 20 \times 10^3 \text{ N} = 20 \text{ kN}$$

$$[F] = 1.67 F_{NAB} = 1.67 \times 20 \text{ kN} = 33.4 \text{ kN}$$

即起重机安全起吊的最大载荷为 33.4 kN。

例 8-12　如图 8-26 所示，构件由两种材料在 I-I 斜截面上用黏结剂黏合而成。已知杆的横截面面积 $A = 2000 \text{ mm}^2$，根据黏结剂强度指标要求黏合面上拉应力不超过 $\sigma = 10 \text{ MPa}$，剪应力不超过 $\tau = 6 \text{ MPa}$。若要求黏结面上正应力与剪应力同时达到各自许用值。试给定黏结面的倾角 α 并确定其许用轴向拉伸载荷 P。

图　8-26

解：根据轴向拉伸构件斜截面上正应力与剪应力公式，各自的相容条件为

$$\sigma_\alpha = \sigma_0 \cos^2\alpha = \frac{P}{A}\cos^2\alpha = \sigma \tag{a}$$

$$\tau_\alpha = \sigma_0 \sin\alpha \cos\alpha = \frac{P}{A} \sin\alpha \cos\alpha = \tau \qquad\qquad (b)$$

用式（b）除以式（a）得

$$\tan\alpha = 0.6, \quad \alpha = 30.96° \approx 31°$$

把此结果代入式（a）有

$$P = \frac{\sigma A}{\cos^2\alpha} = \frac{10 \times 10^6 \times 2000 \times 10^{-6}}{\cos^2 31°} \text{ N} = 27.2 \text{ kN}$$

也可利用式（b）校核结果是否正确：

$$\tau = \frac{P}{A} \sin\alpha \cos\alpha = \frac{27.2 \times 10^3 \text{ N}}{2000 \times 10^{-6} \text{ m}^2} \sin 31° \cos 31° = 6.0 \text{ MPa}$$

结果一致。

8.9 拉（压）杆的超静定问题

8.9.1 超静定问题的概念与解法

在以前讨论的问题中，杆件的轴力可由静力平衡方程求出，这类问题称为**静定问题**。但有时，杆件的轴力并不能全由静力平衡方程解出，这就是**超静定问题**。以图 8-27a 所示的三杆桁架为例，由图 8-27b 得节点 A 的静力平衡方程为

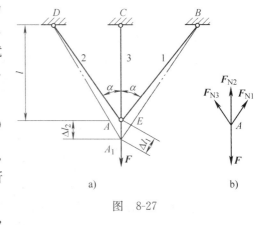

$$\sum F_x = 0, \quad F_{N1} \sin\alpha - F_{N2} \sin\alpha = 0$$
$$\sum F_y = 0, \quad F_{N3} + 2F_{N1} \cos\alpha - F = 0 \qquad (a)$$

这里静力平衡方程有 2 个，但未知力有 3 个，可见，仅由静力平衡方程不能求得全部轴力，所以是超静定问题。

图 8-27

为了求得问题的解，在静力平衡方程之外，还必须寻求补充方程。

设 1、2 两杆的抗拉刚度相同。桁架变形是对称的，节点 A 垂直地移动到 A_1，位移 AA_1 也就是杆 3 的伸长 Δl_3。以 B 点为圆心，杆 1 的原长 $l/\cos\alpha$ 为半径作圆弧，圆弧以外的线段即为杆 1 的伸长 Δl_1。由于变形很小，可用垂直于 A_1B 的直线 AE 代替上述弧线，且仍认为 $\angle AA_1B = \alpha$，于是

$$\Delta l_1 = \Delta l_3 \cos\alpha \qquad\qquad (b)$$

这是 1、2、3 三根杆件的变形必须满足的关系，只有满足了这一关系，它们才可能在变形后仍然在节点 A_1 连接在一起，变形才是协调的。所以，这种几何关系称为**变形协调方程**。

若 1、2 两杆的抗拉刚度为 E_1A_1，杆 3 的抗拉刚度为 E_3A_3，由胡克定律得

$$\Delta l_1 = \frac{F_{N1} l}{E_1 A_1 \cos\alpha}, \quad \Delta l_3 = \frac{F_{N3} l}{E_3 A_3} \qquad (c)$$

这两个表示变形与轴力关系的式子可称为**物理方程**。将其代入式（b），得

$$\frac{F_{N1}l}{E_1 A_1 \cos\alpha} = \frac{F_{N3}l}{E_3 A_3}\cos\alpha \qquad\qquad (d)$$

这就是在静力平衡方程之外得到的补充方程。从式（a）、式（d）容易解出

$$F_{N1} = F_{N2} = \frac{F\cos^2\alpha}{2\cos^2\alpha + \dfrac{E_3 A_3}{E_1 A_1}}, \qquad F_{N3} = \frac{F}{1 + 2\dfrac{E_1 A_1}{E_3 A_3}\cos^2\alpha}$$

上例表明，超静定问题是综合静力学平衡方程、变形协调方程（几何方程）和物理方程等三个方面的关系求解的。

例 8-13 在图 8-28 所示的结构中，设横梁 AB 的变形可以忽略不计，1、2 两杆的横截面面积相等，材料相同。试求 1、2 两杆的内力。

解：设 1、2 两杆的轴力分别为 F_{N1} 和 F_{N2}。由 AB 杆的平衡方程 $\sum M_A(\boldsymbol{F}) = 0$，得

$$3F - 2F_{N2}\cos\alpha - F_{N1} = 0 \qquad\qquad (a)$$

由于横梁 AB 是刚性杆，结构变形后，它仍为直杆，由图中可以看出，1、2 两杆的伸长 Δl_1 和 Δl_2 应满足关系

$$\frac{\Delta l_2}{\cos\alpha} = 2\Delta l_1 \qquad\qquad (b)$$

图 8-28

这就是变形协调方程。

由胡克定律可知

$$\Delta l_1 = \frac{F_{N1}l}{EA}, \qquad \Delta l_2 = \frac{F_{N2}l}{EA\cos\alpha}$$

代入式（b）得

$$\frac{F_{N2}l}{EA\cos^2\alpha} = 2\frac{F_{N1}l}{EA} \qquad\qquad (c)$$

由式（a）、式（c）解出

$$F_{N1} = \frac{3F}{4\cos^2\alpha + 1}, \qquad F_{N2} = \frac{6F\cos^2\alpha}{4\cos^2\alpha + 1}$$

例 8-14 一超静定杆系如图 8-29a 所示。已知 1 杆和 2 杆的刚度、杆长相同，即 $E_1 A_1 = E_2 A_2$，$l_1 = l_2$，而 3 杆的刚度为 $E_3 A_3$，杆长 $l_3 = l_1\cos\alpha$，载荷为 $\boldsymbol{F}$。试求各杆的轴力。

解：(1) 静力平衡方程。设 1 杆和 2 杆受拉，3 杆受压，相应的轴力分别用 F_{N1}、F_{N2} 和 F_{N3} 表示。考虑节点 C 的平衡（见图 8-29b），由汇交力系的平衡条件，可列出两个独立的平衡方程

$$\sum F_x = 0, \quad -F_{N1}\sin\alpha + F_{N2}\sin\alpha = 0$$
$$\sum F_y = 0, \quad F_{N1}\cos\alpha + F_{N2}\cos\alpha + F_{N3} - F = 0 \qquad\qquad (a)$$

式（a）中有 F_{N1}、F_{N2} 及 F_{N3} 三个未知量，故为一次超静定问题。为求解该问题，须再建立一个补充方程。

(2) 变形几何方程。由于结构都对称于 y 轴，故节点 C 不可能有沿 x 方向的位移。设受力后节点 C 移至 C'（见图 8-29c），则 3 杆缩短：$\Delta l_3 = CC'$。1 杆和 2 杆变形后的位置如

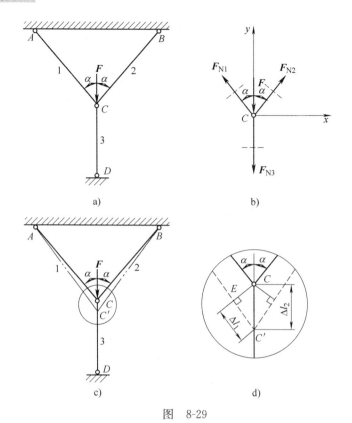

图　8-29

图中双点画线所示。在实际问题中，由于各杆的变形很小，可用垂线 CE 代替以 A 为圆心、AC 为半径的圆弧（见图 8-29d），则 1 杆的伸长为

$$\Delta l_1 = EC'$$

同理可得 2 杆的伸长 Δl_2，由对称关系有 $\Delta l_2 = \Delta l_1$。如果忽略角度的微小改变（$\angle CAC'$ 极小），可以认为 $\angle EC'C = \angle \alpha$，由 $\triangle EC'C$ 得

$$\Delta l_1 = \Delta l_3 \cos\alpha \tag{b}$$

这就是杆系的变形协调方程。

（3）物理方程。根据胡克定律，得

$$\Delta l_1 = \frac{F_{N1} l_1}{E_1 A_1}, \quad \Delta l_3 = \frac{F_{N3} l_3}{E_3 A_3} \tag{c}$$

将式（c）代入式（b），即得补充方程

$$F_{N1} = F_{N3} \frac{E_1 A_1}{E_3 A_3} \cos^2\alpha \tag{d}$$

最后将式（a）和式（d）联立求解，得

$$F_{N1} = F_{N2} = \frac{F}{2\cos\alpha + \dfrac{E_3 A_3}{E_1 A_1 \cos^2\alpha}}, \quad F_{N3} = \frac{F}{1 + 2\dfrac{E_1 A_1}{E_3 A_3 \cos^2\alpha}}$$

所得结果为正值，说明假设 1 杆和 2 杆受拉、3 杆受压是正确的。

8.9.2　装配应力

在机械制造和结构工程中，零件或构件本身尺寸的微小误差是允许的。这种误差，在静定结构中，仅使结构的外形有微小改变，而不会在内部引起应力（见图 8-30a），但在超静定结构中就不同了。

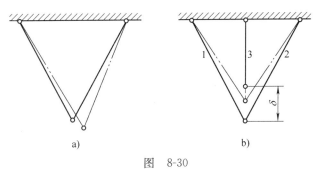

图　8-30

例如在图 8-30b 所示的结构中，3 杆比原设计长度稍短了。若将三根杆强行装配在一起，则导致 3 杆被拉长，1、2 杆被压短，其最终位置如图 8-30b 中双点画线所示。显然，在装配后，3 杆内引起拉应力，1、2 杆内引起压应力。这种结构未加载前，因装配而引起的应力称为**装配应力**。在工程中装配应力有时是不利的，有时反而要利用它。例如，土建结构中的预应力钢筋混凝土和机械制造中的预紧配合，就是利用装配应力的实例。

装配应力的计算和上述解超静定问题的方法类似。

8.9.3　温度应力

温度变化（例如，工作条件的温度改变或季节更替）将引起构件尺寸的微小改变。对静定结构，均匀的温度变化，在杆内不会产生应力。而对超静定结构，这种变化将使杆内产生应力。例如长度为 l 的直杆（见图 8-31a），A 端与刚性支承面连接，B 端自由。当温度发生变化时，B 端能自由伸缩，在杆内不会引起应力。如果直杆两端都与刚性面支承连接（见图 8-31b），则直杆因温度升高引起的伸长将被支承阻止。可这样设想：先解除直杆两端的约束，使杆自由伸长（见图 8-31c），再由支承的约束力将杆压缩至原长（见图 8-31d），于是在杆内将产生应力。这种应力称为**温度应力**或**热应力**。

温度应力问题也属于超静定问题，其计算方法与上述超静定问题的解法类似，不同之处是除考虑杆的弹性变形外，还要考虑因温度变化而引起的变形。

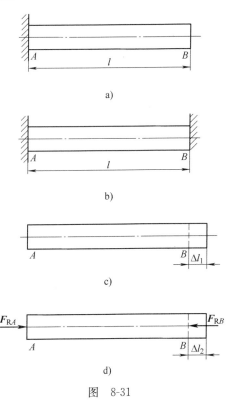

图　8-31

例 8-15 一个两端刚性支承杆 AB 如图 8-31b 所示。设其长度为 l，横截面面积为 A，材料的线膨胀系数为 α，弹性模量为 E。若安装温度为 t_1，使用温度为 t_2（设 $t_2 > t_1$），试求温度应力。

解：（1）静力平衡方程。设 A、B 两端的约束力为 F_{RA} 和 F_{RB}（见图 8-31d），由平衡方程式

$$\sum F_x = 0, \quad F_{RA} - F_{RB} = 0$$

得

$$F_{RA} = F_{RB} = F_R \tag{a}$$

上式只能说明两约束力大小相等，尚不能求出其数值。

（2）变形几何方程。设因温度升高引起的伸长为 Δl_1（见图 8-31c），由轴向约束力 F_R 引起的缩短为 Δl_2（见图 8-31d）。根据两刚性支承间杆长保持不变的变形协调条件，得变形几何方程为

$$\Delta l_1 + \Delta l_2 = 0 \tag{b}$$

（3）物理方程。由线膨胀定律及胡克定律，得物理方程为

$$\Delta l_1 = \alpha(t_2 - t_1)l$$

$$\Delta l_2 = -\frac{F_R l}{EA} \tag{c}$$

将式（c）代入式（b）得补充方程为

$$\alpha(t_2 - t_1)l - \frac{F_R l}{EA} = 0 \tag{d}$$

由此得支承面的约束力

$$F_R = \alpha EA(t_2 - t_1) \tag{e}$$

杆的温度应力为

$$\sigma = \frac{F_R}{A} = \alpha E(t_2 - t_1) \tag{f}$$

若图 8-31b 中的 AB 杆为一钢制蒸气管道，其中，$\alpha = 12.5 \times 10^{-6}/℃$，$E = 200$ GPa，当温度升高 $t_2 - t_1 = 40$ ℃时，由式（f）可得该管道的温度应力为

$$\sigma = \alpha E(t_2 - t_1) = 12.5 \times 10^{-6}/℃ \times 200 \times 10^9 \text{ Pa} \times 40 ℃ = 100 \times 10^6 \text{ Pa} = 100 \text{ MPa}$$

可见在设计中，温度应力不可忽视。温度应力过高可能影响结构或构件的正常工作，在这种情况下，应采取消除或降低温度应力的措施。在铺设铁路时，钢轨间留有伸缩缝；在架设管道时，弯成如图 8-32 所示的伸缩节等，这都是工程中防止或减小温度应力的有效措施。

图 8-32

8.10 应力集中的概念

等截面构件承受轴向拉伸（压缩）时，横截面上的应力是均匀分布的。实际上，由于结

构或工艺方面的要求，构件的形状常常是比较复杂的，如机器中的轴常开有油孔、键槽、退刀槽，或留有凸肩而成为阶梯轴，因而使截面尺寸突然发生变化。在突变处截面上的应力分布不再是均匀的，在孔槽附近局部范围内的应力将显著增大，而在较远处又渐趋均匀。这种由于截面的突然变化而产生的应力局部增大现象，称为**应力集中**。图 8-33a 所示的拉杆，在 B-B 截面上的应力分布是均匀的（见图 8-33b）；在通过小孔中心线的 A-A 截面上，其应力分布就不均匀了（见图 8-33c）。在孔边两点范围内应力值很大，但离开这个小范围应力值则下降很快，最后逐渐趋于均匀。

图　8-33

应力集中处的 σ_{max} 与杆横截面上的平均应力之比，称为理论**应力集中系数**，以 α 表示，即

$$\alpha = \frac{\sigma_{max}}{\sigma} \tag{8-12}$$

式中，α 为一个应力比值，与材料无关，它反映了杆件在静载荷下应力集中的程度。

在静载荷作用下，应力集中对塑性材料和脆性材料强度产生的影响是不同的。图 8-34a 表示带有小圆孔的杆件，拉伸时孔边产生应力集中。对于塑性材料，当孔边附近的最大应力达到屈服极限时，杆件只产生塑性变形。如果载荷继续增加，则孔边两点的变形继续增加而应力不再增大，其余各点的应力尚未达到 σ_s，仍然随着载荷的增加而增大（见图 8-34b），直到整个截面上的应力都达到屈服极限 σ_s 时，应力分布趋于均匀（见图 8-34c）。这个过程对杆件的应力起到了一定的松弛作用。因此，塑性材料在静载作用下，应力集中对强度的影响较小。对脆性材料则不同，因为它无屈服阶段，直到破坏时无明显的塑性变形，因此无法使应力松弛，局部应力随载荷的增加而上升，当最大应力达到强度极限时，就开始出现裂缝，很快导致整个构件破坏。因此，应力集中会严重降低脆性材料构件的强度。应该指出，在具有周期性的外力作用下，有应力集中的构件，例如车有螺纹的活塞杆以及开有键槽、销孔的转轴等，不论是塑性材料还是脆性材料，应力集中都会影响构件的强度。

图　8-34

8-1　图 8-35 杆件中哪些属于轴向拉伸（压缩）？

8-2　叙述轴向拉（压）杆横截面上的正应力分布规律。

8-3　把一低碳钢试件拉伸到应变 $\varepsilon = 0.002$ 时能否用胡克定律 $\sigma = E\varepsilon$ 来计算？为什么？（低碳钢的比例

图 8-35

极限 $\sigma_p = 200$ MPa，弹性模量 $E = 200$ GPa)。

8-4 试说明脆性材料压缩时，沿与轴线成45°方向断裂的原因。

8-5 三种材料的 σ-ε 曲线如图8-36所示。试说明哪种材料的弹性模量大（在弹性范围内）？

8-6 低碳钢的应力-应变曲线如图8-37所示。试在图中标出 D 点的弹性应变 ε_e、塑性应变 ε_p 及材料的伸长率（延伸率）δ。

8-7 a、b、c 三种材料的应力-应变曲线如图8-38所示。其中强度最高的材料是哪种？弹性模量最小的材料是哪种？塑性最好的材料是哪种？

图 8-36

图 8-37

图 8-38

8-8 两根材料不同的等截面直杆，承受相同的轴力，它们的横截面和长度都相同。试说明：(1) 横截面上的应力是否相等？(2) 强度是否相等？(3) 绝对变形是否相等？

8-9 两根材料相同的拉杆如图8-39所示，试说明它们的绝对变形是否相同？如不相同，哪根变形大？另外，不等截面杆的各段应变是否相同？为什么？

8-10 钢的弹性模量 $E_1 = 200$ GPa，铝的弹性模量 $E_2 = 71$ GPa，试比较在同一应力下，哪种材料的应变大？在同一应变下，哪种材料的应力大？

8-11 图8-40所示平板，两端受均布载荷 q 作用，若变形前在板面划上两条平行线段 AB 和 CD，则变形后 AB 是否还平行于 CD，α 角变大还是变小？

8-12 图8-41为一块等厚板通过三个铆钉与另一块板连接，从拉伸强度和减轻自重两方面考虑，该板做成图8-41所示哪种形状较合理？

8-13 一托架如图8-42所示，现有低碳钢和铸铁两种材料，若用低碳钢制造斜杆，用铸铁制造横杆，你认为是否合理？为什么？

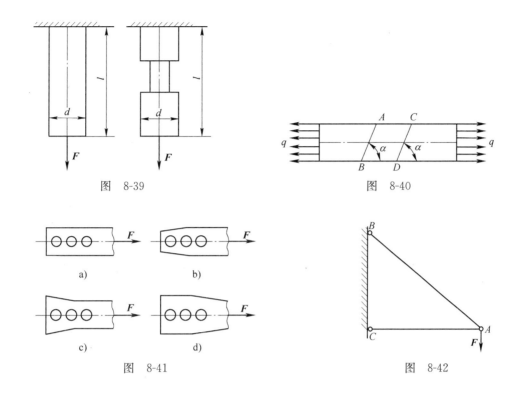

图　8-39

图　8-40

图　8-41

图　8-42

习　题

8-1　绘制题 8-1 图示各杆的轴力图。

题 8-1 图

答：略

8-2　题 8-2 图示杆件 AB 和 GH 用 4 个铆钉连接，两端受轴向力 F 作用，设各铆钉平均分担所传递的力为 F，求绘制 AB 杆的轴力图。

答：略

8-3　简易起吊架如题 8-3 图所示，AB 为 10 cm×10 cm 的杉木，BC 为 d=2 cm 的圆钢，F=26 kN。试求斜杆及水平杆横截面上的应力。

答：σ_{AB}=3.647 MPa，σ_{BC}=137.9 MPa。

8-4　阶梯轴受轴向力 F_1=25 kN，F_2=40 kN，F_3=35 kN 的作用，截面面积 A_1=A_3=300 mm²，A_2=250 mm²。试求题 8-4 图示各段横截面上的正应力。

题 8-2 图

题 8-3 图

题 8-4 图

答：$\sigma_1 = 83.3$ MPa，$\sigma_2 = -60$ MPa，$\sigma_3 = 66.7$ MPa。

8-5 一铆接件，板件受力情况如题 8-5 图所示。试绘出板件轴力图并计算板件的最大拉应力。已知 $F = 7$ kN，$t = 1.5$ mm，$b_1 = 4$ mm，$b_2 = 5$ mm，$b_3 = 6$ mm。

题 8-5 图

答：$\sigma_{\max} = 389$ MPa。

8-6 已知题 8-6 图示杆横截面面积 $A = 10$ cm²，杆端受轴向力 $F = 40$ kN。试求 $\alpha = 60°$ 及 $\alpha = 30°$ 时斜截面上的正应力及切应力。

答：$\sigma_{60°} = 10$ MPa，$\tau_{60°} = \tau_{30°} = 17.3$ MPa，$\sigma_{30°} = 30$ MPa。

8-7 圆截面钢杆如题 8-7 图所示，试求杆的最大正应力及杆的总伸长。已知材料的弹性模量 $E = 200$ GPa。

答：$\sigma_{\max} = 127.3$ MPa，$\Delta l = 0.573$ mm。

题 8-6 图

题 8-7 图

8-8 直杆受力如题 8-8 图所示，图 b 中的横截面面积分别为 A 和 A_1，且 $A = 2A_1$，长度为 l，弹性模

量为 E，载荷 $F_2=2F_1$。试求杆的绝对变形 Δl。

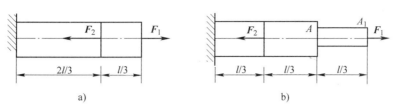

题 8-8 图

答：a) $\Delta l=-\dfrac{F_1 l}{3EA}$；b) $\Delta l=\dfrac{F_1 l}{3EA_1}$。

8-9　题 8-9 图示等截面直杆，横截面积为 A，弹性模量为 E，在 A、B、C、D 四个截面沿轴线方向分别作用有力 $5P$、$8P$、$4P$ 和 P，试求杆件横截面上的最大正应力和 D 截面的水平位移。

题 8-9 图

答：$\dfrac{5P}{A}$，$\dfrac{Pa}{EA}$。

8-10　联接钢板的 M16 螺栓，螺栓螺距 $S=2$ mm，两板共厚 700 mm，如题 8-10 图所示。假设板不变形，在拧紧螺母时，如果螺母与板接触后再旋转 1/8 圈，问螺栓伸长了多少？产生的应力为多大？问螺栓强度是否足够？已知 $E=200$ GPa，许用应力 $[\sigma]=60$ MPa。

答：$\Delta l=0.25$ mm，$\sigma=71.4$ MPa$>[\sigma]$。

8-11　在题 8-11 图示简单杆系中，设 AB 和 AC 分别为直径是 20 mm 和 24 mm 的圆截面杆，$E=200$ GPa，$F=5$ kN。试求 A 点的垂直位移。

答：$\delta=0.249$ mm。

题 8-10 图

题 8-11 图

8-12　试求题 8-12 图示结构中节点 B 的水平位移和垂直位移。

答：$\delta_{Bx}=\Delta l_2$，$\delta_{By}=\dfrac{\Delta l_1+\Delta l_2\cos\alpha}{\sin\alpha}$。

8-13　托架结构如题 8-13 图所示，载荷 $F=30$ kN，现有两种材料铸铁和 Q235A 钢，截面均为圆形，它们的许用应力分别为$[\sigma_t]$＝30 MPa、$[\sigma_c]$＝120 MPa 和$[\sigma]$＝160 MPa。试合理选取托架 AB 和 BC 两杆的材料并计算杆件所需的截面尺寸。

答：d_1＝18 mm，d_2＝23 mm。

题 8-12 图

题 8-13 图

8-14　蒸汽机的汽缸如题 8-14 图所示，汽缸内径 D＝560 mm，其内压强 p＝2.5 MPa，活塞杆直径 d＝100 mm，汽缸盖和缸体用 d_1＝30 mm 的螺栓联接。若活塞杆的许用应力$[\sigma]$＝80 MPa，螺栓的许用应力$[\sigma]$＝60 MPa。试校核活塞杆的强度和联接螺栓所需要的个数。

答：σ＝75.9 MPa$<[\sigma]$，z＝14。

8-15　题 8-15 图示 AB 和 BC 杆的材料许用应力分别为$[\sigma_1]$＝100 MPa、$[\sigma_2]$＝160 MPa，两杆截面面积均为 A＝2 cm²，试求许可载荷。

答：$[F]$＝38.6 kN。

题 8-14 图

题 8-15 图

8-16　题 8-16 图示结构中，BC 由一束直径为 2 mm 的钢丝组成，若钢丝的许用应力为 $[\sigma]$＝160 MPa，在杆 AC 作用载荷集度为 q＝30 kN/m 均布载荷。试求 BC 需由多少根钢丝组成。

答：199 根。

8-17　如题 8-17 图所示，等直杆杆长为 $3a$，材料的抗拉刚度为 EA，受力如图。求杆中点横截面的铅垂位移。

答：$Fa/(EA)$。

8-18　题 8-18 图示杆件所受的集中力 F、均布载荷 q，横截面面积 A 和各段长度 a 均为已知，该杆在线弹性范围内工作，材料的弹性模量为 E。试绘制该杆的轴力图，并求 B 截面的水平位移 Δ_{Bx}。

答：$Fa/(EA)$。

8-19　题 8-19 图示木制短柱的 4 角用 4 个 40 mm×40 mm×4 mm 的等边角钢加固。已知角钢的许用应力$[\sigma]_钢$＝160 MPa，$E_钢$＝200 GPa；木材的许用应力$[\sigma]_木$＝12 MPa，$E_木$＝10 GPa。试求许可载荷 F。

答：$[F]$＝698 kN。

题 8-16 图

题 8-17 图

题 8-18 图

题 8-19 图

8-20　在题 8-20 图示结构中，假设 AC 梁为刚杆，杆 1、2、3 的横截面面积相等，材料相同。试求三杆的轴力。

答：$F_1 = 56F$，$F_2 = 13F$，$F_3 = 16F$。

8-21　如题 8-21 图所示，阶梯形钢杆的两端在 $t_1 = 5\ ℃$ 时被固定，杆件上下两段的横截面面积分别是 $A_上 = 5\ cm^2$，$A_下 = 10\ cm^2$。当温度升高至 $t_2 = 25\ ℃$ 时，试求杆内各部分的温度应力。钢材的 $\alpha = 12.5 \times 10^{-6}/℃$，$E = 200\ GPa$。

答：$\sigma_上 = 66.7\ MPa$，$\sigma_下 = 33.3\ MPa$。

题 8-20 图

题 8-21 图

本章介绍了连接件的受力和变形特点，连接件可能的破坏形式及铆钉、螺钉、键等常见连接件的剪切和挤压的实用计算。

9.1 概述

9.1.1 剪切的概念

工程上的一些连接件，例如常用的销（见图 9-1）、平键（见图 9-2）和螺栓（见图 9-5）等都是发生剪切变形的构件。这类构件的受力和变形情况可概括为图 9-3 所示的简图。其受力特点是：作用于构件两侧面上的横向外力的合力，大小相等，方向相反，作用线相距很近。在这种外力作用下，其变形特点是：位于两外力作用线间的截面发生相对错动，这种变形形式称为**剪切变形**，简称为**剪切**。发生或可能发生相对错动的截面称为**剪切面**。剪切面位于构成剪切的两外力之间，且平行于外力作用线。构件中只有一个剪切面的剪切称为**单剪**，如图 9-2 所示的键；构件中有两个剪切面的剪切称为**双剪**，如图 9-1 所示的销。

图 9-1

图 9-2

图 9-3

9.1.2 切应变

为了分析剪切变形，在受剪部位中的点 A 取一微小的直角六面体（见图 9-4a），将它放大（见图 9-4b），当发生剪切变形时，截面发生相对滑动，致使直角六面体变为平行六面体，图中线段 ee'（或 ff'）为平行于外力的面 $efhg$ 相对 $abdc$ 面的滑移量，称为绝对剪切变形，而相对剪切变形为

$$\frac{ee'}{\mathrm{d}x} = \tan\gamma \approx \gamma$$

式中，γ 是矩形直角的微小改变量，称为**切应变**或**角应变**，用弧度（rad）来度量。切应变 γ 与线应变 ε 是度量构件变形程度的两个基本量。

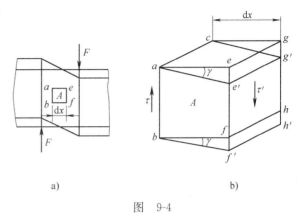

图　9-4

9.2 剪切和挤压的实用计算

9.2.1 剪切的实用计算

设两块钢板用螺栓联接，如图 9-5a 所示。当钢板受拉力 F 作用时，螺栓的受力简图如图 9-5b 所示。为建立螺栓的强度条件，首先应用截面法确定剪切面上的内力。假想将螺栓沿剪切面 m-m 截开，取下半部分为研究对象（见图 9-5c），根据平衡条件，截面 m-m 上必有平行于横截面且与外力方向相反的内力存在，这个平行于横截面的内力称为**剪力**，记作 F_{s}。由平衡条件得

$$F_{\mathrm{s}} = F$$

剪切面上，由于剪切构件的变形比较复杂，因而切应力在剪切面上的分布很难确定。工程上常采用以试验及经验为基础的实用计算法，即假定剪切面上的切应力是均匀分布的，如图 9-5d 所示，则剪切面上任一点切应力为

$$\tau = \frac{F_{\mathrm{s}}}{A} \tag{9-1}$$

式中，A 为剪切面的面积。

图　9-5

为保证剪切构件工作时安全可靠，要求剪切面上的工作应力不超过材料的许用切应力，即剪切强度条件为

$$\tau = \frac{F_S}{A} \leqslant [\tau] \tag{9-2}$$

式（9-2）称为**剪切的强度条件**。和拉压强度条件一样，利用剪切强度条件可以解决三类问题：强度校核、截面尺寸设计及确定许可载荷。

工程中常用材料的许用切应力 $[\tau]$ 可从有关手册中查得，也可按下列近似关系确定：

塑性材料 $\qquad\qquad [\tau] = (0.6 \sim 0.8)[\sigma]$

脆性材料 $\qquad\qquad [\tau] = (0.8 \sim 1.0)[\sigma]$

式中，$[\sigma]$ 为同种材料的许用拉应力。

9.2.2 挤压的实用计算

构件在受剪切时，常伴随着局部的挤压变形。如图 9-6a 中的铆钉连接，作用在钢板上的力 F，通过钢板与铆钉的接触面传递给铆钉。当传递的压力增加时，铆钉的侧表面被压溃，或钢板的孔已不再是圆形（见图 9-6b）。这种因在接触表面互相压紧而产生局部压陷的现象称为**挤压变形**，简称为**挤压**。构件上发生挤压变形的表面称为**挤压面**，挤压面位于两构件相互接触而压紧的地方，与外力垂直。图中挤压面为半圆柱面。

图 9-6

作用于挤压面上的外力，称为**挤压力**，以 F_{bs} 表示。单位面积上的挤压力称为**挤压应力**，以 σ_{bs} 表示。挤压应力与直杆压缩时的压应力不同。挤压应力是分布于两构件相互接触表面的局部区域（实际上是压强），而压应力是分布在整个构件的内部。在工程中，挤压破坏会导致连接松动，影响构件的正常工作。因此对剪切构件还必须进行挤压强度计算。

由于挤压应力在挤压面上的分布规律也比较复杂，图 9-6c 所示为铆钉挤压面上的挤压应力分布情况，因而和剪切一样，工程上对挤压应力同样采用实用计算法，即假定挤压面上的挤压应力也是均匀分布的。则有

$$\sigma_{bs} = \frac{F_{bs}}{A_{bs}} \tag{9-3}$$

计算挤压面积时，应根据挤压面的形状来确定。当挤压面为平面时，如平键联结，挤压面积等于两构件间的实际接触面积；但当挤压面为曲面时，如螺钉、销钉、铆钉等圆柱形件，接触面为半圆柱面，最大接触应力在圆柱面的中点，挤压应力的分布情况如图 9-6c 所示，实用计算中挤压面面积应为实际接触面在垂直于挤压力方向的投影面面积。如图 9-6d

所示，挤压面积为 $A_{bs}=dt$，其中 d 为螺栓直径，t 为接触高度。

为保证构件的正常工作，要求挤压应力不超过某一许用值——许用挤压应力，即为挤压强度条件：

$$\sigma_{bs}=\frac{F_{bs}}{A_{bs}}\leqslant[\sigma_{bs}] \tag{9-4}$$

挤压的强度条件同样可解决三类问题：强度校核、截面尺寸设计及确定许可载荷。工程中常用材料的许用挤压应力可从有关手册中查得。同种材料的许用挤压应力与许用拉应力之间有下面近似关系：

塑性材料 $\qquad\qquad [\sigma_{bs}]=(1.5\sim2.5)[\sigma]$

脆性材料 $\qquad\qquad [\sigma_{bs}]=(0.9\sim1.5)[\sigma]$

9.3 应用举例

进行剪切和挤压强度计算时，其内力计算较简单，主要是正确判断剪切面和挤压面的位置及其相应面积的计算。

例 9-1 一齿轮传动轴（见图 9-7a）。已知 $d=100$ mm，键宽 $b=28$ mm，高 $h=16$ mm，长 $l=42$ mm，键的许用切应力 $[\tau]=40$ MPa，许用挤压应力 $[\sigma_{bs}]=100$ MPa，键所传递的力偶矩为 $M_0=1.5$ kN·m。试校核键的强度。

图 9-7

解：（1）键的外力计算。取轴和键为研究对象（见图 9-7b），设力 F 到轴线的距离为 $\dfrac{d}{2}$，由平衡方程得

$$\sum M_0 = 0, \quad M_0 - F \cdot \frac{d}{2} = 0$$

$$F = \frac{2M_0}{d} = \frac{2 \times 1.5 \text{ kN} \cdot \text{m}}{100 \times 10^{-3} \text{ m}} = 30 \text{ kN}$$

（2）校核键的剪切强度。沿剪切面 m-m 将键截开，取键的下半部为研究对象（见图 9-7c），得

$$F_S = F$$

剪切面面积为

$$A = l \times b = 42 \text{ mm} \times 28 \text{ mm} = 1176 \text{ mm}^2$$

代入式（9-2）得

$$\tau = \frac{F_S}{A} = \frac{30 \times 10^3 \text{ N}}{1176 \text{ mm}^2} = 25.5 \text{ MPa} < [\tau]$$

（3）校核键的挤压强度。由键的下半部分（见图 9-7c）可以看出，挤压力为

$$F_{bs} = F = 30 \text{ kN}$$

挤压面面积为

$$A_{bs} = l \frac{h}{2} = 42 \text{ mm} \times \frac{16}{2} \text{ mm} = 336 \text{ mm}^2$$

代入式（9-4）得

$$\sigma_{bs} = \frac{F_{bs}}{A_{bs}} = \frac{30 \times 10^3 \text{ N}}{336 \text{ mm}^2} = 89.5 \text{ MPa} < [\sigma_{bs}]$$

计算结果表明，键的强度足够。

例 9-2 运输矿石的矿车，其轨道与水平面夹角为 45°，卷扬机的钢丝绳与矿车通过销钉联接（见图 9-8a）。已知销钉直径 $d = 25$ mm，销板厚度 $t = 20$ mm，宽度 $b = 60$ mm，许用切应力 $[\tau] = 25$ MPa，许用挤压应力 $[\sigma_{bs}] = 100$ MPa，许用拉应力 $[\sigma] = 40$ MPa。矿车自重 $G = 4.5$ kN。求矿车最大载重 W 为多少？

图 9-8

解： 矿车运输矿石时，销钉可能被剪断，销钉或销板可能发生挤压破坏，销板可能被拉断。所以应分别考虑销钉联接的剪切强度、挤压强度和销板的拉伸强度。

（1）剪切强度。设钢丝绳作用于销钉上的拉力为 F，销钉受力如图 9-8b 所示。销钉有两个剪切面，故为双剪。用截面法将销钉沿 a-a 和 b-b 截面截为三段（见图 9-8c），取其中任一部分为研究对象，由平衡条件得

$$F_S = \frac{F}{2}$$

代入式（9-2），得

$$\tau = \frac{F_S}{A} = \frac{\dfrac{F}{2}}{\dfrac{1}{4}\pi d^2} \leqslant [\tau]$$

故

$$F \leqslant \frac{\pi d^2 [\tau]}{2} = \frac{\pi \times 25^2\,\text{mm}^2 \times 25\,\text{MPa}}{2} = 24531\,\text{N} = 24.53\,\text{kN}$$

（2）挤压强度。销钉或销板的挤压面为曲面，挤压面积为挤压面在挤压力方向的投影面积，即

$$A_{bs} = dt = 25\,\text{mm} \times 20\,\text{mm} = 500\,\text{mm}^2$$

销钉的三段挤压面积相同，但中间部分挤压力最大，为

$$F_{bs} = F$$

由式（9-4），得

$$\sigma_{bs} = \frac{F_{bs}}{A_{bs}} = \frac{F}{dt} \leqslant [\sigma_{bs}]$$

故

$$F \leqslant dt[\sigma_{bs}] = 25\,\text{mm} \times 20\,\text{mm} \times 100\,\text{MPa} = 50\,\text{kN}$$

（3）拉伸强度。从结构的几何尺寸及受力分析可知，中间销板与上下销板几何尺寸相同，但中间销板所受拉力最大（见图 9-8d），故应对中间销板进行拉伸强度计算。中间销板销钉孔所在截面为危险截面。取中间销板 m-m 截面左段为研究对象（见图 9-8e），根据平衡条件

$$F_N = F$$

危险截面面积为

$$A = (b-d)t$$

代入式（8-11），得

$$\sigma = \frac{F}{A} = \frac{F}{(b-d)t} \leqslant [\sigma]$$

因此得

$$F \leqslant (b-d)t[\sigma] = (60-25)\,\text{mm} \times 20\,\text{mm} \times 40\,\text{MPa} = 28\,\text{kN}$$

（4）确定最大载重量。为确保销钉连接能够正常工作，应取上述三方面计算结果的最小值，即

$$F_{max} = 2453\,\text{N}$$

取矿车为研究对象，由车体沿斜截面的平衡方程

$$F_{max} - (G+W)\sin 45° = 0$$

得

$$W = \frac{F - G\sin 45°}{\sin 45°} = \frac{24.53 \times 10^3 \text{ N} - 4.5 \times 10^3 \text{ N} \times \sin 45°}{\sin 45°} = 30.2 \text{ kN}$$

所以，求得矿车的最大载重量为 30.2 kN。

例 9-3　冲床的冲模如图 9-9 所示。已知冲床的最大冲力为 400 kN，冲头材料的许用拉应力为 $[\sigma] = 440$ MPa，被冲剪钢板的剪切强度极限 $\tau_b = 360$ MPa。试求在最大冲力下所能冲剪的圆孔最小直径 d 和板的最大厚度 t。

解：（1）确定圆孔的最小直径。冲剪的孔径等于冲头的直径，冲头工作时须满足抗压强度条件，即

$$\sigma = \frac{F}{A} = \frac{F}{\frac{1}{4}\pi d^2} \leqslant [\sigma]$$

解得

$$d \geqslant \sqrt{\frac{4F}{\pi[\sigma]}} = \sqrt{\frac{4 \times 400 \times 10^3 \text{ N}}{\pi \times 440 \text{ MPa}}} \approx 34 \text{ mm}$$

（2）确定冲头能冲剪的钢板最大厚度。冲头冲剪钢板时，剪力为 $F_S = F$，剪切面为圆柱面，其面积 $A = \pi dt$，只有当切应力 $\tau \geqslant \tau_b$ 时，方可冲出圆孔，即

$$\tau = \frac{F_S}{A} = \frac{F}{\pi dt} \geqslant \tau_b$$

解得

$$t \leqslant \frac{F}{\pi d \tau_b} = \frac{400 \times 10^3 \text{ N}}{\pi \times 34 \text{ mm} \times 360 \text{ MPa}} = 10.4 \text{ mm}$$

故钢板的最大厚度约为 10 mm。

图　9-9

例 9-4　如图 9-10 所示，两矩形截面木杆用两块钢板连接。已知拉杆截面宽度 $b = 25$ cm，沿顺纹方向承受拉力 $P = 50$ kN，木纹顺纹的许用切应力 $[\tau] = 1$ MPa，顺纹许用挤压应力 $[\sigma_{bs}] = 10$ MPa。试求接头处所需的尺寸 L 和 δ。

解：木杆在外力作用下将产生拉伸、剪切和挤压变形。

图　9-10

（1）根据已知条件需进行剪切和挤压计算。

由剪切强度条件

$$\tau=\frac{F_s}{A}=\frac{P}{2Lb}\leqslant[\tau]$$

得

$$L\geqslant\frac{P}{2b[\tau]}=\frac{50\times10^3\ \text{N}}{2\times25\times10^{-2}\ \text{m}\times1\times10^6\ \text{Pa}}=100\ \text{mm}$$

（2）由挤压强度条件

$$\sigma_{bs}=\frac{F_{bs}}{A_{bs}}=\frac{P}{2\delta b}\leqslant[\sigma_{bs}]$$

得

$$\delta\geqslant\frac{P}{2b[\sigma_{bs}]}=\frac{50\times10^3\ \text{N}}{2\times25\times10^{-2}\ \text{m}\times10\times10^6\ \text{Pa}}=10\ \text{mm}$$

思 考 题

9-1 挤压面面积是否与两构件的接触面面积相同？试举例说明。

9-2 指出图 9-11 中构件的剪切面与挤压面。

9-3 如图 9-12 所示，在钢质拉杆和木板之间放置的金属垫圈起何作用？

9-4 挤压与压缩有何区别？试指出图 9-13 中哪个物体应考虑压缩强度？哪个物体应考虑挤压强度？

图 9-11　　　　　　　　　图 9-12　　　　　　　　　图 9-13

9-5 用剪刀剪的纸张和用刀切的菜，是否均受到剪切破坏？

9-6 利用采煤机割煤时，煤体受到的是何种变形？为何会采用这种形式的采煤技术？

习 题

9-1 试校核题 9-1 图示联接销钉的剪切强度。已知 $F=100$ kN，销钉的直径 $d=30$ mm，材料的许用切应力$[\tau]=60$ MPa。若强度不够，应该用多大直径的销钉？

答：$\tau=70.7$ MPa$>[\tau]$，改用 $d\geqslant32.6$ mm。

9-2 题 9-2 图示凸缘联轴器传递的力偶矩为 $M=200$ N·m，凸缘之间用四只螺栓联接，螺栓内径 $d=10$ mm，对称地分布在 $D_0=80$ mm 的圆周上。如螺栓的许用剪切应力$[\tau]=60$ MPa，试校核螺栓的剪切强度。

答：$\tau=15.9$ MPa$<[\tau]$。

截面n-n

题 9-1 图　　　　　　　　　　　　题 9-2 图

9-3　题 9-3 图所示剪刀模型中 A 和 B 的直径都为 d，则两处中最大切应力是多少？

答：$\tau=4(a+b)F/(a\pi d^2)$。

9-4　题 9-4 图示两种联接，在相同荷载（载荷）下，若 $d_1=d_2$，求 τ_1/τ_2 的比值？若 $\tau_1=\tau_2$，则 d_1/d_2 比值是多少？

答：$\tau_1/\tau_2=2$；$d_1/d_2=\sqrt{2}$。

9-5　车床的传动光杆装有安全联轴器，如题 9-5 图所示。当超过一定载荷时，安全销即被剪断。已知安全销的平均直径为 5 mm，材料为 45 钢，其极限切应力为 $\tau=370$ MPa。试求安全联轴器所能传递的力偶矩 M。

答：$M=145$ N·m。

题 9-3 图

题 9-4 图　　　　　　　　　　题 9-5 图

9-6　如题 9-6 图所示，螺钉受拉力 F 作用，已知材料的许用切应力 $[\tau]$ 和拉伸许用应力 $[\sigma]$ 之间的关系约为 $[\tau]=0.6[\sigma]$。试求螺钉直径 d 与钉头高度 h 的合理比值。

答：$d/h=2.4$。

9-7　如题 9-7 图所示，正方形截面的混凝土立柱被浇筑在正方形混凝土基板上。已知立柱横截面边长 $a=20$ cm，基板边长 $b=1$ m，立柱承受的轴向载荷 $F=100$ kN，混凝土基板的许用切应力 $[\tau]=1.5$ MPa。试求混凝土基板的最小厚度 t。

答：$t\geqslant 83.3$ mm。

9-8　如题 9-8 图所示，在铆接头中，已知钢板的 $[\sigma]=170$ MPa，铆钉的 $[\tau]=140$ MPa，许用挤压应力 $[\sigma_{bs}]=320$ MPa。试校核强度。

答：$\sigma_{max}=28.9$ MPa$<[\sigma]$；$\tau=105.7$ MPa$<[\tau]$；$\sigma_{bs}=141.2$ MPa$<[\sigma_{bs}]$。

9-9　题 9-9 图示用两个螺栓联接的接头，螺栓的许用切应力 $[\tau]=130$ MPa，许用挤压应力 $[\sigma_{bs}]=300$ MPa。试校核螺栓的强度。

答：$\tau=99.5$ MPa$<[\tau]$；$\sigma_{bs}=156$ MPa$<[\sigma_{bs}]$。

题 9-6 图　　　　　　　　　题 9-7 图

题 9-8 图　　　　　　　　　题 9-9 图

9-10　如题 9-10 图所示，拉杆及头部均为圆截面，已知 $D=40$ mm，$d=20$ mm，$h=15$ mm。材料的许用切应力为 $[\tau]=100$ MPa，许用挤压应力为 $[\sigma_{bs}]=240$ MPa，试由强度条件确定许用拉力 F。

答：94.3 kN。

9-11　铆钉接头受力如题 9-11 图所示，求铆钉的切应力 τ 和最大挤压应力 σ_{bs}。

答：$\dfrac{2F}{\pi d^2}$；$\dfrac{F}{dt}$。

题 9-10 图　　　　　　　　　题 9-11 图

第 10 章
平面图形的几何性质

杆件的横截面都是具有一定几何形状的平面图形，其面积 A、极惯性矩 I_p、抗扭截面模量 W_t、惯性矩 I_z、惯性积 I_{yz} 等，都是与平面图形的形状和尺寸有关的几何量，这些统称为**平面图形的几何性质**。这些表征截面几何性质的量是确定构件强度、刚度和稳定性的重要参数，因此有必要对截面的几何性质做专门讨论。

10.1 静矩与形心

确定平面图形的形心是确定其几何性质的基础。

在第 6 章中，曾建立了均质薄板的重心（亦即平面图形形心）的坐标公式 [见式 (6-27)]，同时指出图形分割的微小单元越多，其形心位置就越准确，如图 10-1 所示的均质薄板，在极限分割的情况下，式 (6-27) 可写成积分形式，即

图 10-1

$$x_C = \frac{\int_A x \, \mathrm{d}A}{A}, \quad y_C = \frac{\int_A y \, \mathrm{d}A}{A} \quad (10\text{-}1)$$

由式 (10-1) 确定的 C 点，即为平面图形的形心，它是平面图形的几何中心。具有对称中心、对称轴的图形的形心必然在对称中心和对称轴上。

式 (10-1) 中，$y\mathrm{d}A$ 和 $x\mathrm{d}A$ 分别称为微面积 $\mathrm{d}A$ 对 x 轴和 y 轴的**静矩**。它们对整个平面图形面积的积分

$$S_x = \int_A y \, \mathrm{d}A, \quad S_y = \int_A x \, \mathrm{d}A \quad (10\text{-}2)$$

分别称为平面图形对于 x 轴和 y 轴的**静矩**。由式 (10-2) 可看出，同一平面图形对不同的坐标轴，其静矩不同。静矩是代数量，可为正或负，也可能为零。静矩的常用单位是 m^3 或 mm^3。

将式 (10-2) 代入式 (10-1)，平面图形的形心坐标公式可写为

$$x_C = \frac{S_y}{A}, \quad y_C = \frac{S_x}{A} \quad (10\text{-}3)$$

由此可得平面图形的静矩为

$$S_x = Ay_C, \quad S_y = Ax_C \quad (10\text{-}4)$$

即平面图形对某轴的静矩等于其面积与形心坐标（形心至该轴的距离）的乘积。当坐标轴通

过图形的形心（简称形心轴）时，静矩便等于零；反之，图形对某轴静矩等于零，则该轴必通过图形的形心。

构件截面的图形往往是由矩形、圆形等简单图形组成的，称为组合图形。根据图形静矩的定义，组合图形对某轴的静矩等于各简单图形对同一轴静矩的代数和，即

$$\left.\begin{aligned} S_x &= A_1 y_{C1} + A_2 y_{C2} + \cdots + A_i y_{Ci} = \sum_{i=1}^{n} A_i y_{Ci} \\ S_y &= A_1 x_{C1} + A_2 x_{C2} + \cdots + A_i x_{Ci} = \sum_{i=1}^{n} A_i x_{Ci} \end{aligned}\right\} \tag{10-5}$$

式中，x_{Ci}、y_{Ci} 和 A_i 分别为各简单图形的形心坐标和面积；n 为组成组合图形的简单图形的个数。

将式（10-5）代入式（10-3），可得组合图形形心坐标计算公式为

$$\left.\begin{aligned} x_C &= \frac{S_y}{A} = \frac{\sum_{i=1}^{n} x_{Ci} A_i}{\sum_{i=1}^{n} A_i} \\ y_C &= \frac{S_x}{A} = \frac{\sum_{i=1}^{n} y_{Ci} A_i}{\sum_{i=1}^{n} A_i} \end{aligned}\right\} \tag{10-6}$$

例 10-1 试计算图 10-2 所示平面图形形心位置及对两坐标轴的静矩。

解： 此图形有一个垂直对称轴，取该轴为 y 轴，顶边 AB 为 x 轴。由于对称关系，形心 C 必在 y 轴上，因此只需计算形心在 y 轴上的位置。此图形可看成是由矩形 $ABCD$ 减去矩形 $abcd$。设矩形 $ABCD$ 的面积为 A_1，$abcd$ 的面积为 A_2，则

$$A_1 = 100 \text{ mm} \times 160 \text{ mm} = 16000 \text{ mm}^2$$

$$y_{C1} = \frac{-160 \text{ mm}}{2} = -80 \text{ mm}$$

$$A_2 = -(130 \text{ mm} \times 60 \text{ mm}) = -7800 \text{ mm}^2$$

$$y_{C2} = \frac{-(160-30) \text{ mm}}{2} + (-30) \text{ mm} = -95 \text{ mm}$$

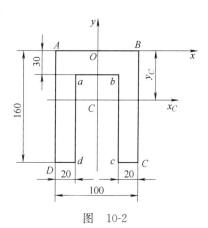

图 10-2

$$y_C = \frac{S_x}{A} = \frac{\sum_{i=1}^{n} y_{Ci} A_i}{\sum_{i=1}^{n} A_i} = \frac{y_{C1} A_1 - y_{C2} A_2}{A_1 - A_2}$$

$$= \frac{(-80) \text{ mm} \times 16 \times 10^3 \text{ mm}^2 - (-95) \text{ mm} \times 7800 \text{ mm}^2}{(16 \times 10^3 - 7800) \text{ mm}^2} = -65.73 \text{ mm}$$

$$S_x = Ay_C = 8200 \ \text{mm}^2 \times (-65.73) \ \text{mm} = -538986 \ \text{mm}^3$$
$$S_y = Ax_C = 0$$

10.2 惯性矩、惯性半径和惯性积

10.2.1 惯性矩

在平面图形中取一微面积 dA（见图 10-3），dA 与其坐标平方的乘积 y^2dA、x^2dA 分别称为该微面积 dA 对 x 轴和 y 轴的**惯性矩**，而定积分

$$I_x = \int_A y^2 \, \mathrm{d}A \atop I_y = \int_A x^2 \, \mathrm{d}A \Bigg\} \qquad (10\text{-}7)$$

图 10-3

分别称为整个平面图形对 x 轴和 y 轴的**惯性矩**。

微面积 dA 与它到坐标原点距离平方的乘积对整个面积的积分

$$I_\mathrm{P} = \int_A \rho^2 \, \mathrm{d}A \qquad (10\text{-}8)$$

称为平面图形对坐标原点的**极惯性矩**。

由上述定义可知，同一图形对不同坐标轴的惯性矩是不相同的，由于 y^2、x^2 和 ρ^2 恒为正值，故惯性矩与极惯性矩也恒为正值，它们的单位为 m^4 或 mm^4。

从图 10-3 可见 $\rho^2 = x^2 + y^2$，因此

$$I_\mathrm{P} = \int_A \rho^2 \, \mathrm{d}A = \int_A (x^2 + y^2) \, \mathrm{d}A = I_x + I_y \qquad (10\text{-}9)$$

式（10-9）表明，平面图形对位于图形平面内某点的任一对相互垂直坐标轴的惯性矩之和是一常量，恒等于它对该两轴交点的极惯性矩。

10.2.2 惯性半径

工程中，常将图形对某轴的惯性矩，表示为图形面积 A 与某一长度平方的乘积，即

$$I_x = i_x^2 A \atop I_y = i_y^2 A \Bigg\} \qquad (10\text{-}10)$$

式中，i_x、i_y 分别称为平面图形对 x 轴和 y 轴的**惯性半径**，单位为 m 或 mm。

由式（10-10）可知，惯性半径越大，则图形对该轴的惯性矩也越大。若已知图形面积 A 和惯性矩 I_x、I_y，则惯性半径为

$$i_x = \sqrt{\dfrac{I_x}{A}} \atop i_y = \sqrt{\dfrac{I_y}{A}} \Bigg\} \qquad (10\text{-}11)$$

10.2.3 简单图形的惯性矩

下面举例说明简单图形惯性矩的计算方法。

例 10-2 设圆的直径为 d（见图 10-4）；圆环的外径为 D，内径为 d，$\alpha = \dfrac{d}{D}$（见图 10-5）。试计算它们对圆心极惯性矩和形心轴的惯性矩，以及圆对形心轴的惯性半径。

图 10-4

图 10-5

解：（1）圆的惯性矩和惯性半径。如图 10-4 所示，在距圆心 O 为 ρ 处取宽度为 $\mathrm{d}\rho$ 的圆环作为面积元素，其面积为

$$\mathrm{d}A = 2\pi\rho\,\mathrm{d}\rho$$

由式（10-8）得圆心 O 的极惯性矩为

$$I_{\mathrm{p}} = \int_A \rho^2 \mathrm{d}A = \int_A 2\pi\rho^3 \mathrm{d}\rho = \frac{\pi d^4}{32}$$

由圆的对称性可知，$I_x = I_y$，按式（10-9）得圆形对形心轴的惯性矩为

$$I_x = I_y = \frac{I_{\mathrm{p}}}{2} = \frac{\pi d^4}{64}$$

按式（10-11），可得圆形对形心轴的惯性半径为

$$i_x = i_y = \sqrt{\frac{I_x}{A}} = \sqrt{\frac{\pi d^4}{64} \times \frac{4}{\pi d^2}} = \frac{d}{4}$$

（2）圆环形截面（见图 10-5）的惯性矩。

$$I_{\mathrm{p}} = \int_A \rho^2 \mathrm{d}A = \int_{\frac{d}{2}}^{\frac{D}{2}} 2\pi\rho^3 \mathrm{d}\rho = \frac{\pi}{32}(D^4 - d^4) = \frac{\pi D^4}{32}(1 - \alpha^4)$$

$$I_x = I_y = \frac{1}{2} I_{\mathrm{p}} = \frac{\pi D^4}{64}(1 - \alpha^4)$$

式中，$\alpha = \dfrac{d}{D}$。

例 10-3 试计算矩形对其形心轴的惯性矩 I_x 和 I_y。

解：（1）取平行于 x 轴的微面积（见图 10-6）

$$\mathrm{d}A = b\,\mathrm{d}y$$

$$I_x = \int_A y^2 \mathrm{d}A = \int_{-\frac{h}{2}}^{\frac{h}{2}} y^2 b\,\mathrm{d}y = \frac{1}{12} bh^3$$

图 10-6

（2）取平行于 y 轴的微面积（见图 10-6）

$$\mathrm{d}A = h\,\mathrm{d}x$$

$$I_y = \int_A x^2\,\mathrm{d}A = \int_{-\frac{b}{2}}^{\frac{b}{2}} x^2 h\,\mathrm{d}x = \frac{1}{12}hb^3$$

为便于计算时查用，在表 10-1 中列出了一些常用平面图形的几何性质。

表 10-1　常用平面图形的几何性质

截面形状和形心位置	面积 A	惯性矩 I	抗弯截面模量 W
	$A = bh$	$I_z = \dfrac{bh^3}{12}$ $I_y = \dfrac{hb^3}{12}$	$W_z = \dfrac{bh^2}{6}$ $W_y = \dfrac{hb^2}{6}$
	$A = \dfrac{\pi d^2}{4}$	$I_x = I_y = \dfrac{\pi d^4}{64}$	$W_z = W_y = \dfrac{\pi d^3}{32}$
	$A = \dfrac{\pi}{4}(D^2 - d^2)$	$I_z = I_y = \dfrac{\pi D^4}{64}(1 - \alpha^4)$ $\alpha = \dfrac{d}{D}$	$W_z = W_y = \dfrac{\pi D^3}{32}(1 - \alpha^4)$
	$A \approx \dfrac{\pi d^3}{4} - bt$	$I_z \approx \dfrac{\pi d^4}{64} - \dfrac{bt}{4}(d - t)^2$	$W_z = \dfrac{\pi d^3}{32} - \dfrac{bt(d - t)^2}{2d}$
	$A = \dfrac{\pi d^2}{4} + zb\dfrac{(D - d)}{2}$ z—花键齿数	$I_z = \dfrac{\pi d^4}{64} +$ $\dfrac{zb}{64}(D - d)(D + d)^2$	$W_z = \dfrac{\pi d^4 + zb(D - d)(D + d)^2}{32D}$

（续）

截面形状和形心位置	面积 A	惯性矩 I	抗弯截面模量 W
	$A = HB - hb$	$I_z = \dfrac{BH^3 - bh^3}{12}$ $I_y = \dfrac{HB^3 - hb^3}{12}$	$W_z = \dfrac{BH^3 - bh^3}{6H}$ $W_y = \dfrac{HB^3 - hb^3}{6B}$

10.2.4　惯性积

在平面图形的坐标 (y,z) 处，取微面积 $\mathrm{d}A$（见图 10-7），遍及整个图形面积 A 的积分

$$I_{yz} = \int_A yz\,\mathrm{d}A \tag{10-12}$$

定义为图形对 y、z 轴的**惯性积**。

由于坐标乘积 yz 可能为正或负，因此，I_{yz} 的数值可能为正，也可能为负，也可能等于零。例如，当整个图形都在第一象限内时（见图 10-7），由于所有微面积 $\mathrm{d}A$ 的 y、z 坐标均为正值，所以图形对这两个坐标轴的惯性积也必为正值。又如当整个图形都在第二象限内时，由于所有微面积 $\mathrm{d}A$ 的 z 坐标为正，而 y 坐标为负，因而图形对这两个坐标轴的惯性积必为负值。惯性积的单位为 m^4 或 mm^4。

若坐标轴 y 或 z 中有一个是图形的对称轴，例如图 10-7 中的 z 轴。这时，如在 z 轴两侧对称位置处，各取一微面积 $\mathrm{d}A$，显然，两者的 z 坐标相同，y 坐标则数值相等但符号相反。因而两个微面积与坐标 y、z 的乘积，数值相等而符号相反，它们在积分中互相抵消。所有微面积与坐标的乘积都两两相消，最后导致

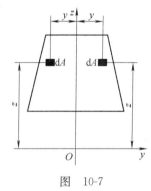

图　10-7

$$I_{yz} = \int_A yz\,\mathrm{d}A = 0$$

所以，坐标系的两个坐标轴中只要有一个为图形的对称轴，则图形对这一坐标系的惯性积等于零。

10.3　组合图形的惯性矩

10.3.1　平行移轴公式

同一平面图形对于平行的两对坐标轴的惯性矩或惯性积并不相同。当其中一对轴是图形的形心轴时，它们之间有比较简单的关系。现介绍这种关系的表达式。

在图 10-8 中，C 为图形的形心，y_C 和 z_C 是通过形心的坐标轴。图形对形心轴 y_C 和 z_C 的惯性矩和惯性积分别记为

$$I_{y_C} = \int_A z_C^2 \, dA$$

$$I_{z_C} = \int_A y_C^2 \, dA$$

$$I_{y_C z_C} = \int_A y_C z_C \, dA$$

(10-13)

若 y 轴平行于 y_C，且两者的距离为 a；z 轴平行于 z_C，且两者的距离为 b，则图形对 y 轴和 z 轴的惯性矩和惯性积应为

$$I_y = \int_A z^2 \, dA$$

$$I_z = \int_A y^2 \, dA$$

$$I_{yz} = \int_A yz \, dA$$

(10-14)

图 10-8

由图 10-8 显然可以看出

$$y = y_C + b, \quad z = z_C + a \tag{10-15}$$

以式（10-15）代入式（10-14），得

$$I_y = \int_A z^2 \, dA = \int_A (z_C + a)^2 \, dA = \int_A z_C^2 \, dA + 2a \int_A z_C \, dA + a^2 \int_A dA$$

$$I_z = \int_A y^2 \, dA = \int_A (y_C + b)^2 \, dA = \int_A y_C^2 \, dA + 2b \int_A y_C \, dA + b^2 \int_A dA$$

$$I_{yz} = \int_A yz \, dA = \int_A (z_C + a)(y_C + b) \, dA$$

$$= \int_A y_C z_C \, dA + a \int_A y_C \, dA + b \int_A z_C \, dA + ab \int_A dA$$

由于 $\int_A z_C \, dA$ 和 $\int_A y_C \, dA$ 分别为图形对形心轴 y_C 和 z_C 的静矩，其值等于零。$\int_A dA = A$，如再应用式（10-13），则式 I_y、I_z 和 I_{yz} 简化为

$$I_y = I_{y_C} + a^2 A$$

$$I_z = I_{z_C} + b^2 A$$

$$I_{yz} = I_{y_C z_C} + abA$$

(10-16)

式（10-16）称为惯性矩和惯性积的**平行移轴公式**。利用这一公式可使惯性矩和惯性积的计算得到简化。在使用平行移轴公式时，要注意 a 和 b 是图形的形心在 Oyz 坐标系中的坐标，所以它们是有正负的。

10.3.2　组合图形的惯性矩

由惯性矩定义可知，组合图形对某轴的惯性矩就等于组成它的各简单图形对同一轴惯性矩的和。简单图形对本身形心轴的惯性矩可通过积分或查表求得，再利用平行移轴公式便可求得它对组合图形形心轴的惯性矩。这样就可较方便地计算组合图形的惯性矩。下面举例说明。

例 10-4 试计算图 10-9 所示的组合图形对形心轴的惯性矩。

解: (1) 计算形心 C 的位置。该图形有垂直对称轴 y_C,形心必在此轴上,只需计算形心在此轴上的坐标。取底边为参考轴 x',设形心 C 到此轴的距离为 y_C,将图形分为两个矩形 I、II。它们对 x' 轴的静矩分别为

$$S_1 = 40 \text{ mm} \times 20 \text{ mm} \times (40/2 + 20) \text{ mm} = 32000 \text{ mm}^3$$

$$S_2 = 60 \text{ mm} \times 20 \text{ mm} \times 20/2 \text{ mm} = 12000 \text{ mm}^3$$

整个图形对 x' 轴的静矩为

$$S_{x}' = S_1 + S_2 = (32000 + 12000) \text{ mm}^3 = 44 \times 10^3 \text{ mm}^3$$

整个图形的面积为

$$A = A_1 + A_2 = (40 \times 20 + 60 \times 20) \text{ mm}^2 = 2000 \text{ mm}^2$$

按式 (10-6) 得

$$y_C = \frac{S_x'}{A} = \frac{44 \times 10^3 \text{ mm}^3}{2 \times 10^3 \text{ mm}^2} = 22 \text{ mm}$$

过形心 C 作垂直于 y_C 轴的 x_C 轴,x_C 轴和 y_C 轴为图形的形心轴。

(2) 计算图形对形心轴 x_C 和 y_C 的惯性矩 I_x、I_y。首先分别求出矩形 I、II 对 x_C、y_C 轴的惯性矩 I_{xI}、I_{yI}、I_{xII}、I_{yII}。由平行移轴公式得

$$I_{xI} = \left[\frac{20 \times 40^3}{12} + \left(\frac{40}{2} + 20 - 22\right)^2 \times 20 \times 40\right] \text{ mm}^4 = 3659 \times 10^2 \text{ mm}^4$$

$$I_{xII} = \left[\frac{60 \times 20^3}{12} + \left(22 - \frac{20}{2}\right)^2 \times 20 \times 60\right] \text{ mm}^4 = 2128 \times 10^2 \text{ mm}^4$$

$$I_{yI} = \frac{40 \times 20^3}{12} \text{ mm}^4 = 26670 \text{ mm}^4$$

$$I_{yII} = \frac{20 \times 60^3}{12} \text{ mm}^4 = 3600 \times 10^2 \text{ mm}^4$$

整个图形对 x_C、y_C 轴的惯性矩为

$$I_x = I_{xI} + I_{xII} = (365900 + 212800) \text{ mm}^4 = 57.9 \times 10^4 \text{ mm}^4$$

$$I_y = I_{yI} + I_{yII} = (26670 + 360000) \text{ mm}^4 = 38.7 \times 10^4 \text{ mm}^4$$

工程中广泛采用各种型钢,或用型钢组成的构件。型钢的几何性质可从有关手册中查得,本书附录中列有我国标准的角钢、工字钢和槽钢等截面的几何性质。由型钢组合的构件,也可用上述方法计算其截面对轴的惯性矩。

例 10-5 求图 10-10 所示组合图形对形心轴 x_C、y_C 的惯性矩。

解: (1) 计算形心 C 的位置。取轴 x' 为参考轴,轴 y_C 为该截面的对称轴,$x_C = 0$,只需计算 y_C。由附录型钢表中查得:

16 号槽钢

图 10-9

图 10-10

$$A_1 = 2516 \text{ cm}^2, \quad I_{x1} = 83.4 \text{ cm}^4$$
$$I_{y1} = 935 \text{ cm}^4, \quad z_0 = 1.75 \text{ cm} \quad C_1 \text{为其形心}$$

16 号工字钢

$$A_2 = 26.1 \text{ cm}^2, I_{x2} = 1130 \text{ cm}^4, I_{y2} = 93.1 \text{ cm}^4$$
$$h = 160 \text{ mm}, C_2 \text{为其形心}$$

$$y_C = \frac{S'_x}{A} = \frac{\left[25.16 \times 10^2 \times (160 + 17.5) + 26.13 \times 10^2 \times \frac{160}{2}\right] \text{ mm}^3}{(25.16 \times 10^2 + 26.13 \times 10^2) \text{ mm}^2} = 127.9 \text{ mm}$$

（2）计算整个图形对形心轴的惯性矩 I_x、I_y，可由平行移轴公式求得

$$I_x = I_{x1} + (z_0 + h - y_C)^2 A_1 + I_{x2} + \left(y_2 - \frac{h}{2}\right)^2 A_2$$
$$= 83.4 \times 10^4 \text{ mm}^4 + (17.5 + 160 - 127.9)^2 \times 25.16 \times 10^2 \text{ mm}^4 +$$
$$1130 \times 10^4 \text{ mm}^4 + \left(127.9 - \frac{160}{2}\right)^2 \times 26.13 \times 10^2 \text{ mm}^4 = 243 \times 10^5 \text{ mm}^4$$

$$I_y = I_{y1} + I_{y2} = (935 \times 10^4 + 93.1 \times 10^4) \text{ mm}^4 = 103 \times 10^5 \text{ mm}^4$$

在图形平面内，通过形心可以作无数根形心轴，图形对各轴惯性矩的数值各不相同。可以证明：平面图形对各通过形心轴的惯性矩中，必然有一极大值与极小值；具有极大值惯性矩的形心轴与具有极小值惯性矩的形心轴互相垂直；当互相垂直的两根形心轴有一根是图形的对称轴时，则图形对该对形心轴的惯性矩一个为极大值，另一个为极小值。如上例中对轴 x_C 的惯性矩为极大值，对轴 y_C 的惯性矩为极小值。

例 10-6 由三个直径为 d 的圆形组成的截面如图 10-11 所示。试求截面对其形心轴 z_C 轴的惯性矩。

解： 首先确定截面的形心。连接三个圆的圆心，得等边 $\triangle O_1O_2O_3$，则组合截面的形心即在等边三角形的形心处，如图 10-11 所示。

$$h = d\sin 60° = \frac{\sqrt{3}}{2}h$$

计算截面对形心轴 z_C 的惯性矩。每个圆对自身形心轴的惯性矩为 $\frac{\pi d^4}{64}$，由平行移轴定理知

$$I_{z_C} = \left[I_{z1} + \left(\frac{2h}{3}\right)^2 A\right] + 2\left[I_{z1} + \left(\frac{h}{3}\right)^2 A\right]$$
$$= \left[\frac{\pi d^4}{64} + \left(\frac{\sqrt{3}}{3}d\right)^2 \times \left(\frac{\pi d^2}{4}\right)\right] + 2\left[\frac{\pi d^4}{64} + \left(\frac{\sqrt{3}}{6}d\right)^2 \times \left(\frac{\pi d^2}{4}\right)\right]$$
$$= \frac{11}{64}\pi d^4$$

图 10-11

*10.4 转轴公式与主惯性轴

任意平面图形（见图 10-12）对 y 轴和 z 轴的惯性矩和惯性积为

$$I_y = \int_A z^2 \mathrm{d}A$$

$$I_z = \int_A y^2 \mathrm{d}A$$

$$I_{yz} = \int_A yz \mathrm{d}A \qquad\qquad (10\text{-}17)$$

若将坐标轴绕 O 点旋转 α 角，且以逆时针转向为正，旋转后得新的坐标轴 y_1、z_1，而图形对 y_1、z_1 轴的惯性矩及惯性积则分别为

$$I_{y1} = \int_A z_1^2 \mathrm{d}A$$

$$I_{z1} = \int_A y_1^2 \mathrm{d}A \qquad (10\text{-}18)$$

$$I_{y1z1} = \int_A y_1 z_1 \mathrm{d}A$$

现在研究图形对 y 轴、z 轴和对 y_1 轴、z_1 轴的惯性矩及惯性积之间的关系。

图　10-12

图 10-12 中的微面积 $\mathrm{d}A$ 在新旧两个坐标系中的坐标（y_1,z_1）和（y,z）之间的关系为

$$y_1 = y\cos\alpha + z\sin\alpha$$
$$z_1 = z\cos\alpha - y\sin\alpha \qquad\qquad (10\text{-}19)$$

把 z_1 代入式（10-18）中的第一式，得

$$I_{y1} = \int_A z_1^2 \mathrm{d}A = \int_A (z\cos\alpha - y\sin\alpha)^2 \mathrm{d}A$$

$$= \cos^2\alpha \int_A z^2 \mathrm{d}A + \sin^2\alpha \int_A y^2 \mathrm{d}A - 2\sin\alpha\cos\alpha \int_A yz \mathrm{d}A$$

$$= I_y \cos^2\alpha + I_z \sin^2\alpha - I_{yz}\sin 2\alpha$$

以 $\cos^2\alpha = \dfrac{1}{2}(1+\cos 2\alpha)$ 和 $\sin^2\alpha = \dfrac{1}{2}(1-\cos 2\alpha)$ 代入上式，得出

$$I_{y1} = \frac{I_y + I_z}{2} + \frac{I_y - I_z}{2}\cos 2\alpha - I_{yz}\sin 2\alpha \qquad\qquad (10\text{-}20)$$

同理，由式（10-18）的第二式和第三式可以求得

$$I_{z1} = \frac{I_y + I_z}{2} - \frac{I_y - I_z}{2}\cos 2\alpha + I_{yz}\sin 2\alpha \qquad\qquad (10\text{-}21)$$

$$I_{y1z1} = \frac{I_y - I_z}{2}\sin 2\alpha + I_{yz}\cos 2\alpha \qquad\qquad (10\text{-}22)$$

可见，I_{y1}、I_{z1}、I_{y1z1} 随 α 角的改变而变化，它们都是 α 的函数。式（10-20）～式（10-22）称为惯性矩和惯性积的**转轴公式**。

将式（10-20）对 α 求导数，得

$$\frac{\mathrm{d}I_{y1}}{\mathrm{d}\alpha} = -2\left(\frac{I_y - I_z}{2}\sin 2\alpha + I_{yz}\cos 2\alpha\right) \qquad\qquad (10\text{-}23)$$

若 $\alpha = \alpha_0$ 时，能使导数 $\dfrac{\mathrm{d}I_{y1}}{\mathrm{d}\alpha} = 0$，则对 α_0 所确定的坐标轴、图形的惯性矩为最大值或最

小值。以 α_0 代入式（10-23），并令其等于零，得到

$$\frac{I_y - I_z}{2}\sin 2\alpha_0 + I_{yz}\cos 2\alpha_0 = 0 \tag{10-24}$$

由此求得

$$\tan 2\alpha_0 = -\frac{2I_{yz}}{I_y - I_z} \tag{10-25}$$

由式（10-25）可以求出相差 $90°$ 的两个角度 α_0，从而确定了一对坐标轴 y_0 和 z_0。图形对这一对轴中的其一轴的惯性矩为最大值 $I_{\max}$，而对另一个轴的惯性矩则为最小值 $I_{\min}$。比较式（10-24）和式（10-22），可见使导数 $\frac{\mathrm{d}I_{y1}}{\mathrm{d}\alpha} = 0$ 的角度 α_0 恰好使惯性积等于零。所以，当坐标轴绕 O 点旋转到某一位置 y_0 和 z_0 时，图形对这一对坐标轴的惯性积等于零，这一对坐标轴称为**主惯性轴**，简称**主轴**。对主惯性轴的惯性矩称为**主惯性矩**。如上所述，对通过 O 点的所有轴来说，对主轴的两个主惯性矩，一个是最大值，而另一个是最小值。

通过图形形心 C 的主惯性轴称为**形心主惯性轴**，简称**形心主轴**。图形对该轴的惯性矩就称为**形心主惯性矩**。如果这里所说的平面图形是杆件的横截面，则截面的形心主惯性轴与杆件轴线所确定的平面，称为**形心主惯性平面**。杆件横截面的形心主惯性轴、形心主惯性矩和杆件的形心主惯性平面，在杆件的弯曲理论中有重要意义。截面对于对称轴的惯性积等于零，截面形心又必然在对称轴上，所以截面的对称轴就是形心主惯性轴，它与杆件轴线所确定的纵向对称面就是形心主惯性平面。

由式（10-25）求出角度 α_0 的数值，代入式（10-20）和式（10-21）就可以求得图形的主惯性矩。为了方便计算，下面导出直接计算主惯性矩的公式。由式（10-25）可以求得

$$\cos 2\alpha_0 = \frac{1}{\sqrt{1 + \tan^2 2\alpha_0}} = \frac{I_y - I_z}{\sqrt{(I_y - I_z)^2 + 4I_{yz}^2}}$$

$$\sin 2\alpha_0 = \tan 2\alpha_0 \cos 2\alpha_0 = \frac{-2I_{yz}}{\sqrt{(I_y - I_z)^2 + 4I_{yz}^2}}$$

将以上两式代入式（10-20）和式（10-21），经简化后得出主惯性矩的计算公式

$$\left. \begin{aligned} I_{y0} &= \frac{I_y + I_z}{2} + \frac{1}{2}\sqrt{(I_y - I_z)^2 + 4I_{yz}^2} \\ I_{z0} &= \frac{I_y + I_z}{2} - \frac{1}{2}\sqrt{(I_y - I_z)^2 + 4I_{yz}^2} \end{aligned} \right\} \tag{10-26}$$

由式（10-26）还可以得到

$$I_y + I_z = I_{y0} + I_{z0}$$

上式表明，平面图形对通过同一点的任意一对互相垂直的坐标轴的两惯性矩之和为一常数，即等于截面对坐标原点的极惯性矩。

思 考 题

10-1 什么叫截面对一轴的静矩？怎样利用它来确定截面形心的位置？

10-2 什么叫截面对一轴的惯性矩？它与哪些因素有关？

10-3 什么叫主轴？什么叫形心主轴？

10-4　试述计算对称组合图形主惯性矩的方法与步骤。

10-5　图 10-13 中 z 轴与 z_C 轴均平行于 z_1 轴，$I_{z_C}=3a^4$，则△ABO 对 z_1 轴的惯性矩 I_{z_1} 和△ADE 对 z 轴的惯性矩 I_z 分别是多少？

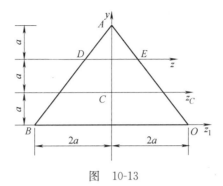

图　10-13

习 题

10-1　试计算题 10-1 图示各图形对形心轴的惯性矩 I_x 和 I_y。

答：a) $I_x=494\times107$ mm^4，$I_y=25.7\times107$ mm^4；

　　b) $I_x=146\times105$ mm^4，$I_y=259\times104$ mm^4；

　　c) $I_x=974\times104$ mm^4，$I_y=102\times106$ mm^4；

　　d) $I_x=408\times104$ mm^4，$I_y=102\times106$ mm^4。

题 10-1 图

10-2 题 10-2 图示中的两个 20 号槽钢组合而成两种截面，试比较它们对形心轴的惯性矩 I_x 和 I_y 的大小，并说明原因。

答：a) $I_x = 3827.4$ cm^4，$I_y = 537$ cm^4；b) $I_x = 3827.4$ cm^4，$I_y = 231 \times 103$ cm^4。

10-3 试用积分法求题 10-3 图示各图形的 I_y 值。

答：a) $\dfrac{1}{12}bh^3$；b) $\dfrac{2}{15}ah^3$。

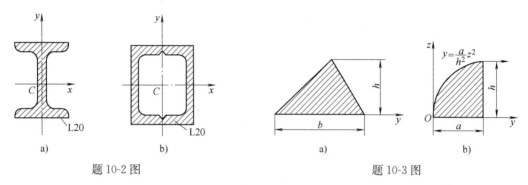

题 10-2 图   题 10-3 图

10-4 计算题 10-4 图示图形对 y、z 轴的惯性矩 I_y、I_z 以及惯性积 I_{yz}。

答：$I_y = \dfrac{1}{3}bh^3$，$I_z = \dfrac{1}{3}hb^3$，$I_{yz} = -\dfrac{1}{4}b^2h^2$。

10-5 试确定题 10-5 图示图形通过坐标原点 O 的主惯性轴的位置，并计算主惯性矩 I_{y0} 和 I_{z0} 之值。

答：$\alpha_0 = -13°30'$ 或 $76°30'$，$I_{y0} = 16.1 \times 10^4$ mm^4，$I_{z0} = 19.9 \times 10^4$ mm^4。

10-6 在直径 $D = 8a$ 的圆截面中，开了一个 $2a \times 4a$ 的矩形孔，如题 10-6 图所示，试求截面的形心主惯性矩。

答：$I_x = 188.9a^4$，$I_y = 190.4a^4$。

题 10-4 图

题 10-5 图

题 10-6 图

10-7 边长为 200 mm 的正方形截面中开了一个直径 $d = 100$ mm 的半圆形孔，如题 10-7 图所示，试确定截面的形心位置，并计算其形心主惯性矩。

答：$I_x = 1307 \times 10^5$ mm^4，$I_y = 1309 \times 10^5$ mm^4。

10-8 如题 10-8 图所示边长为 $2b$ 的正方形中挖掉一个边长为 b 的正方形，求此平面图形对 z_C 轴的惯性矩 I_{z_C} 和对 z_0 轴的惯性矩 I_{z_0}。

答：$I_{z_C} = 5b^4/4$，$I_{z_0} = 17b^4/4$。

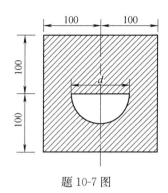

题 10-7 图

10-9　如题 10-9 图所示直径为 $4d$ 的圆形中挖掉四个直径为 d 的圆形，求此平面图形的惯性矩 I_z。

答：$3.44\pi d^4$。

题 10-8 图

题 10-9 图

第 11 章
扭　　转

本章首先讨论圆轴扭转时的内力——扭矩及扭矩图，通过薄壁圆筒的扭转试验导出切应力互等定理，然后介绍圆轴扭转时的应力和变形，圆轴扭转时的强度和刚度计算，同时也简单介绍了非圆轴扭转时的切应力。

11.1　扭转变形的概念

在日常生活和工程实际中，经常遇到扭转问题。如图 11-1 所示，工人师傅攻丝时（见图 11-1a），通过手柄在丝锥上端施加一个力偶，在丝锥下端，工件对丝锥作用一个反力偶，在此两力偶的作用下，处于两力偶作用的丝锥各横截面均绕丝锥轴线发生相对转动。又如汽车方向盘操纵杆（见图 11-1b）、桥式起重机中的传动轴（见图 11-2）以及钻探机的钻杆、旋具杆等的受力都是扭转的实例。

a)　　　　　　　　　b)

图　11-1

由此可见，杆件扭转时的受力特点是：在杆件两端分别作用着大小相等、转向相反、作用面垂直于杆件轴线的力偶。其变形特点是：位于两力偶作用面之间的杆件各个横截面均绕轴线发生相对转动。任意两截面间相对转过的角度称为**扭转角**，用 φ 表示。杆件的这种变形形式称为**扭转变形**。以扭转变形为主的杆件称为**轴**，截面为圆形的轴称为圆轴。本章主要讨

图　11-2

论圆轴的扭转问题。

11.2　扭矩和扭矩图

11.2.1　外力偶矩的计算

工程实际中，往往不直接给出轴所承受的外力偶矩（又称转矩），而是给出它所传递的功率和转速，其相互间的关系为

$$M = 9550 \frac{P}{n} \tag{11-1}$$

式中，M 为作用在轴上的外力偶矩，单位 N·m；P 为轴所传递的功率，单位 kW；n 为轴的转速，单位 r/min。

11.2.2　横截面上的内力——扭矩

研究轴扭转时横截面上的内力仍然采用截面法。下面以图 11-3a 所示传动轴为例说明内力的计算方法。轴在 3 个外力偶矩 M_1、M_2、M_3 的作用下处于平衡，欲求任意截面 1-1 上的内力，应用截面法，在 1-1 截面处将轴截成左、右两部分，取左段为研究对象（见图 11-3b），根据左段所受外力的特点，1-1 截面的内力必为作用面垂直于轴线的力偶。该力偶矩称为**扭矩**，用 T 表示。由平衡方程

$$\sum M = 0$$
$$T - M_1 = 0$$
$$T = M_1 \tag{11-2a}$$

同样，若取右端为研究对象（见图 11-3c），由平衡方程

$$\sum M = 0$$
$$T' - M_2 + M_3 = 0$$

得

$$T' = M_2 - M_3 = M_1 \tag{11-2b}$$

即
$$T = T'$$

图 11-3

以上结果说明，计算某截面上的扭矩时，无论取截面左侧还是右侧为研究对象，所得结果均是相同的。

式 (11-2a)、式 (11-2b) 表明，轴上任一截面上扭矩的大小等于该截面以左或以右所有外力偶矩的代数和，即

$$T = \sum M_左 \quad 或 \quad T = \sum M_右 \tag{11-2c}$$

为了使所取截面左侧或右侧为研究对象所得同一截面上的扭矩符号相同，对扭矩的正负号规定如下：面向截面，逆时针转向的扭矩取正号，反之取负号。这一规定亦符合右手螺旋法则，即以右手四指屈起的方向为扭矩的转向，拇指的指向与截面的外法线方向一致时，扭矩取正号；反之取负号。按此规定，图 11-3b、c 中的扭矩均为正。

11.2.3 扭矩图

一般情况下，圆轴扭转时，横截面上的扭矩随截面位置的不同而发生变化。反映扭矩随截面位置不同而变化的图形称为**扭矩图**。绘制扭矩图时，以横轴表示截面位置，纵轴表示扭矩的大小。下面举例说明扭矩图的画法。

例 11-1 图 11-4a 所示传动轴，其转速 $n = 300$ r/min，主动轮 A 输入功率 $P_A = 120$ kW，从动轮 B、C、D 输出功率分别为 $P_B = 30$ kW，$P_C = 40$ kW，$P_D = 50$ kW。试画出该轴的扭矩图。

图 11-4

解: (1) 计算外力矩。由式 (11-1) 可求得作用在每个齿轮上的外力偶矩分别为

$$M_A = 9550 \frac{P_A}{n} = 9550 \times \frac{120 \text{ kW}}{300 \text{ r/min}} = 3820 \text{ N} \cdot \text{m} = 3.82 \text{ kN} \cdot \text{m}$$

$$M_B = 9550 \frac{P_B}{n} = 9550 \times \frac{30 \text{ kW}}{300 \text{ r/min}} = 955 \text{ N} \cdot \text{m} = 0.955 \text{ kN} \cdot \text{m}$$

$$M_C = 9550 \frac{P_C}{n} = 9550 \times \frac{40 \text{ kW}}{300 \text{ r/min}} = 1273 \text{ N} \cdot \text{m} = 1.273 \text{ kN} \cdot \text{m}$$

$$M_D = 9550 \frac{P_D}{n} = 9550 \times \frac{50 \text{ kW}}{300 \text{ r/min}} = 1592 \text{ N} \cdot \text{m} = 1.592 \text{ kN} \cdot \text{m}$$

(2) 计算扭矩。根据作用在轴上的外力偶矩，将轴分成 BA、AC 和 CD 三段，用截面法分别计算各段的扭矩

BA 段 $\qquad\qquad\qquad T_1 = -M_B = -0.955 \text{ kN} \cdot \text{m}$

AC 段 $\qquad\qquad\qquad T_2 = M_A - M_B = (3.82 - 0.955) \text{ kN} \cdot \text{m} = 2.87 \text{ kN} \cdot \text{m}$

CD 段　　　　　　　　　　$T_3 = M_D = 1.592$ kN・m

（3）绘制扭矩图。T_1、T_2 和 T_3 分别代表了 *BA*、*AC* 和 *CD* 各段轴内各个截面上的扭矩值。由此画出的扭矩图，如图 11-4e 所示。

由此可知，在无外力偶作用的一段轴上，各个截面上的扭矩相同，扭矩图为水平直线。因此，绘制出扭矩图时，只要根据轴的外力偶将轴分成若干段，每段任选一截面，计算出该截面上的扭矩值，就可画出轴的扭矩图。

11.3　纯剪切

在讨论扭转的应力和变形之前，为了研究切应力和切应变的规律以及两者间的关系，先考察薄壁圆筒的扭转。

11.3.1　薄壁圆筒扭转时的切应力

图 11-5a 所示为一等厚薄壁圆筒，受扭前在表面上用圆周线和纵向线画成方格。试验结果表明：扭转变形后由于截面 *q-q* 对截面 *p-p* 的相对转动，使方格的左、右两边发生相对错动（见图 11-5b），但圆筒沿轴线及周线的长度都没有变化。这说明圆筒横截面和包含轴线的纵向截面上都没有正应力，横截面上只有平行于截面的切应力 τ，它组成与外加扭转力偶矩 *m* 相平衡的内力系。因为筒壁的厚度 *t* 很小，可以认为沿筒壁厚度切应力不变。又因在同一圆周上各点的变形情况完全相同，应力也就相同（见图 11-5c）。这样，横截面上内力系对 *x* 轴的力矩为 $2\pi r t \cdot \tau \cdot r$。这里 *r* 是圆筒的平均半径。由 *q-q* 截面以左的部分圆筒的平衡方程 $\sum M = 0$，得

$$m = 2\pi r t \cdot \tau \cdot r$$

$$\tau = \frac{m}{2\pi r^2 t}$$

（11-3）

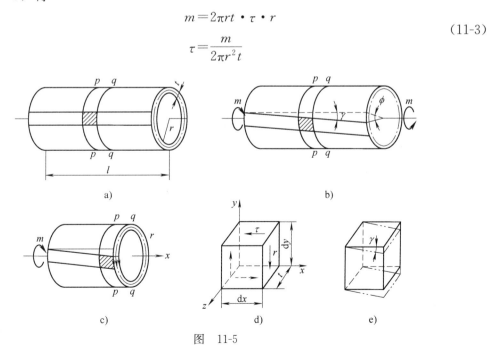

图　11-5

11.3.2 切应力互等定理

用相邻的两个横截面和两个纵向面，从圆筒中取出边长分别为 dx、dy 和 t 的单元体，并放大为图 11-5d。单元体的左、右两侧面是圆筒横截面的一部分，所以并无正应力，只有切应力。两个面上的切应力皆由式（11-3）计算，数值相等但方向相反，于是组成了一个矩为 $(\tau t dy)dx$ 的力偶。为保持平衡，单元体的上、下两个侧面上必须有切应力，并组成力偶与力偶 $(\tau t dy)dx$ 相平衡。由 $\sum F_x=0$ 知，上、下两个面上存在大小相等、方向相反的切应力 τ'，于是组成力偶矩为 $(\tau' t dx)dy$ 的力偶。由平衡方程 $\sum M=0$，得

$$(\tau t dy)dx=(\tau' t dx)dy \tag{11-4}$$
$$\tau=\tau'$$

上式表明，在互相垂直的两个平面上，切应力必然成对存在，且数值相等；两者都垂直于两个平面的交线，方向则共同指向或共同背离公共棱边。这就是**切应力互等定理**。

图 11-5d 所示的单元体上只有切应力而无正应力，这种受力情况称为**纯剪切**。纯剪切单元体的相对两侧面将发生微小的相对错动，产生切应变 γ，如图 11-5e 所示。

11.3.3 剪切胡克定律

为建立切应力与切应变的关系，利用薄壁圆筒的扭转，可以实现纯剪切试验。试验结果表明：当切应力不超过剪切比例极限时，切应力与切应变成正比（见图 11-6），这个关系称为**剪切胡克定律**，其表达式为

$$\tau=G\gamma \tag{11-5}$$

式中，比例常数 G 称为材料的**剪切弹性模量**，其单位与弹性模量 E 相同，也为 GPa。不同材料的 G 值可通过试验测定。可以证明，对于各向同性材料，剪切弹性模量 G、弹性模量 E 和泊松系数 μ 不是各自独立的 3 个弹性常量，它们之间存在着下列关系：

$$G=\frac{E}{2(1+\mu)} \tag{11-6}$$

图 11-6

几种常用材料的 E、G 和 μ 值如表 11-1 所列。

表 11-1　几种常用材料的 E、G 和 μ 值

材料名称	E/GPa	G/GPa	μ（量纲为一）
碳钢	196～216	78.5～79.5	0.25～0.33
合金钢	186～216	79.5	0.24～0.33
灰铸铁	113～157	44.1	0.23～0.27
铜及其合金	73～128	39.2～45.1	0.31～0.42
橡胶	0.007 85	—	0.47

11.4 圆轴扭转时横截面上的应力

现在讨论横截面为圆形的直杆受扭时的应力。这要综合研究变形的几何关系、物理关系和静力关系。

11.4.1 变形几何关系

为了观察圆轴的扭转变形，与薄壁圆筒受扭一样，在圆轴表面上作圆周线和纵向线，在图 11-7a 中，变形前的纵向线由虚线表示。在扭转外力偶矩 m 作用下，得到与薄壁圆筒受扭时相似的现象。即各圆周线绕轴线相对地旋转了一个角度，但大小、形状和相邻圆周线间的距离不变。在小变形的情况下，纵向线仍近似为一条直线，只是倾斜了一个微小的角度。变形前表面上的方格，在变形后错动成菱形。

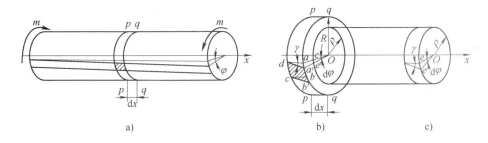

图　11-7

根据观察到的现象，做如下基本假设：圆轴扭转变形前原为平面的横截面，变形后仍保持为平面，形状和大小不变，半径仍保持为直线；且相邻两截面间的距离不变。这就是圆轴扭转的**平面假设**。按照这一假设，扭转变形中，圆轴的横截面就像刚性平面一样，绕轴线旋转了一个角度。以平面假设为基础导出的应力和变形计算公式，符合试验结果，且与弹性力学结论一致，这都足以说明假设是正确的。

在图 11-7a 中，φ 表示圆轴两端截面的相对转角，称为**扭转角**。扭转角用弧度来度量。用相邻的截面 $q\text{-}q$ 和 $p\text{-}p$ 从轴中取出长为 $\mathrm{d}x$ 的微段，并放大为图 11-7b。若截面 $p\text{-}p$ 和 $q\text{-}q$ 的相对转角为 $\mathrm{d}\varphi$，则根据平面假设，横截面 $q\text{-}q$ 像刚性平面一样，相对于 $p\text{-}p$ 绕轴线旋转了一个角度 $\mathrm{d}\varphi$，半径 Oa 转到了 Oa'。于是，表面方格 $abcd$ 的 ab 边相对于 cd 边发生了微小的错动，错动的距离是

$$aa' = R \cdot \mathrm{d}\varphi$$

因而引起原为直角的 $\angle abc$ 角度发生改变，改变量为

$$\gamma \approx \tan\gamma = \frac{aa'}{ad} = R\frac{\mathrm{d}\varphi}{\mathrm{d}x} \tag{11-7}$$

这就是圆截面边缘上 a 点的切应变。显然，切应变 γ 发生在垂直于半径 Oa 的平面内。

根据变形后横截面仍为平面、半径仍为直线的假设，用相同的方法，并参考图 11-7c，可以求得距圆心为 ρ 处的切应变为

$$\gamma_\rho = \rho\frac{\mathrm{d}\varphi}{\mathrm{d}x} \tag{11-8}$$

与式（11-7）中的 γ 一样，γ_ρ 也发生在垂直于半径 Oa 的平面内。在式（11-7）和式（11-8）中，$\dfrac{\mathrm{d}\varphi}{\mathrm{d}x}$ 是扭转角 φ 沿 x 轴的变化率。对于一个给定的截面来说，它是常量。故式（11-8）表明，横截面上任意点的切应变与该点到圆心的距离 ρ 成正比。

11.4.2 物理关系

以 τ_ρ 表示横截面上距圆心为 ρ 处的切应力，由剪切胡克定律知 $\tau_\rho = G\gamma_\rho$，把式（11-8）代入得

$$\tau_\rho = G\gamma_\rho = G\rho \frac{\mathrm{d}\varphi}{\mathrm{d}x} \tag{11-9}$$

式（11-9）表明，横截面上任意点的切应力 τ_ρ 与该点到圆心的距离 ρ 成正比。因为 γ_ρ 发生在垂直于半径的平面内，所以 τ_ρ 也与半径垂直。如再注意到切应力互等定理，则在纵向截面和横截面上，沿半径切应力的分布如图 11-8 所示。

因为式（11-9）的 $\frac{\mathrm{d}\varphi}{\mathrm{d}x}$ 尚未求出，所以仍不能用它计算切应力，这就要用静力学关系来解决。

图 11-8

11.4.3 静力学关系

在横截面上离圆心 ρ 处取微分面积 $\mathrm{d}A$（见图 11-9）。$\mathrm{d}A$ 上的微内力 $\tau_\rho \mathrm{d}A$ 对圆心的力矩为 $\rho\tau_\rho \mathrm{d}A$。积分得横截面上的内力系对圆心的力矩为 $\int_A \rho\tau_\rho \mathrm{d}A$。根据扭矩的定义，可见这里求出的内力系对圆心的力矩就是截面上的扭矩，即

$$T = \int_A \rho\tau_\rho \mathrm{d}A \tag{11-10}$$

图 11-9

由于杆件平衡，横截面上的扭矩 T 应与截面左侧的外力偶矩相平衡，亦即 T 可由截面左侧（或右侧）的外力偶矩来计算。以式（11-9）代入式（11-10），并注意到在给定的截面上，$\frac{\mathrm{d}\varphi}{\mathrm{d}x}$ 为常量，于是有

$$T = \int_A \rho\tau_\rho \mathrm{d}A = G \frac{\mathrm{d}\varphi}{\mathrm{d}x} \int_A \rho^2 \mathrm{d}A \tag{11-11}$$

以 I_p 表示上式的积分，即

$$I_\mathrm{p} = \int_A \rho^2 \mathrm{d}A \tag{11-12}$$

I_p 称为横截面对圆心 O 点的**极惯性矩**。这样，式（11-11）便可写成

$$T = GI_\mathrm{p} \frac{\mathrm{d}\varphi}{\mathrm{d}x} \tag{11-13}$$

从式（11-9）和式（11-13）中消去 $\frac{\mathrm{d}\varphi}{\mathrm{d}x}$，得

$$\tau_\rho = \frac{T\rho}{I_\mathrm{p}} \tag{11-14}$$

由以上公式，可以算出横截面上距圆心为 ρ 的任意点的切应力。

在圆截面边缘上，ρ 为最大值 R，得最大切应力为

$$\tau_{\max} = \frac{TR}{I_\mathrm{p}} \tag{11-15}$$

若取

$$W_t = \frac{I_p}{R} \tag{11-16}$$

W_t 称为**抗扭截面模量**，便可以把式（11-15）写成

$$\tau_{max} = \frac{T}{W_t} \tag{11-17}$$

以上各式是以平面假设为基础导出的。试验结果表明，只有对横截面不变的圆轴，平面假设才是正确的，所以这些公式只适用于等直圆杆。对圆截面沿轴线变化缓慢的小锥度锥形杆，也可近似地用这些公式计算。此外，导出以上诸式时使用了胡克定律，因而只适用于 τ_{max} 低于剪切比例极限的情况。

导出式（11-14）和式（11-17）时，引进了截面极惯性矩 I_p 和抗扭截面模量 W_t，现在就来计算这两个量。

在第 10 章中已计算出圆截面和圆环截面的极惯性矩分别为 $\frac{\pi d^4}{32}$ 和 $\frac{\pi D^4}{32}(1-\alpha^4)$，由式（11-16）求出其抗扭截面模量：

实心圆轴

$$W_t = \frac{\pi d^3}{16} \tag{11-18}$$

空心圆轴

$$W_t = \frac{\pi D^3}{16}(1-\alpha^4) \tag{11-19}$$

式中，D 和 d 分别为空心圆截面的外径和内径；$\alpha = d/D$。

例 11-2 有两根横截面面积及载荷、长度均相同的圆轴，其截面尺寸为实心轴 $d_1 = 104$ mm；空心轴 $D_2 = 120$ mm，$d_2 = 60$ mm，圆轴两端均受大小相等、方向相反的力偶 $M = 10$ kN·m 作用。试计算：实心轴最大切应力；空心轴最大切应力；实心轴最大切应力与空心轴最大切应力之比。

解：（1）计算抗扭截面模量。

$$W_t = \frac{\pi d^3}{16} = \frac{3.14 \times 104^3 \text{ mm}^3}{16} = 2.2 \times 10^5 \text{ mm}^3$$

$$W_t' = \frac{\pi D^3}{16}(1-\alpha^4) = \frac{3.14 \times 120^3 \text{ mm}^3}{16}\left[1-\left(\frac{60}{120}\right)^4\right] = 3.5 \times 10^5 \text{ mm}^3$$

（2）计算最大切应力。截面扭矩 $T = M = 10$ kN·m。

实心轴 $\quad\quad \tau_{max} = \frac{T}{W_t} = \frac{M}{W_t} = \frac{10 \times 10^3 \times 10^3 \text{ N·mm}}{2.2 \times 10^5 \text{ mm}^3} = 45.5 \text{ MPa}$

空心轴 $\quad\quad \tau_{max}' = \frac{T}{W_t'} = \frac{M}{W_t'} = \frac{10 \times 10^3 \times 10^3 \text{ N·mm}}{3.5 \times 10^5 \text{ mm}^3} = 31.7 \text{ MPa}$

（3）两轴最大切应力之比

$$\frac{\tau_{max}}{\tau_{max}'} = \frac{45.5 \text{ MPa}}{31.7 \text{ MPa}} = 1.45$$

计算表明，实心轴的最大应力约为空心轴的 1.45 倍。

注意：由于面积和长度都相等，所以体积也相等，所用材料一样，但承载能力不一样。

11.5 圆轴扭转时的变形

扭转变形的标志是两个横截面间绕轴线的相对转角，亦即扭转角，由式（11-13）得

$$\mathrm{d}\varphi = \frac{T}{GI_\mathrm{p}}\mathrm{d}x \tag{11-20}$$

$\mathrm{d}\varphi$ 表示相距为 $\mathrm{d}x$ 的两个横截面之间相对扭转角（见图 11-7b）。沿轴线 x 积分，即可求得距离为 l 的两个横截面之间的相对扭转角

$$\varphi = \int_l \mathrm{d}\varphi = \int_l \frac{T}{GI_\mathrm{p}}\mathrm{d}x \tag{11-21}$$

若在两截面之间的 T 不变，且轴为等直杆，则式（11-21）中 $\frac{T}{GI_\mathrm{p}}$ 为常量，这时式（11-21）化为

$$\varphi = \frac{Tl}{GI_\mathrm{p}} \tag{11-22}$$

这就是扭转角的计算公式，扭转角单位为 rad（弧度），由此可看到扭转角 φ 与扭矩 T 和轴的长度 l 成正比，与 GI_p 成反比。GI_p 反映了圆轴抵抗扭转变形的能力，称为圆轴的**抗扭刚度**。

如果两截面之间的扭矩 T 有变化或轴的直径不同，那么应分段计算各段的扭转角，然后叠加：

$$\varphi = \sum \frac{T_i l_i}{GI_\mathrm{p}} \tag{11-23}$$

例 11-3 轴传递的功率为 $P = 7.5\,\mathrm{kW}$，转速 $n = 360\,\mathrm{r/min}$。轴的 AC 段为实心圆截面，BC 段为圆环截面，如图 11-10 所示。已知 $D = 30\,\mathrm{mm}$，$d = 20\,\mathrm{mm}$，轴各段的长度分别为 $l_{AC} = 100\,\mathrm{mm}$，$l_{BC} = 200\,\mathrm{mm}$，材料的剪切弹性模量 $G = 80\,\mathrm{GPa}$。试计算 B 截面相对于 A 截面的扭转角 φ_{AB}。

图 11-10

解：（1）计算扭矩轴上的外力偶矩。

$$M = 9550\,\frac{P}{n} = 9550 \times \frac{7.5\,\mathrm{kW}}{360\,\mathrm{r/min}} = 199\,\mathrm{N \cdot m}$$

由扭矩的计算规律知，AC 段和 BC 段的扭矩均为 $T_{AC} = T_{BC} = M = 199 \text{ N} \cdot \text{m}$。

（2）计算极惯性矩。

$$I_{pAC} = \frac{\pi D^4}{32} = \frac{3.14 \times 30^4 \text{ mm}^4}{32} = 79522 \text{ mm}^4$$

$$I_{pBC} = \frac{\pi}{32}(D^4 - d^4) = \frac{3.14}{32} \times (30^4 - 20^4) \text{ mm}^4 = 63814 \text{ mm}^4$$

（3）计算扭转角 φ_{AB}。因 AC 段和 BC 段的极惯性矩不同，故应分别计算然后相加，即

$$\varphi_{AB} = \varphi_{AC} + \varphi_{BC} = \frac{T_{AC} l_{AC}}{G I_{pAC}} + \frac{T_{BC} l_{BC}}{G I_{pBC}}$$

$$= \frac{199 \times 10^3 \text{ N} \cdot \text{mm} \times 100 \text{ mm}}{80 \times 10^3 \text{ MPa} \times 79522 \text{ mm}^4} + \frac{199 \times 10^3 \text{ N} \cdot \text{mm} \times 200 \text{ mm}}{80 \times 10^3 \text{ MPa} \times 63814 \text{ mm}^4}$$

$$= (0.0013 + 0.0078) \text{ rad} = 0.011 \text{ rad}$$

11.6　圆轴扭转时的强度和刚度计算

11.6.1　强度计算

建立圆轴扭转的强度条件时，应使圆轴内的最大工作切应力不超过材料的许用切应力，对等截面杆，其强度条件为

$$\tau_{\max} = \frac{T_{\max}}{W_t} \leqslant [\tau] \tag{11-24}$$

对变截面杆，如阶梯轴，W_t 不是常量，$\tau_{\max}$ 不一定发生于扭矩为极值的 $T_{\max}$ 的截面上，这要综合考虑 $T_{\max}$ 和 W_t 的大小，寻求 $\tau = \dfrac{T}{W_t}$ 的极值。

例 11-4　由无缝钢管制成的汽车传动轴 AB（见图 11-11），外径 $D = 90 \text{ mm}$，壁厚 $t = 2.5 \text{ mm}$，材料为 45 钢。使用时的最大扭矩为 $T = 1.5 \text{ kN} \cdot \text{m}$。如材料的 $[\tau] = 60 \text{ MPa}$，试校核 AB 轴的扭转强度。

解：由 AB 轴的截面尺寸计算抗扭截面模量，即

图　11-11

$$\alpha = \frac{d}{D} = \frac{90 \text{ mm} - 2 \times 2.5 \text{ mm}}{90 \text{ mm}} = 0.944$$

$$W_t = \frac{\pi D^3}{16}(1 - \alpha^4) = \frac{3.14 \times 90^3 \text{ mm}^3}{16}[1 - 0.944^4] = 29400 \text{ mm}^3$$

轴的最大切应力为

$$\tau_{\max} = \frac{T}{W_t} = \frac{1500 \text{ N} \cdot \text{m}}{29400 \times 10^{-9} \text{ m}^3} = 51 \text{ MPa} < [\tau]$$

所以，AB 轴满足强度条件。

例 11-5　如把上例中的传动轴改为实心轴，要求它与原来的空心轴强度相同，试确定其直径，并比较实心轴和空心轴的质量。

解： 因为要求与例 11-4 中的空心轴强度相同，故实心轴的最大切应力应为 51 MPa，即

$$\tau_{max}=\frac{T}{W_t}=\frac{1500\ N\cdot m}{\dfrac{\pi d^3}{16}}=51\ MPa<[\tau]$$

求得
$$d\approx0.0531\ m=53.1\ mm$$

实心轴横截面面积为

$$A_1=\frac{1}{4}\pi d^2=\frac{1}{4}\times(\pi\times0.0531^2)\ m^2=22.2\times10^{-4}\ m^2$$

例 11-4 中空心轴的横截面面积为

$$A_2=\frac{1}{4}\pi(D^2-d^2)=\frac{\pi}{4}\times(90^2-85^2)\times10^{-6}\ m^2=6.87\times10^{-4}\ m^2$$

在两轴长度相等、材料相同的情况下，两轴的质量之比等于横截面面积之比，即

$$\frac{A_2}{A_1}=\frac{6.87\times10^{-4}\ m^2}{22.2\times10^{-4}\ m^2}=0.31$$

可见，在载荷相同的条件下，空心轴的质量只为实心轴的 31%，其减轻重量、节约材料是非常明显的。这是因为横截面上的切应力沿半径按线性规律分布，圆心附近的切应力很小，材料没有充分发挥作用。若把实心轴附近的材料向边缘移置，使其成为空心轴，就会增大 I_p 和 W_t，提高轴的强度。

例 11-6　两空心圆轴，通过联轴器用 4 个螺钉联接（见图 11-12），螺钉对称地安排在直径 $D_1=140$ mm 的圆周上。已知轴的外径 $D=80$ mm，内径 $d=60$ mm，螺钉的直径 $d_1=12$ mm，轴的许用切应力 $[\tau]=40$ MPa，螺钉的许用切应力 $[\tau]=80$ MPa，试确定该轴允许传递的最大扭矩。

解：（1）计算抗扭截面模量。空心轴的极惯性矩为

$$I_p=\frac{\pi}{32}(D^4-d^4)=\frac{3.14}{32}\times(80^4-60^4)\times10^{-12}\ m^4=275\times10^{-8}\ m^4$$

抗扭截面模量为

$$W_t=\frac{I_p}{D/2}=\frac{275\times10^{-8}\ m^4}{40\times10^{-3}\ m^4}=6.88\times10^{-5}\ m^3$$

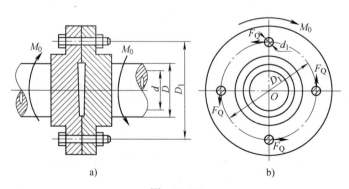

图　11-12

（2）计算轴的许可载荷。由轴的强度条件

$$\tau_{\max} = \frac{T_{\max}}{W_t} \leqslant [\tau]$$

得

$$T_{\max} \leqslant [\tau] W_t = 40 \times 10^6 \ \text{Pa} \times 6.88 \times 10^{-5} \ \text{m}^3 = 2750 \ \text{N} \cdot \text{m}$$

由于该轴的扭矩即为作用在轴上的转矩，所以轴的许可转矩为

$$M_0 = 2750 \ \text{N} \cdot \text{m}$$

（3）计算联轴器的许可载荷。在联轴器中，由于承受剪切作用的螺钉是对称分布的，可以认为每个螺钉的受力相同。假想凸缘的接触面将螺钉截开，并设每个螺钉承受的剪力均为 F_S（见图 11-12b），由平衡方程

$$\sum M_O(\boldsymbol{F}) = 0, \quad -M_0 + 4F_S \cdot \frac{D_1}{2} = 0$$

得

$$F_S = \frac{M_0}{2D_1}$$

由剪切强度条件 $\tau = \dfrac{F_S}{A} = \dfrac{M_0/2D_1}{\pi d_1^2/4} \leqslant [\tau]$，得

$$M_0 \leqslant \frac{\pi d_1^2 D_1 [\tau]}{2} = \frac{80 \times 10^6 \ \text{Pa} \times \pi \times 12^2 \times 10^{-6} \ \text{m}^2 \times 140 \times 10^{-3} \ \text{m}^2}{2} = 2530 \ \text{N} \cdot \text{m}$$

计算结果表明，要使轴的扭转强度和螺钉的剪切强度同时被满足，最大许可转矩应小于 2530 N·m。

11.6.2 刚度计算

在正常工作时，除要求圆轴有足够的强度外，有时还要求圆轴不能产生过大的变形，即要求轴具有一定的刚度。如果轴的刚度不足，将会降低机器的加工精度或产生剧烈的振动，影响机器的正常工作。工程中常限制轴的最大单位扭转角 $\theta_{\max}$ 不超过许用的单位扭转角 $[\theta]$，以满足刚度要求，即

$$\theta_{\max} = \frac{T}{GI_p} \times \frac{180°}{\pi} \leqslant [\theta] \tag{11-25}$$

式（11-25）称为圆轴扭转时的**刚度条件**。式中，$[\theta]$ 的单位是（°）/m，其值根据机器的工作条件确定，一般为

精密机械轴 $[\theta] = (0.25 \sim 0.50)(°)/\text{m}$

一般传动轴 $[\theta] = (0.5 \sim 1.0)(°)/\text{m}$

较低精度轴 $[\theta] = (1.0 \sim 2.5)(°)/\text{m}$

利用圆轴扭转刚度条件式（11-25），可进行圆轴的刚度校核、截面尺寸设计和最大承载能力（确定许可载荷）的确定。

例 11-7 一传动轴如图 11-13a 所示，已知轴的转速 $n = 208 \ \text{r/min}$，主动轮 A 传递功率为 $P_A = 6 \ \text{kW}$，而从动轮 B、C 输出功率分别为 $P_B = 4 \ \text{kW}$，$P_C = 2 \ \text{kW}$，轴的许用切应力 $[\tau] = 30 \ \text{MPa}$，许用单位扭转角 $[\theta] = 1(°)/\text{m}$，剪切弹性模量 $G = 80 \ \text{GPa}$。试按强度条件及

刚度条件设计轴的直径。

图　11-13

解：(1) 计算轴的外力矩

$$M_A = 9550 \frac{P}{n} = 9550 \times \frac{6 \text{ kW}}{208 \text{ r/min}} = 275.4 \text{ N} \cdot \text{m}$$

$$M_B = 9550 \frac{P}{n} = 9550 \times \frac{4 \text{ kW}}{208 \text{ r/min}} = 183.6 \text{ N} \cdot \text{m}$$

$$M_C = 9550 \frac{P}{n} = 9550 \times \frac{2 \text{ kW}}{208 \text{r/min}} = 91.8 \text{ N} \cdot \text{m}$$

(2) 绘制扭矩图。根据扭矩图的绘制方法画出轴的扭矩图，如图 11-13b 所示。最大扭矩为

$$T_{max} = T_{AB} = 183.6 \text{ N} \cdot \text{m}$$

(3) 按强度条件设计轴的直径

$$\tau_{max} = \frac{T_{max}}{W_t} = \frac{T_{max}}{\pi d^3 / 16} \leqslant [\tau]$$

即

$$d \geqslant \sqrt[3]{\frac{16 \times 183.6 \times 10^3}{3.14 \times 30}} \text{ mm} = 31.5 \text{ mm}$$

(4) 按刚度条件设计轴的直径

$$\theta_{max} = \frac{T}{GI_p} \times \frac{180°}{\pi} = \frac{T}{G\pi d^4 / 32} \times \frac{180°}{\pi} \leqslant [\theta]$$

即

$$d \geqslant \sqrt[4]{\frac{32T \times 180°}{G\pi^2[\theta]}} = \sqrt[4]{\frac{32 \times 183.6 \text{ N} \cdot \text{m} \times 180°}{80 \times 10^9 \times \pi^2 \times 1}} = 34 \text{ mm}$$

为了满足刚度和强度的要求，应取两个直径中的较大值，即取 $d = 34$ mm。

例 11-8　两空心轴通过联轴器用四个螺栓联接（见图 11-12），螺栓对称地安排在直径 $D_1 = 140$ mm 的圆周上。已知轴的外径 $D = 80$ mm，内径 $d = 60$ mm，轴的许用切应力 $[\tau] = 40$ MPa，剪切弹性模量 $G = 80$ GPa，许用单位扭转角 $[\theta] = 1$ (°)/m，螺栓的许用切应力 $[\tau] = 80$ MPa。试确定该结构允许传递的最大转矩。

解：(1) 此题在例 11-6 中已解出，按强度设计允许传递的最大转矩为 $T_0 \leqslant 2530$ N·m，并且在例 11-6 中已解出 $I_p = 2.75 \times 10^6$ mm^4，现按刚度确定所传递的转矩。

(2) 按刚度条件确定轴所传递的扭矩

$$\theta_{max} = \frac{T}{GI_p} \times \frac{180°}{\pi} \leqslant [\theta]$$

得 $\quad T \leqslant \dfrac{\pi G I_{p}[\theta]}{180°} = \dfrac{80\times10^{9}\ \text{MPa}\times2.75\times10^{6}\times10^{-12}\ \text{m}^{4}\times3.14\times1\ (°)/\text{m}}{180°} = 3838\ \text{N}\cdot\text{m}$

计算结果表明，要使轴的强度、刚度和螺栓的强度同时满足，该结构所传递的最大转矩为 $T = 2530\ \text{N}\cdot\text{m}$。

例 11-9 如图 11-14a 所示，一钻机的功率 $P = 7.5\ \text{kW}$，钻杆的外径 $D = 60\ \text{mm}$，内径 $d = 50\ \text{mm}$，转速 $n = 180\ \text{r/min}$。材料扭转许用切应力 $[\tau] = 40\ \text{MPa}$，剪切弹性模量 $G = 80\ \text{GPa}$。若钻杆钻入土层的深度 $l = 40\ \text{m}$，并假定土壤对钻杆的阻力是均匀分布的力偶，试：(1) 画出钻杆的扭矩图；(2) 校核钻杆的强度；(3) 计算 AB 界面的相对扭转角 φ_{AB}。

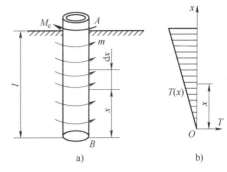

图 11-14

解： (1) 首先根据功率和转速可以计算出钻机提供的外力偶矩。

$$M_{e} = 9550\,\dfrac{P}{n} = \left(9550\times\dfrac{7.5}{180}\right)\ \text{N}\cdot\text{m} = 398\ \text{N}\cdot\text{m}$$

钻杆在工作时处于转动平衡状态，列轴向力矩的平衡方程

$$M_{e} - ml = 0$$

得到单位长度的力偶矩 $m = \dfrac{M_{e}}{l}$

取干的下端为坐标原点，得到 x 位置的扭矩表达式

$$T(x) = \int_{0}^{x} m\,\mathrm{d}x = \dfrac{M_{e}}{l}x$$

据此画出扭矩图如图 11-14b 所示。得

$$T_{\max} = 398\ \text{N}\cdot\text{m}$$

(2) 强度计算。计算轴内的最大切应力

$$\tau_{\max} = \dfrac{T_{\max}}{W_{t}} = \dfrac{T_{\max}}{\dfrac{\pi}{16}D^{3}(1-\alpha^{4})} = \dfrac{398}{\dfrac{\pi}{16}\times60^{3}\times\left(1-\dfrac{50^{4}}{60^{4}}\right)\times10^{-9}}\ \text{Pa}$$

$$= 18.1\ \text{MPa} < [\tau] = 40\ \text{MPa}$$

所以此轴满足强度要求。

(3) 计算扭转角。计算 x 处 $\mathrm{d}x$ 微段的相对扭转角 $\mathrm{d}\varphi = \dfrac{T(x)\mathrm{d}x}{GI_{p}}$，得

$$\varphi = \int \mathrm{d}\varphi = \int_{0}^{l}\dfrac{T(x)}{GI_{p}}\mathrm{d}x = \int_{0}^{l}\dfrac{\dfrac{M_{e}}{l}x}{GI_{p}}\mathrm{d}x = \dfrac{M_{e}l}{2GI_{p}}$$

$$= \dfrac{398\times40}{2\times80\times10^{9}\times\dfrac{\pi\times60^{4}\times10^{-12}}{32}\times\left(1-\dfrac{50^{4}}{60^{4}}\right)}\ \text{rad} = 0.151\,\text{rad} = 8.65°$$

[*]11.7 非圆截面杆扭转时的切应力

以前各节讨论了圆形截面杆的扭转，但有些受扭杆件的横截面并非圆形。例如农业机械中有时采用方轴作为传动轴，又如曲轴的曲柄承受扭转，而其横截面是矩形的。

取一横截面为矩形的杆，在其侧面上画上纵向线和横向周界线（见图 11-15a），扭转变形后发现横向周界线已变为空间曲线（见图 11-15b）。这表明变形后杆的横截面已不再保持为平面，这种现象称为**翘曲**。所以，平面假设对非圆截面杆件已不再适用。

非圆截面杆件的扭转可分为自由扭转和约束扭转。等直杆两端受扭转力偶作用，且翘曲不受任何限制的情况属于**自由扭转**。这种情况下杆件各横截面的翘曲程度相同，纵向纤维的长度无变化，故横截面上没有正应力而只有切应力。图 11-16a 即表示工字钢的自由扭转。若由于约束条件或受力条件的限制，造成杆件各横截面的翘曲程度不同，这势必引起相邻两截面间纵向纤维的长度改变。于是横截面上除切应力外还有正应力，这种情况称为**约束扭转**。图 11-16b 即为工字钢约束扭转的示意图。像工字钢、槽钢等薄壁杆件，约束扭转时横截面上的正应力是相当大的。但一些实体杆件，如截面为矩形或椭圆的杆件，因约束扭转而引起的正应力很小，与自由扭转并无太大差别。

图　11-15

图　11-16

可以证明，杆件扭转时，横截面上边缘各点的切应力都与截面边界相切。因为边缘各点的切应力如不与边界相切，总可分解为边界切线方向的分量 τ_t 和法线方向的分量 τ_n（见图 11-17）。根据切应力互等定理，τ_n 应与杆件自由表面上的切应力 τ_n' 相等。但在自由表面上不可能有切应力 τ_n'，即 $\tau_n = \tau_n' = 0$。这样，在边缘各点上，就只能有沿边界切线方向的切应力 τ_t。

图　11-17

在横截面凸角处（见图 11-18），如果有切应力，当然可以把它分解成分别沿 ab 边和 ac 边法线的分量 τ_1 和 τ_2，但按照上面的证明，τ_1 和 τ_2 皆应等于零，故截面凸角处的切应力等于零。

非圆截面杆的自由扭转，一般在弹性力学中讨论。这里直接引用弹性力学的一些结果，并只限于矩形截面杆扭转的情况。这时，横截面上的切应力分布如图 11-19 所示。边缘各点的切应力形成与边界相切的顺流，4 个角点上的切应力等于零。最大切应力发生于矩形长边的中点，且按下列公式计算：

图 11-18

图 11-19

$$\tau_{\max} = \frac{T}{\alpha h b^2} \qquad (11\text{-}26)$$

式中，α 是一个与 h/b 有关的系数。短边中点的切应力 τ_1 是短边上最大的切应力，并按以下公式计算：

$$\tau_1 = \upsilon \tau_{\max} \qquad (11\text{-}27)$$

式中，$\tau_{\max}$ 是长边中点的最大切应力；系数 υ 与 h/b 有关；α 与 υ 可从有关手册中查取。

思 考 题

11-1 试绘制图 11-20 所示圆轴的扭矩图，并说明 3 个轮子应如何布置比较合理。

11-2 试述切应力互等定理。

11-3 变速箱中，为什么低速轴的直径比高速轴的直径大？

11-4 内、外径分别为 d 和 D 的空心轴，其横截面的极惯性矩为 $I_p = \frac{\pi}{32}D^4 - \frac{\pi}{32}d^4$，抗扭截面系数为 $W_t = \frac{\pi}{16}D^3 - \frac{\pi}{16}d^3$。

图 11-20

以上计算是否正确？何故？

11-5 当圆轴扭转强度不够时，可采取哪些措施？

11-6 直径 d 和长度 l 都相同，而材料不同的两根轴，在相同的扭矩作用下，它们的最大切应力 $\tau_{\max}$ 是否相同？扭转角 φ 是否相同？为什么？

11-7 当轴的扭转角超过许用扭转角时，用什么方法来降低扭转角？改用优质材料的方法好不好？

11-8 在车削工件时，工人师傅在粗加工时通常采用较低的转速，而在精加工时则采用较高的转速，试问这是为什么？

11-9 试从力学角度分析，为什么空心圆轴比实心圆轴合理？

11-10 在图 11-21 所示受扭圆轴横截面上的切应力分布图中，哪些是正确的？

11-11 图 11-22 所示圆杆，材料为铸铁，两端受力如图，杆的破坏截面是哪一个？

11-12 图 11-23 所示圆轴受扭，则 A、B、C 三个横截面相对于 D 截面的扭转角关系式如何表达？

图 11-21

图 11-22

图 11-23

习 题

11-1 传动轴受外力偶矩如题 11-1 图所示，试绘出该轴的内力图。

答：略

11-2 求题 11-2 图示各轴截面 Ⅰ-Ⅰ、Ⅱ-Ⅱ、Ⅲ-Ⅲ截面上的扭矩，并画出扭矩图。

答：略

题 11-1 图

a)

b)

题 11-2 图

11-3 在题 11-3 图示中，传动轴转速 $n = 250$ r/min，主动轮输入功率 $P_B = 7$ kW，从动轮 A、C、D 输出功率分别为 $P_A = 3$ kW，$P_C = 2.5$ kW，$P_D = 1.5$ kW，试画出该轴的扭矩图。

答：略

11-4 一实心轴的直径 $d = 100$ mm，扭矩 $T = 100$ kN·m。试求距圆心 $d/8$、$d/4$、$d/2$ 处的切应力，并绘出切应力分布图。

题 11-3 图

答：$\tau_{\rho 1}=127.3$ MPa，$\tau_{\rho 2}=255$ MPa，$\tau_{\rho 3}=509$ MPa。

11-5 一根直径 $d=50$ mm 的圆轴，受到扭矩 $T=2.5$ kN·m 的作用，试求出距圆心 10 mm 处点的切应力及轴横截面上的最大切应力。

答：$\tau_{\rho}=41$ MPa，$\tau_{max}=102$ MPa。

11-6 题 11-6 图示为一根船用推进器的轴，其一段是实心的，直径为 280 mm；另一段是空心的，其内径为外径的一半。在两段产生相同的最大切应力的条件下，求空心轴的外径 D。

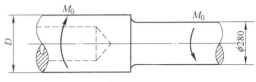

题 11-6 图

答：$D \geqslant 26.8$ cm。

11-7 实心轴截面上的扭矩 $T=5$ kN·m；轴的许用切应力 $[\tau]=50$ MPa，试设计轴的直径 d_1。若将轴改为空心轴，而内外直径之比 $d/D=0.8$，试设计截面尺寸，并比较空心圆轴与实心圆轴的用料。

答：$d_1=80$ mm；$D=95$ mm；$d=76$ mm；$A_空/A_实=51\%$。

11-8 一实心圆轴与四个圆盘刚性连接，置于光滑的轴承中，如题 11-8 图所示。设 $M_A=M_B=0.25$ kN·m，$M_C=1$ kN·m，$M_D=0.5$ kN·m，圆轴材料的许用切应力 $[\tau]=20$ MPa。试按扭转强度条件设计该轴的直径。

题 11-8 图

答：$d=51$ mm。

11-9 题 11-9 图示阶梯形圆轴，AE 段为空心，外直径 $D=140$ mm，内直径 $d=100$ mm；BC 段为实心，直径 $d=100$ mm。外力偶矩 $M_A=18$ kN·m，$M_B=32$ kN·m，$M_C=14$ kN·m。已知：许用切应力 $[\tau]=80$ MPa，许用单位长度扭转角 $[\theta]=1.2$ (°)/m，剪切弹性模量 $G=80$ GPa，试校核该轴的强度和刚度。

题 11-9 图

答：AE 段：$\tau_{max}=45.2$ MPa，$\theta=0.462$ °/m；

BC 段：$\tau_{max}=71.3$ MPa，$\theta=1.02$ °/m。

11-10 题 11-10 图示一圆轴，直径 $d=100$ mm，$l=500$ mm，$M_1=7$ kN·m，$M_2=5$ kN·m，$G=80$ GPa。试求截面 C 相对于截面 A 的扭转角 φ_{CA}。

答：$\varphi_{CA}=-0.0019$ rad。

11-11 一钢轴转速 $n=250$ r/min，传递的功率 $P=60$ kW，许用切应力 $[\tau]=40$ MPa，许用单位扭转角 $[\theta]=0.8$ (°)/m，剪切弹性模量 $G=80$ GPa，试设计轴的直径。

题 11-10 图

答：$d=68$ mm。

11-12 阶梯形圆轴的直径分别为 $d_1=4$ cm，$d_2=7$ cm，轴上装有 3 个传动轮，如图题 11-12 所示。已知由轮 3 输入的功率为 $P_3=30$ kW，轮 1 输入的功率为 $P_1=13$ kW，轴做匀速转动，转速 $n=200$ r/min，材料的 $[\tau]=60$ MPa，剪切弹性模量 $G=80$ GPa，许用单位扭转角 $[\theta]=2$ (°)/m。试校核轴的强度和刚度。

题 11-12 图

答：$\tau_{AC\,max}=49.4$ MPa$<[\tau]$，$\tau_{BD\,max}=21.3$ MPa$<[\tau]$；

$\theta_{AC}=1.77$(°)/m$<[\theta]$；$\theta_{BD}=0.44$(°)/m$<[\theta]$。

11-13 长度相等的两根受扭圆轴，一为空心圆轴，一为实心圆轴，两者的材料和所受的外力偶矩均相同。设实心轴直径为 d，空心轴外直径为 D，内直径为 d_0，且 $\dfrac{d_0}{D}=0.8$。试求当空心轴与实心轴的最大切应力均达到材料的许用应力时的重量比和刚度比。

答：重量比$=0.51$；刚度比$=1.19$。

11-14 一阶梯形受扭圆轴如题 11-14 图所示，已知 $d_1=40$ mm，$d_2=80$ mm，$G=80$ GPa。求：(1) 绘出扭矩图；(2) 轴的最大切应力；(3) A、B 两截面间相对扭转角。

答：$\tau_{max}=79.6$ MPa；$\varphi=-0.0373$ rad。

11-15 题 11-15 图示钻头横截面直径为 $d=20$ mm，在下端受均匀阻抗力偶矩 m（单位为 N·m/m）作用，许用切应力 $[\tau]=70$ MPa。试求：(1) 作用于上端的许可外力偶矩 M_e；(2) 若剪切弹性模量 $G=80$ GPa，上端相对下端的扭转角是多少？

答：$M_e\leqslant110$ N·m；$\varphi=0.022$ rad。

题 11-14 图

题 11-15 图

11-16 题 11-16 图示等截面实心圆轴，已知直径 $d=40$ mm，$a=400$ mm，$M_e=292$ N·m，材料的剪切弹性模量 $G=80$ GPa。试画出扭矩图，并求 AD 杆的最大切应力和扭转角 φ_{CA}。

答：扭矩图略

69.7 MPa，2.33°。

11-17 钻探机钻杆外经 $D=60$ mm，内径 $d=$ mm，功率 $P=7.355$ kW，轴的转速 $n=180$ r/min，杆钻入土层的深度 $l=40$ m，材料的剪切弹性模量 $G=80$ GPa，许用切应力 $[\tau]=40$ MPa，假设土壤对钻杆

题 11-16 图

的阻力沿长度均匀分布，试求：（1）土壤对钻杆单位长度的阻力矩 m；（2）作钻杆
的扭矩图，并进行强度校核；（3）计算 A、B 截面的相对扭转角。

　答：（1）$m = 9.75 \text{ N} \cdot \text{m/m}$；

　　（2）扭矩图略

　　　　$\tau_{max} = 17.8 \text{ MPa} < [\tau]$；

　　（3）0.148 rad。

题 11-17 图

183

第 12 章
弯 曲 内 力

本章首先介绍平面弯曲的概念和梁的计算简图，然后着重讨论梁的内力，即剪力和弯矩、剪力方程和弯矩方程、剪力图和弯矩图，并进一步介绍载荷集度、剪力和弯矩间的微分关系及其在绘制剪力图、弯矩图中的作用。

12.1 平面弯曲的概念和梁的计算简图

12.1.1 平面弯曲的概念

在工程实际中，经常遇到受力而发生弯曲变形的杆件。如图 12-1a 所示矿车轮轴，它在车体的重力和轨道的约束力作用下，车轴将变成一条曲线（见图 12-1b）；又如图 12-1c 所示的桥式起重机的横梁，在载荷和梁自重作用下也将发生弯曲变形（见图 12-1d）；再如变速箱中的齿轮轴（见图 12-1e），轮齿受力作用在齿轮轴上，使齿轮轴发生弯曲变形（见图 12-1f）等。

a)　　　　　　　　　　　　b)

c)　　　　　　　　　　　　d)

e)　　　　　　　　　　　　f)

图　12-1

上述各例中的直杆，其受力的共同特点是：外力作用线垂直于杆的轴线，或外力偶作用面垂直于横截面。它们的变形特点是：杆件的轴线由原来的直线变成曲线（或曲率发生改变）。这种变形形式称为**弯曲变形**。凡发生弯曲变形或以弯曲变形为主的杆件均称为**梁**。

在工程实际中，大多数梁的横截面具有对称轴（见图 12-2a），对称轴 y 与梁的轴线 x 所组成的平面称为**纵向对称面**（见图 12-2b）。如果作用于梁上的外力（包括载荷和支座约束力）都位于该纵向对称面内，且垂直于轴线，梁变形后的轴线将变成为纵向对称面内的一条平面曲线，这种弯曲变形称为**平面弯曲**。平面弯曲是弯曲变形中最简单最常见的情况。本章只限于研究直梁的平面弯曲内力及内力图。

图　12-2

12.1.2　梁的计算简图

1. 梁的简化

为方便对梁进行分析和计算，需将工程实际中受弯构件简化成梁的计算简图。首先是梁的简化，如图 12-1 所示，不管梁的截面形状如何，都可以用梁的轴线代替梁。

2. 载荷的简化

梁所受的实际载荷按其作用形式，有集中载荷、分布载荷及集中力偶三种。

（1）集中载荷。当载荷的作用范围很小时，可将其简化为集中载荷。如图 12-3a 所示，辊轴两端轴承的支座约束力分布在远比轴长 l 小得多的轴颈 a 上。因此，可简化为作用在轴颈长度中点的集中力 F_{RA} 与 F_{RB}（见图 12-3b）。

图　12-3

（2）分布载荷。当载荷连续分布在梁的全长或部分长度上时，可将其简化为分布载荷，如图 12-3a 中所示的作用在辊轴上的压力。分布载荷的大小，用单位长度上所受的载荷 q 表示（见图 12-3b），它的单位是 N/m 或 kN/m。当载荷均匀分布时，又称为均布载荷，即 $q=$ 常数；当载荷分布不均匀时，q 沿梁的轴线变化，即 $q=q(x)$，q 为 x 的函数。

（3）集中力偶。当在梁上很小一段长度上作用力偶时，可将力偶简化为作用在该段长度的中间截面上，称为集中力偶。如图 12-3c 所示，装有斜齿轮的传动轴，将其作用于齿轮上的轴向力 F_{Na} 平移到轴线上，得到一个沿轴线作用力 F'_{Na} 和一个力偶 $M=F_{Na} \cdot \dfrac{D}{2}$。由于 CD 段比轴的长度短得多，因此，可简化为作用在 CD 段中点截面的集中力偶（见图 12-3d）。

3. 静定梁的基本形式

工程中常见到的静定梁有以下三种基本形式：

（1）简支梁。梁的一端为固定铰支座，另一端为可动铰支座，如图 12-4a 所示。

（2）外伸梁。梁的一端或两端向外伸出简支梁，如图 12-4b 所示。

（3）悬臂梁。梁的一端为固定端，另一端为自由端，如图 12-4c 所示。

图　12-4

12.2 弯曲时横截面上的内力——剪力和弯矩

12.2.1 剪力和弯矩的概念

为了计算梁的应力和变形，需要首先确定其内力。分析梁内力的方法仍然是截面法。

以简支梁为例，如图 12-5a 所示，梁受集中力 F_1、F_2 作用，其支座约束力 F_{RA}、F_{RB} 可以由静力学平衡方程求出。这些外力均为已知，且构成平面（纵向对称面）平行力系，梁在该力系作用下处于平衡状态。欲求梁任一横截面 m-m 上的内力，可设该截面距梁左端为 x。应用截面法，假想地将梁在截面 m-m 处分成左右两段。取左段为研究对象（见图 12-5b），因为原来的梁处于平衡状态，所以梁截取出来的左段也应保持平衡状态。为了维持左段梁的平衡，横截面 m-m 上必然同时存在两个分量：

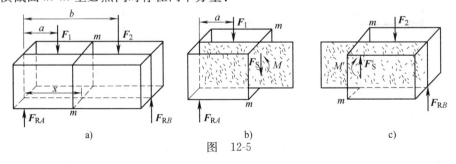

图　12-5

（1）一个内力分量与竖直方向的外力平衡，其作用线平行于外力，通过截面形心并与梁的轴线垂直，该内力沿横截面作用，称为**剪力**，用 $\boldsymbol{F}_S$ 表示。

（2）另一个内力分量与外力对截面形心的力矩平衡，其作用平面与梁的纵向对称面重合，该内力偶矩称为**弯矩**，用 M 表示。

同样，若取右段为研究对象（见图 12-5c），则右段截面 $m\text{-}m$ 也同时存在一个剪力 F_S' 和一个弯矩 M'。根据作用与反作用定律，剪力的大小相等（$F_S = F_S'$），指向相反；弯矩的大小相等（$M = M'$），转向相反。

12.2.2 剪力和弯矩的计算

选左段为研究对象，列平衡方程

$$\sum F_y = 0, \quad F_{RA} - F_1 - F_S = 0$$

$$\sum M_C(\boldsymbol{F}) = 0, \quad F_{RA}x - F_1(x-a) - M = 0$$

解得

$$F_S = F_{RA} - F_1$$

$$M = F_{RA}x - F_1(x-a)$$

上述两式表明：梁上任一截面的剪力等于截面一侧的所有外力的代数和；弯矩等于截面一侧所有外力对截面形心之矩的代数和。

12.2.3 剪力和弯矩的符号规定

为了使取左段梁与取右段梁在计算同一截面上的内力时具有相同的正负号，并由其正负号反映梁的变形情况，对剪力 F_S 和弯矩 M 的正负号规定如下。

1. 剪力 $\boldsymbol{F}_S$ 的符号规定

取截面 $m\text{-}m$ 左段梁时，截面上的剪力向下为正；取右段梁时，剪力向上为正（见图 12-6a）；反之，剪力为负（见图 12-6b）。即剪力方向与截面外法线按顺时针转 90° 时一致，则剪力为正。剪力的正负号，还可以用紧靠截面的微段梁的相对变形来确定。即此微段梁相邻两截面发生左上右下的相对错动时，则截面上的剪力为正（见图 12-6a）；反之，剪力为负（见图 12-6b）。

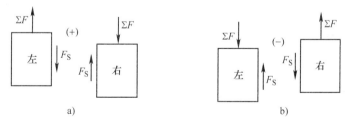

图 12-6

2. 弯矩 $\boldsymbol{M}$ 的符号规定

取截面 $m\text{-}m$ 左段梁时，截面上逆时针转向的弯矩为正；取右段梁时，截面上顺时针转向的弯矩为正（见图 12-7a）；反之，弯矩为负（见图 12-7b）。

弯矩的正负号，也可以用梁的弯曲变形情况来确定。即若使梁的轴线产生上凹下凸变形

图 12-7

时，则截面上的弯矩为正（见图 12-7a）；反之，若使梁的轴线产生上凸下凹变形时，则截面上的弯矩为负（见图 12-7b）。

解题时，在截面上的剪力和弯矩均按正方向假设，以便于绘制内力图。下面举例说明弯曲时横截面上内力的求法。

例 12-1 一简支梁受集中力 $F_1=4$ kN、集中力偶 $M=4$ kN·m 和均布载荷 $q=2$ kN/m 的作用，如图 12-8a 所示，试求 1-1 和 2-2 截面上的剪力和弯矩。

图 12-8

解：（1）计算支座约束力。取梁 AB 为研究对象（见图 12-8b），列平衡方程

$$\sum M_B(\boldsymbol{F})=0, \quad q\times 2\ \text{m}\times 7\ \text{m}+F\times 4\ \text{m}+M-F_{RA}\times 8\ \text{m}=0$$

$$\sum F_y=0, \quad F_{RA}-q\times 2\ \text{m}-F+F_{RB}=0$$

解得

$$F_{RA}=6\ \text{kN}, \quad F_{RB}=2\ \text{kN}$$

（2）计算截面上的剪力和弯矩。取 1-1 截面左段为研究对象（见图 12-8c），列平衡方程

$$\sum M_C(\boldsymbol{F})=0, \quad -F_{RA}\times 3 \text{ m}+q\times 2 \text{ m}\times 2 \text{ m}+M_1=0$$

$$\sum F_y=0, \quad F_{RA}-q\times 2 \text{ m}-F_{S1}=0$$

解得 $\qquad\qquad\qquad\qquad F_{S1}=2 \text{ kN}, \quad M_1=10 \text{ kN}\cdot\text{m}$

取 2-2 截面左段为研究对象（见图 12-8d），列平衡方程

$$\sum F_y=0, \quad F_{RA}-q\times 2 \text{ m}-F-F_{S2}=0$$

$$\sum M_D(\boldsymbol{F})=0, \quad F_{RA}\times 5 \text{ m}+q\times 2 \text{ m}\times 4 \text{ m}+F\times 1 \text{ m}+M_2=0$$

解得 $\qquad\qquad\qquad\qquad F_{S2}=-2 \text{ kN}, \quad M_2=10 \text{ kN}\cdot\text{m}$

若取右段为研究对象（见图 12-8e、f）解得结果相同。但计算 F_{S1} 和 M_1 时选左段梁较为简便，而计算 F_{S2} 和 M_2 时选右段梁较为简便。

另外，根据剪力和弯矩的符号规定，也可不必选取研究对象，而直接由外力得出。

（1）剪力：截面以左向上的外力或截面以右向下的外力产生正剪力（简称左上右下生正剪）；反之为负。

（2）弯矩：截面以左顺时针转向的外力偶或截面以右逆时针转向的外力偶产生正弯矩（简称左顺右逆生正弯矩）；反之为负。

这种直接根据外力来计算弯曲内力的方法比截面法更加简便，以后会经常使用。如对例 12-1，取左侧直接可得

$$F_{S1}=F_{RA}-q\times 2 \text{ m}=6 \text{ kN}-2\times 2 \text{ kN}=2 \text{ kN}$$

$$M_1=F_{RA}\times 3 \text{ m}-q\times 2 \text{ m}\times 2 \text{ m}=6\times 3 \text{ kN}\cdot\text{m}-2\times 2\times 2 \text{ kN}\cdot\text{m}=10 \text{ kN}\cdot\text{m}$$

$$F_{S2}=F_{RA}-q\times 2 \text{ m}-F=6 \text{ kN}-2\times 2 \text{ kN}-4 \text{ kN}=-2 \text{ kN}$$

$$M_2=F_{RA}\times 5 \text{ m}-q\times 2 \text{ m}\times 4 \text{ m}-F\times 1 \text{ m}$$
$$=6\times 5 \text{ kN}\cdot\text{m}-2\times 2\times 4 \text{ kN}\cdot\text{m}-4\times 1 \text{ kN}\cdot\text{m}=10 \text{ kN}\cdot\text{m}$$

取右侧可得

$$F_{S1}=-F_{RB}+F=(-2+4) \text{ kN}=2 \text{ kN}$$

$$M_1=F_{RB}\times 5 \text{ m}+M-F\times 1 \text{ m}=2\times 5 \text{ kN}\cdot\text{m}+4 \text{ kN}\cdot\text{m}-4\times 1 \text{ kN}\cdot\text{m}=10 \text{ kN}\cdot\text{m}$$

$$F_{S2}=-F_{RB}=-2 \text{ kN}$$

$$M_2=F_{RB}\times 3 \text{ m}+M=2\times 3 \text{ kN}\cdot\text{m}+4 \text{ kN}\cdot\text{m}=10 \text{ kN}\cdot\text{m}$$

可见，不论取截面左侧或右侧，所得结果与截面法的结果完全相同。读者应在充分掌握截面法的基础上，再进一步熟练掌握本方法。

12·3 剪力方程和弯矩方程 剪力图和弯矩图

一般情况下，梁的各横截面上的剪力和弯矩大小是不同的，它们随横截面位置的不同而变化。如取梁的轴线为 x 轴，坐标 x 表示截面位置，则剪力 F_S 和弯矩 M 可以表示为 x 的函数，即

$$F_S=F_S(x), \quad M=M(x) \qquad\qquad (12\text{-}1)$$

式（12-1）表示了剪力 F_S 和弯矩 M 随截面位置 x 的变化规律，分别称为**剪力方程**和**弯矩方程**。

为了清楚地表示梁上各横截面的剪力和弯矩的大小、正负及最大值所在截面的位置，把剪力方程和弯矩方程用函数图像表示出来，分别称为**剪力图**和**弯矩图**。其绘制方法是：以平行于梁轴的横坐标表示横截面位置，以纵坐标表示横截面上的剪力 F_S 或弯矩 M，分别绘制 $F_S = F_S(x)$ 或 $M = M(x)$ 的图线。

下面举例说明建立剪力方程、弯矩方程和绘制剪力图、弯矩图的方法。

例 12-2 简支梁受均布载荷 q 的作用，如图 12-9a 所示，试绘制此梁的剪力图和弯矩图。

解：（1）求支座约束力。选梁 AB 为研究对象，由对称性知 A、B 两支座的约束力为

$$F_{RA} = F_{RB} = \frac{1}{2}ql$$

（2）列剪力方程和弯矩方程。取任意截面 x，则有

$$F_S(x) = F_{RA} - qx = \frac{1}{2}ql - qx, \quad 0 < x < l \quad \text{(a)}$$

$$M(x) = F_{RA}x - qx \cdot \frac{x}{2} = \frac{1}{2}qlx - \frac{1}{2}qx^2, \quad 0 \leqslant x \leqslant l$$

$$\text{(b)}$$

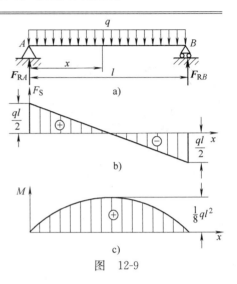

图 12-9

（3）绘制剪力图和弯矩图。由式（a）可知，剪力是 x 的一次函数，故剪力图为一斜直线。绘制时可定两点：当 $x \to 0$ 时，$F_{SA} = \frac{1}{2}ql$；当 $x \to l$ 时，$F_{SB} = -\frac{1}{2}ql$，剪力图如图 12-9b 所示。

由式（b）可知，弯矩是 x 的二次函数，故弯矩图为一条抛物线。绘制时可选定三点：当 $x = 0$ 时，$M_A = 0$；当 $x = l$ 时，$M_B = 0$；当 $x = \frac{l}{2}$ 时，$M_C = \frac{1}{8}ql^2$。

绘制弯矩图如图 12-9c 所示。

（4）确定 F_{Smax} 和 M_{max}。由剪力图和弯矩图可知 $F_{Smax} = \frac{1}{2}ql$，$M_{max} = \frac{1}{8}ql^2$。

例 12-3 简支梁如图 12-10a 所示，在截面 C 处受集中 F 力作用，试绘制此梁的剪力图和弯矩图。

解：（1）求支座约束力。选 AB 为研究对象，列平衡方程可得 A 和 B 两支座的约束力分别为

$$F_{RA} = \frac{Fb}{l}, \quad F_{RB} = \frac{Fa}{l}$$

（2）分段列剪力方程和弯矩方程。由于梁在 C 点处有集中力 F 作用，故 AC 和 BC 两段的剪力、弯矩方程不同，必须分别列出。

AC 段 $\quad F_{S1}(x_1) = F_{RA} = \frac{Fb}{l}, \quad 0 < x_1 < a \quad \text{(a)}$

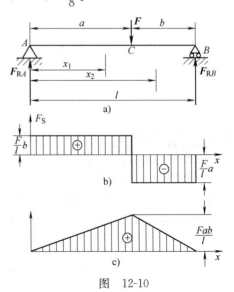

图 12-10

$$M_1(x_1)=F_{RA}x_1=\frac{Fb}{l}x_1, \quad 0\leqslant x_1\leqslant a \tag{b}$$

BC 段
$$F_{S2}(x_2)=F_{RA}-F=-\frac{Fa}{l}, \quad a<x_2<l \tag{c}$$

$$M_2(x_2)=F_{RA}x_2-F(x_2-a)=\frac{Fa}{l}(l-x_2), \quad a\leqslant x_2\leqslant l \tag{d}$$

（3）绘制剪力图和弯矩图。由剪力方程（a）、（c）可知，AC 段和 BC 段梁上的剪力为两个不同的常数，故其剪力图均为水平直线，如图 12-10b 所示。

由弯矩方程（b）、（d）可知，AC 段和 BC 段梁上的弯矩均为 x 的一次函数，故两段弯矩图均为斜率不同的两条直线。由特征点数值：$x=0$，$M_A=0$；$x=a$，$M_C=\frac{Fab}{l}$；$x=l$，$M_B=0$，即可以画出弯矩图 12-10c 所示图形。

由剪力图可知，在集中力作用处，剪力值发生突变，突变方向与该集中力的指向相同，突变值等于该集中力的大小，即

$$|F_{SC}^{右}-F_{SC}^{左}|=\left|-\frac{Fa}{l}-\frac{Fb}{l}\right|=F$$

式中，$F_{SC}^{左}$ 和 $F_{SC}^{右}$ 分别表示截面 C 两侧无限接近的 C 截面的剪力值。

（4）确定 F_{Smax}、M_{max}。设 $a>b$，则在集中力 F 作用处的截面右侧，有 $F_{Smax}=\frac{Fa}{l}$，而集中作用处，有 $M_{max}=\frac{Fab}{l}$；若集中力 F 作用在梁的中点，即 $a=b=\frac{l}{2}$ 时，有 $F_{Smax}=\frac{F}{2}$，$M_{max}=\frac{Fl}{4}$。

例 12-4 简支梁如图 12-11a 所示，在截面 C 处受集中力偶 M 的作用，试绘制此梁的剪力图和弯矩图。

解：（1）求支座约束力。选梁 AB 为研究对象，由平衡方程 $\sum M=0$ 得

$$F_{RA}=F_{RB}=\frac{M}{l}$$

（2）分段列剪力方程和弯矩方程。由于梁上有集中力偶 M 的作用，故将梁分为 AC 和 BC 两段。

AC 段 $\quad F_{S1}(x_1)=F_{RA}=\frac{M}{l}, \quad 0<x_1\leqslant a \tag{a}$

$$M_1(x_1)=F_{RA}x_1=\frac{Mx_1}{l}, \quad 0\leqslant x_1<a \tag{b}$$

BC 段 $\quad F_{S2}(x_2)=F_{RA}=\frac{M}{l}, \quad a\leqslant x_2<l \tag{c}$

$$M_2(x_2)=-F_{RA}(l-x_2)=-M+\frac{Mx_2}{l}, \quad a<x_2\leqslant l \tag{d}$$

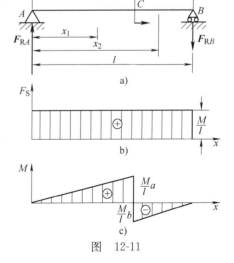

图 12-11

（3）绘制剪力图和弯矩图。由于整个梁上剪力为一常数，故剪力图为一水平直线，如

图 12-11b 所示。

由弯矩方程（b）、（d）可知，AC 段和 BC 段梁上的弯矩图为两条斜直线，如图 12-11c 所示。

AC 段　$x=0$ 时，$M_A=0$；$x=a^-$ 时，$M_C^{左}=\dfrac{Ma}{l}$。

BC 段　$x=a^+$ 时，$M_C^{右}=\dfrac{Mb}{l}$；$x=l$ 时，$M_B=0$。

（4）确定 $F_{S\max}$ 和 $M_{\max}$。梁上各截面上的剪力均相等，而 C 截面左侧的弯矩最大，即

$$F_{S\max}=\frac{M}{l}，\qquad M_{\max}=\frac{Ma}{l}$$

由 M 图可以看出，在集中力偶作用处的截面两侧，剪力值相等，而弯矩值发生突变。若从左向右作图，正力偶向下突变，负力偶向上突变，突变量等于该集中力偶 M 的值，即

$$\left|M_C^{右}-M_C^{左}\right|=\left|-\frac{Mb}{l}-\frac{Mb}{l}\right|=M$$

式中，$M_C^{右}$ 和 $M_C^{左}$ 分别表示截面 C 左右两侧无限接近 C 截面上的弯矩。

12.4　载荷集度、剪力和弯矩之间的微分关系

轴线为直线的梁如图 12-12a 所示。以轴线为 x 轴，y 轴向上为正。梁上分布载荷的集度 $q(x)$ 是 x 的连续函数，且规定 $q(x)$ 向上（与 y 轴方向一致）为正。从梁中取出长为 $\mathrm{d}x$ 的微段，并放大为图 12-12b。微段左边截面上的剪力和弯矩分别是 $F_S(x)$ 和 $M(x)$。当 x 有一增量 $\mathrm{d}x$ 时，$F_S(x)$ 和 $M(x)$ 的相应增量是 $\mathrm{d}F_S(x)$ 和 $\mathrm{d}M(x)$。所以，微段右边截面上的剪力和弯矩应分别为 $F_S(x)+\mathrm{d}F_S(x)$ 和 $M(x)+\mathrm{d}M(x)$。$\mathrm{d}x$ 微段上的这些内力都取正值，且设微段内无集中力和集中力偶。由微段的平衡方程得

$$\sum F_y=0，\quad F_S(x)-[F_S(x)+\mathrm{d}F_S(x)]+q(x)\mathrm{d}x=0$$

$$\sum M_C(\boldsymbol{F})=0，\quad -M(x)+[M(x)+\mathrm{d}M(x)]-F_S(x)\mathrm{d}x-q(x)\mathrm{d}x\cdot\mathrm{d}x/2=0$$

省略第二式中的高阶微量 $q(x)\mathrm{d}x\cdot\mathrm{d}x/2$，整理后得出

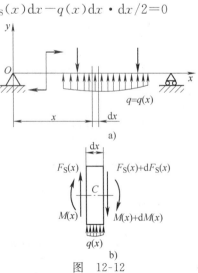

$$\frac{\mathrm{d}F_S(x)}{\mathrm{d}x}=q(x) \tag{12-2}$$

$$\frac{\mathrm{d}M(x)}{\mathrm{d}x}=F_S(x) \tag{12-3}$$

这就是直梁微段的平衡方程。如将式（12-3）对 x 取导数，并利用式（12-2），又可得出

$$\frac{\mathrm{d}^2M(x)}{\mathrm{d}x^2}=\frac{\mathrm{d}F_S(x)}{\mathrm{d}x}=q(x) \tag{12-4}$$

以上三式表示了直梁的 $q(x)$、$F_S(x)$ 和 $M(x)$ 间的导数关系。

根据上述导数关系，容易得出下面一些推论。这些推论对绘制或校核剪力图和弯矩图是很有帮助的。

图　12-12

（1）在梁的某一段内，若无载荷作用，即 $q(x)=0$。由 $\dfrac{dF_S(x)}{dx}=q(x)$ 可知，在这一段内 $F_S(x)=$ 常数，剪力图是平行于 x 轴的直线，如图 12-10b 所示。再由 $\dfrac{d^2M(x)}{dx^2}=q(x)=0$ 可知，$M(x)$ 是 x 的一次函数，弯矩图是斜直线，如图 12-10c 所示。

（2）在梁的某一段内，若作用均布载荷，即 $q(x)=$ 常数。由于 $\dfrac{d^2M(x)}{dx^2}=\dfrac{dF_S(x)}{dx}=q(x)=$ 常数，故在这一段内 $F_S(x)$ 是 x 的一次函数，$M(x)$ 是 x 的二次函数。因而剪力图是斜直线，弯矩图是抛物线（见图 12-9b、c）。

在梁的某一段内，若分布载荷 $q(x)$ 向下，规定向下的 $q(x)$ 为负，故 $\dfrac{d^2M(x)}{dx^2}=q(x)<0$，这表明弯矩图应为向上凸的曲线（见图 12-9c）。反之，若分布载荷向上，则弯矩图应为向下凸的曲线。

（3）在梁的某一截面上，若 $\dfrac{dM(x)}{dx}=F_S(x)=0$，则弯矩在这一截面上有一极值（极大或极小），即弯矩的极值发生于剪力为零的截面上（见图 12-9）。

（4）在集中力作用处，剪力图发生突变，突变量等于该集中力的大小，若从左向右作图，突变方向与集中力方向相同；弯矩图的斜率也突然发生变化，成为一个转折点。如例 12-3 中弯矩的极值就可能出现于这类截面上。

（5）在集中力偶作用处，弯矩图发生突变（见例 12-4），突变量等于该集中力偶矩的大小，若从左向右作图，逆时针转动的力偶向下突变，反之向上突变，此处也将出现弯矩的极值。

（6）利用微分关系式（12-2）和式（12-3），经过积分得

$$F_S(x_2)-F_S(x_1)=\int_{x_1}^{x_2}q(x)dx \tag{12-5}$$

$$M(x_2)-M(x_1)=\int_{x_1}^{x_2}F_S(x)dx \tag{12-6}$$

式（12-5）、式（12-6）表明，在 $x=x_2$ 和 $x=x_1$ 两截面上的剪力之差，等于两截面间分布载荷图的面积；两截面上的弯矩之差，等于两截面间剪力图的面积。上述关系也可以用于剪力图和弯矩图的绘制与校核。

例 12-5 悬臂梁如图 12-13 所示，自由端受集中力 F 作用，梁的 BC 段受均布载荷作用，已知 $F=3$ kN，$q=3$ kN/m，试绘制此梁的剪力图和弯矩图。

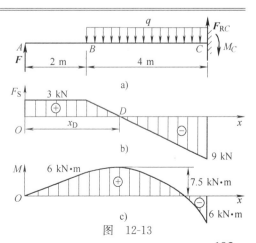

图 12-13

解：（1）对悬臂梁可不必求出支座约束力，由于 AB 段无分布载荷，故剪力图为一水平直线，其值为 $F_{S1}=F=3$ kN。又因 BC 段有均布载荷作用，故剪力图为一斜直线，q 向下，则向下倾斜。绘制直线可定两点：$x=2$ m，$F_{SB}=F=3$ kN；$x=6$ m，$F_{SC}=F-q\times4=-9$ kN。

全梁剪力图如图 12-13b 所示，由此剪力图可见，最大剪力发生在固定端 C，其值为 $|F_{Smax}|=9$ kN。

（2）画弯矩图。因 AB 段无分布载荷作用，故弯矩图为一斜直线。又因 $F_S>0$，故 M 图向上倾斜。绘制斜直线可定两点：$x=0$，$M_A=0$；$x=2$ m，$M_B=F\times2$ m$=3$ kN$\times2$ m$=6$ kN·m。

因 BC 段上有均布载荷作用，故弯矩图为一抛物线，$M(x)=Fx-\dfrac{q\ (x-2)^2}{2}$（$2\leqslant x<6$）。

图 12-13 绘制抛物线可定三点：$x=2$ m，$M_B=6$ kN·m；$x=6$ m，$M_C=F\times6$ m$-q\times4$ m$\times2$ m$=-6$ kN·m；由 $F_{SD}=0$ 和 F_S 图中的几何关系，可解得 $x_D=3$ m，故该截面上的弯矩有极大值为

$$M_{max}=M_D=F\times3\ \text{m}-q\times1\ \text{m}\times0.5\ \text{m}=3\ \text{kN}\times3\ \text{m}-3\ \text{kN/m}\times1\ \text{m}\times0.5\ \text{m}=7.5\ \text{kN·m}$$

这为全梁的最大弯矩，弯矩图如图 12-13c 所示。

例 12-6 外伸梁及其所受载荷如图 12-14a 所示，试绘制梁的剪力图和弯矩图。

解：由静力平衡方程，求得约束力

$$F_{RA}=7\ \text{kN}, \quad F_{RB}=5\ \text{kN}$$

按照以前使用的方法作剪力图和弯矩图时，应分别列出 F_S 及 M 的方程式，然后按照方程式作图。现在利用本节所得结论，可以不列方程式直接作图。在支座约束力 F_{RA} 的右侧梁截面上，剪力为 7 kN。截面 A 到截面 C 之间的载荷为均布载荷，剪力图为斜直线。算出集中力 F_1 左侧截面上的剪力为$(7-1\times4)$ kN$=$ 3 kN，即可确定这条斜直线（见图 12-14b）。截面 C 处有一集中力 F_1，剪力图发生突然变化，变化的数值即等于 F_1。故 F_1 右侧截面上的剪力为$(3-2)$ kN$=1$ kN。从 C 到 D 剪力图又为斜直线。截面 D 上的剪力为$(1-1\times4)$ kN$=-3$ kN。截面 D 及 B 之间梁上无载荷，剪力图为水平直线。截面 B 与 E 之间剪力图也为水平直线，算出 F_{RB} 右侧截面上的剪力为 2 kN，即可画出这一条水平线。

a)

b)

c)

图　12-14

截面 A 上弯矩为零。从 A 梁到 C 梁上为均布载荷，弯矩图为抛物线。算出截面 C 上的弯矩为 $\left(7\times4-\dfrac{1}{2}\times1\times4\times4\right)$ kN·m$=20$ kN·m。从 C 到 D 弯矩图为另一抛物线。在截面 F 上剪力等于零，弯矩为极值。F 至左端的距离为 5 m，故可求出截面 F 上弯矩的极值为 $M_{max}=\left(7\times5-2\times1-\dfrac{1}{2}\times1\times5\times5\right)$ kN·m$=20.5$ kN·m。在集中力偶 m 左侧截面上弯矩为 16 kN·m。已知 C、F 及 D 等三个截面上的弯矩，即可连成 C 到 D 之间的抛物线。截面 D 上有一集中力偶，弯矩图突然变化，而且变化的数值等于 m。所以在 m 右侧梁截面上，$M=(16-10)$ kN·m$=6$ kN·m。从 D 到 B 梁上无载荷，弯矩图为斜直线。算出在截面 B 上，$M_B=-6$ kN·m，于是就决定了这条直线。B 到 E 之间的弯矩图也是斜直线，由

于 $M_E = 0$，斜直线是容易画出的，如图 12-14c 所示。

建议读者用式（12-5）和式（12-6）校核所得结果。

本章所讲的绘制剪力图和弯矩图的方法也适用于刚架。所谓**刚架**，就是由杆件通过刚性连接所组成的结构，在连接处不能有任何的相对位移和转动，这种连接点称为**刚节点**，如图 12-15a 所示。

刚架横截面上的内力一般同时存在轴力、剪力和弯矩。对于静定刚架，内力可由静力平衡方程确定。在绘制刚架的弯矩图时，约定把弯矩图画在杆件弯曲变形凹入的一侧，亦即画在受压一侧，而不再考虑正负号。下面举例说明刚架内力图的做法。

例 12-7 绘制图 12-15a 所示刚架的轴力图、剪力图和弯矩图。

图　12-15

解：（1）求支座约束力。设各支座约束力的方向如图 12-15a 所示，由平衡方程得

$$F_{Ax} = ql \ (\leftarrow)$$

$$F_{RB} = \frac{ql}{2} (\uparrow)$$

$$F_{Ay} = \frac{ql}{2} \ (\leftarrow)（求解过程略）$$

（2）将 AC 段及 CB 段坐标原点分别设在 A 点和 B 点，并设截面至原点的距离分别为 x_1 及 x_2，可列出两段的内力方程如下：

AC 段

$$F_{N1} = F_{Ay} = \frac{ql}{2}, \qquad 0 < x_1 \leqslant l$$

$$F_{S1} = F_{Ay} - qx_1 = ql - qx_1, \qquad 0 < x_1 \leqslant l$$

$$M_1 = F_{Ax}x_1 - qx_1 \frac{x_1}{2} = qlx_1 - \frac{qx_1^2}{2}, \qquad 0 \leqslant x_1 \leqslant l$$

CB 段

$$F_{N2}=0, \quad 0<x_2\leqslant l$$

$$F_{S2}=-F_{RB}=-\frac{1}{2}ql, \quad 0<x_2<l$$

$$M_2=F_{RB}x_2=\frac{ql}{2}x_2 \quad 0\leqslant x_2\leqslant l$$

（3）绘制内力图。由上列各式知，CB 段的轴力为零，AC 段的弯矩图为二次抛物线，其他各段的内力图皆为直线。确定有关截面的坐标后可画出刚架的轴力图、剪力图，如图 12-15b、c 所示；按弯矩图画在受压一侧的规定作出刚架的弯矩图，如图 12-15d 所示。

12-1　悬臂梁的 B 端作用有集中力 **F**，它与 Oxy 平面的夹角如图 12-16 各侧视图所示。试说明当截面为圆形、正方形和长方形时，梁是否发生平面弯曲？为什么？

图　12-16

12-2　何谓横截面上的剪力和弯矩？剪力和弯矩的大小如何计算？正负如何确定？

12-3　如何列出剪力方程和弯矩方程？如何应用剪力方程和弯矩方程绘制剪力图和弯矩图？

12-4　在梁上受集中力和集中力偶作用处，其剪力图和弯矩图在该处如何变化？

12-5　弯矩图为二次曲线时，其极值点位置如何确定？ $|M_{极值}|$ 是否一定是全梁中弯矩的最大值？

12-6　梁的剪力、弯矩符号是否与坐标系的选择有关？

12-1　求出题 12-1 图示各梁中 C、D 和 E 截面的内力。其中 Δ 趋于零。

题 12-1 图

答：略

12-2　试列出题 12-2 图示中各梁的剪力方程和弯矩方程式，绘制剪力图和弯矩图，并求出 $|F_{Smax}|$ 和 $|M_{max}|$。

题 12-2 图

答：略

12-3　试按题 12-3 图示中给出的剪力图和弯矩图，确定作用在梁上的载荷图，并在梁上画出。

答：略

12-4　试求题 12-4 图示中梁的 $|M_{max}|$，并加以比较。

答：略

题 12-3 图　　　　　　　　　　　题 12-4 图

12-5　按题 12-5 图示起吊一根自重为 q 的等截面钢筋混凝土构件。问吊装时起吊点位置 x 应为多少才最合适（最不易使构件折断）？

答：$x = 0.207l$。

12-6　题 12-6 图示中的天车梁小车轮距为 c，起重量为 G，问小车走到什么位置时，梁的弯矩最大？并求出 M_{max}。

答：$x = \dfrac{l}{2} - \dfrac{c}{4}$，$M_{max} = \dfrac{G}{4l}\left(l - \dfrac{c}{4}\right)^2$。

题 12-5 图　　　　　　　　　　题 12-6 图

12-7　试用 q、F_S 及 M 的微分关系绘出题 12-7 图示各梁的剪力图和弯矩图，并求出 $|F_{Smax}|$ 和 $|M_{max}|$。

题 12-7 图

答：略

12-8　绘出题 12-8 图示梁的剪力图和弯矩图。

答：略

题 12-8 图

12-9　画出题 12-9 图示剪力图和弯矩图。

题 12-9 图

答：略

12-10　画出题 12-10 图示剪力图和弯矩图。

题 12-10 图

答：略

第 13 章
弯 曲 应 力

本章将详细地推导梁弯曲时的正应力和切应力公式，在此基础上讨论梁的正应力和切应力强度计算。

13.1 纯弯曲梁横截面上的正应力

在确定了梁横截面上的内力之后，还要进一步研究横截面上的应力。不仅要找出应力在截面上的分布规律，还要找出它和整个截面上的内力之间的定量关系，从而建立梁的强度条件，进行强度计算。

13.1.1 纯弯曲的概念

一般情况下，梁截面上既有弯矩，又有剪力。对于横截面上的某点而言，则既有正应力又有切应力。但是，梁的强度主要决定于截面上的正应力，切应力居于次要地位。所以本节将讨论梁在纯弯曲（截面上没有切应力）时横截面上的正应力。

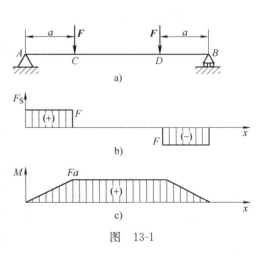

图 13-1

一简支梁如图 13-1a 所示。梁上作用着两个对称的集中力 F，该梁的剪力图和弯矩图如图 13-1b、c 所示。梁在 AC 和 DB 两段内，各横截面上既有弯矩 M 又有剪力 F_S，这种弯曲称为**横力弯曲**；而在梁的 CD 段内，横截面上只有弯矩而没有剪力，且段内弯矩为一常数，这种情况下的弯曲称为**纯弯曲**。

13.1.2 实验观察与假设

将图 13-1 中简支梁受纯弯曲的 CD 段作为研究对象。变形之前，在梁的表面画两条与轴线相垂直的横线 I-I 和 II-II，再画两条与轴线平行的纵向线 ab 和 cd（见图 13-2a）。梁 CD 段是纯弯曲，相当于两端受力偶（力偶矩 $M=Fa$）作用，如图 13-2b 所示。观察纯弯曲时梁的变形可以看到如下现象：

（1）梁变形后，横向线段 I-I 和 II-II 还是直线，与变形后的轴线仍然垂直，但倾斜了

一个小角度 $\mathrm{d}\theta$ （见图 13-2b、图 13-3）。

图 13-2

图 13-3

（2）纵向线 ab 缩短，而纵向线 cd 伸长。根据观察到的外表现象来推测梁的内部变形情况，如果认为表面上的横向线反映了整个截面的变形，便可进行如下假设：横截面在变形前为平面，变形后仍为平面，且仍垂直于变形后梁的轴线，只是绕横截面上某个轴旋转了一个角度。这就是梁纯弯曲时的**平面假设**。根据这个假设可以推知梁的各纵向纤维都是受到轴向拉伸和压缩的作用，因此横截面上只有正应力。

13.1.3　正应力计算公式

研究梁横截面上的正应力，需要考虑变形几何关系、物理关系和静力学关系三个方面，下面分别进行分析。

1. 几何关系

将变形后梁Ⅰ-Ⅰ、Ⅱ-Ⅱ之间的一段梁截取出来进行研究（见图 13-3）。两截面Ⅰ-Ⅰ、Ⅱ-Ⅱ 原来是平行的，现在互相倾斜了一个小角度 $\mathrm{d}\theta$。纵向线 ab 变成了 $a'b'$，比原来长度缩短了；cd 变成了 $c'd'$，比原来长度伸长了。由于材料是均匀连续的，所以变形也是连续的。这样，由压缩过渡到伸长之间，必有一条纵向线 OO' 的长度保持不变。若把纵向线 OO' 看成材料的一层纤维，则这层纤维既不伸长也不缩短，称为**中性层**。中性层与横截面的交线称为**中性轴**，如图 13-4 所示。

图 13-4

在图 13-3 中，OO' 即为中性层，设其曲率为 ρ，$c'd'$ 到中性轴的距离为 y，则纵线 cd 的绝对伸长为

$$\Delta cd = c'd' - cd = (\rho + y)\mathrm{d}\theta - \rho\mathrm{d}\theta = y\mathrm{d}\theta$$

纵向线 cd 的线应变为

$$\varepsilon = \frac{\Delta cd}{cd} = \frac{y\mathrm{d}\theta}{\rho\mathrm{d}\theta} = \frac{y}{\rho} \tag{13-1}$$

显然，$1/\rho$ 是中性层的曲率。该曲率由梁及其受力情况确定，故它是一个常量。由此不难

看出：**线应变的大小与其到中性层的距离成正比**。这个结论反映了纯弯曲时变形的几何关系。

2. 物理关系

由于纯弯曲时，各层纤维是受到轴向拉伸或压缩的作用，因此材料的应力-应变关系应符合胡克定律

$$\sigma = E\varepsilon$$

将式（13-1）代入上式可得

$$\sigma = E\,\frac{y}{\rho} \tag{13-2}$$

图 13-5

式中，E 为材料的弹性模量；对于指定的截面，ρ 为常数。

故式（13-2）说明，**横截面上任一点的正应力与该点到中性轴的距离 y 成正比**，即应力沿梁的高度按直线规律分布，如图 13-5 所示。式（13-2）中，中性轴位置尚未确定，$\frac{1}{\rho}$ 是未知量，所以不能直接求出正应力 σ，为此必须通过静力学关系来解决。

3. 静力学关系

在梁的横截面上 K 点附近取微面积 $\mathrm{d}A$，设 z 为横截面的中性轴，K 点到中性轴的距离为 y，若该点的正应力为 σ，则微面积 $\mathrm{d}A$ 的法向内力为 $\sigma\mathrm{d}A$。截面上各处的法向内力构成一个空间平行力系。应用平衡条件 $\sum F_x = 0$，则有

$$\int_A \sigma\mathrm{d}A = 0 \tag{13-3}$$

将式（13-2）代入式（13-3），得

$$\int_A \frac{E}{\rho} y\mathrm{d}A = 0$$

或写成

$$\frac{E}{\rho}\int_A y\mathrm{d}A = 0$$

即

$$\int_A y\mathrm{d}A = 0 \tag{13-4}$$

式中，积分 $\int_A y\mathrm{d}A = y_C A = S_z$，为截面对 z 轴的静矩，故有

$$y_C A = 0$$

显然，横截面面积 $A \neq 0$，只有 $y_C = 0$。这说明横截面的形心在 z 轴上，即中性轴必须通过横截面的形心。这样，就确定了中性轴的位置。再由 $\sum M_z(\boldsymbol{F}) = 0$，得

$$\int_A y\sigma\,\mathrm{d}A = M \tag{13-5}$$

式中，M 为此段梁所受的外力偶，其值应等于截面上的弯矩。将式（13-2）代入式（13-5），得

$$M = \int_A \frac{E}{\rho} y^2\mathrm{d}A = \frac{E}{\rho}\int_A y^2\mathrm{d}A$$

其中

$$I_z = \int_A y^2\mathrm{d}A$$

I_z 称为横截面对中性轴 z 的惯性矩，则

$$\frac{1}{\rho}=\frac{M}{EI_z} \tag{13-6}$$

式中，$\dfrac{1}{\rho}$ 表示梁的弯曲程度，$\dfrac{1}{\rho}$ 越大，梁弯曲越大，$\dfrac{1}{\rho}$ 越小，梁弯曲越小；EI_z 与 $\dfrac{1}{\rho}$ 成反比，所以 EI_z 表示梁抵抗弯曲变形的能力，称为**抗弯刚度**。

将式（13-6）代入式（13-2），即可求出正应力的表达式

$$\sigma=E\,\frac{y}{\rho}=Ey\,\frac{M}{EI_z}$$

即

$$\sigma=\frac{My}{I_z} \tag{13-7}$$

式中，σ 为横截面上任一点处的正应力；M 为横截面上的弯矩；y 为横截面上任一点到中性轴的距离；I_z 为横截面对中性轴 z 的惯性矩。

从式（13-7）可以看出，中性轴上 $y=0$，故 $\sigma=0$，而最大正应力 σ_{max} 产生在离中性轴最远的边缘，即 $y=y_{max}$ 时，$\sigma=\sigma_{max}$，即

$$\sigma_{max}=\frac{M}{I_z}y_{max} \tag{13-8}$$

由式（13-8）知，对梁上某一横截面来说，最大正应力位于距中性轴最远的地方。

令

$$W_z=\frac{I_z}{y_{max}}$$

于是有

$$\sigma_{max}=\frac{M}{W_z} \tag{13-9}$$

式中，W_z 称为**抗弯截面模量**，它也是只与截面的形状和尺寸有关的一种几何量，单位为 mm^3。对于矩形截面（宽为 b，高为 h），有

$$W_z=\frac{I_z}{y_{max}}=\frac{bh^3/12}{h/2}=\frac{1}{6}bh^2 \tag{13-10}$$

对于圆形截面（直径为 d），有

$$W_z=\frac{I_z}{y_{max}}=\frac{\pi d^4/64}{d/2}=\frac{\pi d^3}{32} \tag{13-11}$$

对于空心圆截面（外径为 D，内径为 d，令 $\alpha=d/D$），有

$$W_z=\frac{I_z}{y_{max}}=\frac{\pi D^4/64}{D/2}(1-\alpha^4)=\frac{\pi D^3}{32}(1-\alpha^4) \tag{13-12}$$

各种型钢的 W_z 值可以从型钢表中查得。

正应力计算公式是在纯弯曲条件下推导出来的，工程实际中常见的弯曲多为横力弯曲。虽然纯弯曲与横力弯曲存在一定的差异，但也可以用此公式计算横力弯曲时的正应力，并不会引起很大的误差，能够满足工程问题所需的精度。

例 13-1　一空心矩形截面悬臂梁受均布载荷作用，如图 13-6a 所示。已知梁跨长 $l=1.2$ m，均布载荷集度 $q=20$ kN/m，横截面尺寸为 $H=12$ cm，$B=6$ cm，$h=8$ cm，$b=3$ cm。试

求此梁外壁和内壁的最大正应力。

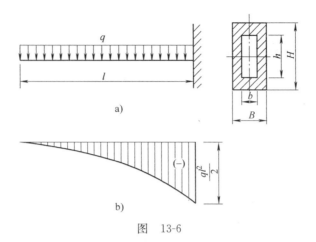

图 13-6

解：（1）绘制弯矩图，求最大弯矩。梁的弯矩图如图 13-6b 所示，在固定端横截面上的弯矩绝对值最大，为

$$|M|_{max}=\frac{1}{2}ql^2=\frac{20\times1000\ \text{N/m}\times1.2^2\ \text{m}^2}{2}=14400\ \text{N}\cdot\text{m}$$

（2）计算横截面的惯性矩。横截面对中性轴的惯性矩为

$$I_z=\frac{1}{12}BH^3-\frac{1}{12}bh^3=\left(\frac{6\times12^3}{12}-\frac{3\times8^3}{12}\right)\ \text{cm}^4=736\ \text{cm}^4$$

（3）计算应力。由公式（13-8），外壁和内壁处的最大正应力分别为

$$\sigma_{外\cdot max}=\frac{M_{max}}{I_z}\cdot\frac{H}{2}=\frac{14400\ \text{N}\cdot\text{m}}{736\times10^{-8}\ \text{m}^4}\times\frac{12\times10^{-2}\ \text{m}}{2}=117.4\times10^6\ \text{Pa}=117.4\ \text{MPa}$$

$$\sigma_{内max}=\frac{M_{max}}{I_z}\cdot\frac{h}{2}=\frac{14400\ \text{N}\cdot\text{m}}{736\times10^{-8}\ \text{m}^4}\times\frac{8\times10^{-2}\ \text{m}}{2}=78.3\times10^6\ \text{Pa}=78.3\ \text{MPa}$$

例 13-2 一受集中载荷作用的简支梁，由 18 号槽钢制成，如图 13-7a 所示。已知梁的跨长 $l=2$ m，$F=5$ kN。求此梁的最大拉应力和最大压应力。

图 13-7

解：（1）绘制弯矩图，求最大弯矩。梁的弯矩图如图 13-7b 所示，在梁中点截面上的弯矩最大，其值为

$$M_{max}=\frac{1}{4}Fl=\frac{5000\times2}{4}\ \text{N}\cdot\text{m}=2500\ \text{N}\cdot\text{m}$$

（2）求截面的惯性矩及有关尺寸。由型钢表查得，18 号槽钢对中性轴的惯性矩为

$$I_z = 111 \ \text{cm}^4$$

横截面上边缘及下端至中性轴的距离分别为

$$y_2 = 1.84 \ \text{cm}, \quad y_1 = (7-1.84) \ \text{cm} = 5.16 \ \text{cm}$$

（3）计算最大应力。因危险截面的弯矩为正，故截面下端受最大拉应力（见图 13-7c），由式（13-8）得

$$\sigma_{t, \max} = \frac{M_{\max}}{I_z} y_1 = \frac{2500 \ \text{N} \cdot \text{m}}{111 \times 10^{-8} \ \text{m}^4} \times 5.16 \times 10^{-2} \ \text{m} = 116.2 \times 10^6 \ \text{Pa} = 116.2 \ \text{MPa}$$

截面上缘受最大压应力，其值为

$$\sigma_{c, \max} = \frac{M_{\max}}{I_z} y_2 = \frac{2500 \ \text{N} \cdot \text{m}}{111 \times 10^{-8} \ \text{m}^4} \times 1.84 \times 10^{-2} \ \text{m} = 41.4 \times 10^6 \ \text{Pa} = 41.4 \ \text{MPa}$$

13.2 弯曲切应力

横力弯曲的梁横截面上既有弯矩又有剪力，所以横截面上既有正应力又有切应力。现在按梁截面的形状，分几种情况讨论弯曲切应力。

13.2.1 矩形截面梁

在图 13-8a 所示的矩形截面梁的任意截面上，剪力 $\boldsymbol{F}_S$ 皆与截面对称轴 y 重合（图 13-8b）。关于横截面上切应力的分布规律，做以下两个假设：

（1）横截面上各点的切应力的方向都平行于剪力 $\boldsymbol{F}_S$；

（2）切应力沿截面宽度均匀分布。

图　13-8

在截面高度 h 大于宽度 b 的情况下，以上述假定为基础得到的解，与精确解相比有足够的准确度。按照这两个假设，在距中性轴为 y 的横线 pq 上，各点的切应力 τ 都相等，且都平行于 $\boldsymbol{F}_S$。再由切应力互等定理可知，在沿 pq 切出的平行于中性层的 pr 平面上，也必有与 τ 相等的 τ'（图 13-8b 中未画 τ'，画在图 13-9 中），而且沿宽度 b，τ' 也是均匀分布的。

如以横截面 m-n 和 m_1-n_1 从图 13-8a 所示梁中取出长为 $\text{d}x$ 的一段（见图 13-9），设截面

m-n 和 m_1-n_1 上的弯矩分别为 M 和 $M+\mathrm{d}M$，再以平行于中性层且距中性层为 y 的 pr 平面从这一段梁中截出一部分 $prnn_1$，则在这一截出部分的左侧面 rn 上，作用着因弯矩 M 引起的正应力；而在右侧面 pn_1 上，作用着因弯矩 $M+\mathrm{d}M$ 引起的正应力。

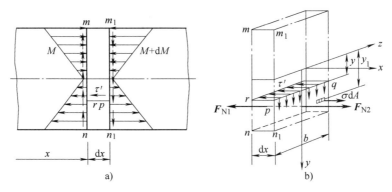

图 13-9

在顶面 pr 上，作用着切应力 τ'。以上 3 种应力（即两侧正应力和切应力 τ'）都平行于 x 轴（见图 13-9a）。在右侧面 pn_1 上（见图 13-9b），由微内力 $\sigma\mathrm{d}A$ 组成的内力系的合力是

$$F_{\mathrm{N2}}=\int_{A_1}\sigma\,\mathrm{d}A \tag{13-13}$$

式中，A_1 为侧面 pn_1 的面积。正应力 σ 应按式（13-7）计算，于是

$$F_{\mathrm{N2}}=\int_{A_1}\sigma\,\mathrm{d}A=\int_{A_1}\frac{(M+\mathrm{d}M)y_1}{I_z}\mathrm{d}A=\frac{(M+\mathrm{d}M)}{I_z}\int_{A_1}y_1\mathrm{d}A=\frac{(M+\mathrm{d}M)}{I_z}S_z^*$$

式中，

$$S_z^*=\int_{A_1}y_1\mathrm{d}A \tag{13-14}$$

是横截面的部分面积 A_1 对中性轴的静矩，也就是距中性轴为 y 的横线 pq 以下的面积对中性轴的静矩。同理，可以求得左侧面 rn 上的内力系合力 F_{N1} 为

$$F_{\mathrm{N1}}=\frac{M}{I_z}S_z^*$$

在顶面 pr 上，与顶面相切的内力系的合力是

$$F_{\mathrm{S}}'=\tau'b\mathrm{d}x$$

与 $\mathrm{d}F_{\mathrm{S}}'$ 的方向都平行于 x 轴，应满足平衡方程 $\sum F_x=0$，即

$$F_{\mathrm{N2}}-F_{\mathrm{N1}}-F_{\mathrm{S}}'=0$$

将 F_{N2}、F_{N1} 和 F_{S}' 的表达式代入上式，得

$$\frac{(M+\mathrm{d}M)}{I_z}S_z^*-\frac{M}{I_z}S_z^*-\tau'b\mathrm{d}x=0$$

简化后得出

$$\tau'=\frac{\mathrm{d}M}{\mathrm{d}x}\cdot\frac{S_z^*}{I_zb}$$

由于 $\dfrac{\mathrm{d}M}{\mathrm{d}x}=F_\mathrm{s}$，于是上式化为

$$\tau'=\frac{F_\mathrm{s}S_z^*}{I_z b}$$

式中，τ' 虽是距中性层为 y 的 pr 平面上的切应力 τ'，但由于切应力互等定理，它等于横截面的横线 pq 上的切应力 τ，即

$$\tau=\frac{F_\mathrm{s}S_z^*}{I_z b} \tag{13-15}$$

式中，F_s 为横截面上的剪力；b 为截面宽度；I_z 为整个截面对中性轴的惯性矩；S_z^* 为截面上距中性轴为 y 的横线以外部分面积对中性轴的静矩。这就是矩形截面梁弯曲切应力的计算公式。

对于矩形截面（见图 13-10），可取 $\mathrm{d}A=b\,\mathrm{d}y_1$，于是式（13-14）化为

$$S_z^*=\int_{A_1} y_1\,\mathrm{d}A=\int_{-\frac{h}{2}}^{\frac{h}{2}} by_1\,\mathrm{d}y_1=\frac{b}{2}\left(\frac{h^2}{4}-y^2\right)$$

这样，式（13-15）可以写成

$$\tau=\frac{F_\mathrm{s}}{2I_z}\left(\frac{h^2}{4}-y^2\right) \tag{13-16}$$

从式（13-16）看出，沿截面高度切应力 τ 按抛物线规律变化。当 $y=\pm h/2$ 时，$\tau=0$。这表明，在截面的上、下边缘各点处，切应力等于零。随着离中性轴的距离 y 的减小，τ 逐渐增大。当 $y=0$ 时，τ 为最大值，即最大切应力发生于中性轴上，且

$$\tau_{\max}=\frac{F_\mathrm{s}h^2}{8I_z}$$

图 13-10

如以 $I_z=\dfrac{bh^3}{12}$ 代入上式，即可得出

$$\tau_{\max}=\frac{3}{2}\cdot\frac{F_\mathrm{s}}{bh} \tag{13-17}$$

可见，矩形截面梁的最大切应力为平均切应力 $\dfrac{F_\mathrm{s}}{bh}$ 的 1.5 倍。

13.2.2 其他常见形状截面的切应力

其他几种常见形状截面梁的切应力均可近似地按矩形截面梁的切应力计算公式（13-15）求得，且均在中性轴上切应力达到最大值。几种常见截面梁上的最大切应力值分别为

工字形 $$\tau_{\max}=\frac{F_\mathrm{s}}{A} \tag{13-18}$$

圆形 $$\tau_{\max}=\frac{4}{3}\frac{F_\mathrm{s}}{A} \tag{13-19}$$

圆环形 $$\tau_{\max}=2\frac{F_\mathrm{s}}{A} \tag{13-20}$$

13.3 弯曲梁的强度计算

13.3.1 弯曲梁正应力强度计算

梁弯曲时横截面上既有拉应力又有压应力，当最大的拉、压应力分别小于它们的许用应力值时，梁具有足够的强度。当材料的拉压强度相等时，梁的正应力强度条件为

$$\sigma_{max} = \frac{M_{max}}{W_z} \leqslant [\sigma] \tag{13-21}$$

对抗拉和抗压强度不等的材料（如铸铁），则拉、压的最大应力不超过各自的许用应力：

$$\sigma_{t,max} = \frac{M_{max}}{W_z} \leqslant [\sigma_t]$$

$$\sigma_{c,max} = \frac{M_{max}}{W_z} \leqslant [\sigma_c]$$

例 13-3 某单梁桥式起重机如图 13-11a 所示，跨长 $l = 10$ m，起重量（包括电动葫芦自重）为 $G = 30$ kN，梁由 28 号工字钢制成，材料的许用应力 $[\sigma] = 160$ MPa，试校核该梁的正应力强度。

图 13-11

解：（1）画计算简图。将起重机横梁简化为简支梁，梁自重为均布载荷 q，由型钢表查得：28 号工字钢的理论自重为 $q = 43.4$ kg/m $= 0.434$ kN/m，吊重 G 为集中力（见图 13-11b）。

（2）绘制弯矩图。由梁的自重和吊重引起的弯矩图分别如图 13-11c、d 所示，其跨中的

弯矩最大，其值为

$$M_{max}=\frac{1}{8}ql^2+\frac{Gl}{4}=\frac{0.4253 \text{ kN/m}\times10^2 \text{ m}^2}{8}+\frac{30 \text{ kN}\times10 \text{ m}}{4}=80.32 \text{ kN}\cdot\text{m}$$

（3）校核弯曲正应力强度。由型钢表查得：28 号工字钢，$W_z=508.15 \text{ cm}^3$，于是得

$$\sigma_{max}=\frac{M_{max}}{W_z}=\left(\frac{80.32\times10^6}{508.15\times10^3}\right) \text{ MPa}=158.1 \text{ MPa}<[\sigma]$$

故此梁的强度足够。

例 13-4 螺栓压板夹紧装置如图 13-12a 所示。已知板长 $3a=150$ mm，压板材料的弯曲许用应力为 $[\sigma]=140$ MPa。试确定压板传给工件的最大允许压紧力 F。

图 13-12

解：压板可简化为图 13-12b 所示的外伸梁。由梁的外伸部分 BC 可以求得截面 B 的弯矩为 $M_B=Fa$。此外又知 A、C 两截面上的弯矩等于零，从而绘出如图 13-12c 所示弯矩图。最大弯矩在截面 B 上，且

$$M_{max}=M_B=Fa$$

根据截面 B 的尺寸求出

$$I_z=\frac{3\times2^3}{12} \text{ cm}^4-\frac{1.4\times2^3}{12} \text{ cm}^4=1.07 \text{ cm}^4$$

$$W_z=\frac{I_z}{y_{max}}=\frac{1.07 \text{ cm}^4}{1 \text{ cm}}=1.07 \text{ cm}^3$$

将强度条件改写为

$$M_{max}\leqslant W_z[\sigma]$$

于是有

$$F\leqslant\frac{W_z[\sigma]}{a}=\frac{1.07\times(10^{-2})^3 \text{ m}^3\times140\times10^6 \text{ Pa}}{5\times10^{-3} \text{ m}}=3000 \text{ N}=3 \text{ kN}$$

所以根据压板的强度，最大压紧力不应超过 3 kN。

例 13-5 T 形截面铸铁梁的载荷和截面尺寸如图 13-13a 所示。铸铁的抗拉许用应力为 $[\sigma_t]=30$ MPa，抗压许用应力为 $[\sigma_c]=160$ MPa。已知截面对形心轴 z 的惯性矩为 $I_z=763 \text{ cm}^4$，且 $|y_1|=52$ mm。试校核梁的强度。

解：由静力平衡方程求出梁的支座约束力为

$$F_{RA}=2.5 \text{ kN}, \quad F_{RB}=10.5 \text{ kN}$$

绘制弯矩图如图 13-13b 所示。最大正弯矩在截面 C 上，$M_C=2.5 \text{ kN}\cdot\text{m}$。最大负弯矩

图 13-13

在截面 B 上，$M_B = -4 \ \mathrm{kN \cdot m}$。

T 形截面对中性轴不对称，同一截面上的最大拉应力和压应力并不相等。计算最大应力时，应以 y_1 和 y_2 分别代入式（13-7）。在截面 B 上，弯矩是负的，最大拉应力发生于上边缘各点（见图 13-13c），且

$$\sigma_t = \frac{M_B y_1}{I_z} = \frac{4 \times 10^3 \times 52 \times 10^{-3}}{763 \times (10^{-2})^4} \ \mathrm{Pa} = 27.2 \ \mathrm{MPa}$$

最大压应力发生于下边缘各点，且

$$\sigma_c = \frac{M_B y_2}{I_z} = \frac{4 \times 10^3 \times (120 + 20 - 52) \times 10^{-3}}{763 \times (10^{-2})^4} \ \mathrm{Pa} = 46.6 \ \mathrm{MPa}$$

在截面 C 上，虽然弯矩 M_C 的数值小于 M_B，但 M_C 是正弯矩，最大拉应力发生于下边缘各点，而这些点到中性轴的距离却比较远，因而就有可能发生比截面 B 还要大的许用拉应力，即

$$\sigma_t = \frac{M_C y_2}{I_z} = \frac{2.5 \times 10^3 \times (120 + 20 - 52) \times 10^{-3}}{763 \times (10^{-2})^4} \ \mathrm{Pa} = 28.8 \ \mathrm{MPa}$$

在截面 C 上的上边缘的最大压应力

$$\sigma_c = \frac{M_C y_1}{I_z} = \frac{2.5 \times 10^3 \times 52 \times 10^{-3}}{763 \times (10^{-2})^4} \ \mathrm{Pa} = 12.1 \ \mathrm{MPa}$$

所以，最大拉应力是在截面 C 的下边缘各点处，但从所得结果看出，无论是最大拉应力或最大压应力都未超过许用应力，强度条件是满足的。

13.3.2 横力弯曲梁的切应力强度计算

由 13.2 节的应力分析知，梁在横力弯曲情况下，切应力最大值发生在中性轴处，而中性轴处的正应力为零。因此，产生最大切应力各点处于纯剪切应力状态。所以，弯曲切应力的强度条件为

$$\tau_{max} = \frac{F_{Smax}S_z^*}{I_z b} \leqslant [\tau] \tag{13-22}$$

细长梁的强度控制因素通常是弯曲正应力。满足弯曲正应力强度条件的梁一般说都能满足切应力强度条件。只有在下列一些特殊情况下要进行梁的弯曲切应力强度校核：

（1）梁的跨度较小，或在支座附近作用较大的载荷，以致梁的弯矩较小而剪力颇大；

（2）铆接或焊接的工字梁，如腹板较薄而截面高度颇大，以至厚度与高度的比值小于型钢的相应比值，这时，对腹板应进行切应力校核；

（3）经焊接、铆接或胶合而成的梁，对焊缝、铆钉或胶合面等，一般要进行剪切校核。

例 13-6 外伸梁如图 13-14a 所示，外伸端受集中力 F 的作用，已知 $F = 20$ kN，$l = 0.5$ m，$a = 0.3$ m，材料的许用正应力 $[\sigma] = 160$ MPa，许用切应力 $[\tau] = 100$ MPa，试选择工字钢型号。

图 13-14

解：（1）绘制剪力图和弯矩图（见 13-14b、c），由剪力图和弯矩图确定最大剪力和最大弯矩分别为

$$F_{Smax} = 200 \text{ kN}, \quad M_{max} = 60 \text{ kN} \cdot \text{m}$$

（2）由正应力强度条件，初选工字钢型号

$$W_z = \frac{M_{max}}{[\sigma]} = \frac{60 \times 10^6}{160} \text{ mm}^3 = 375 \times 10^3 \text{ mm}^3$$

依据 $W_z = 375 \times 10^3$ mm³，查型钢表得，25a 号工字钢

$$W_z = 401.88 \text{ cm}^3, \quad b = d = 8 \text{ mm}, \quad I/S_z = 21.58 \text{ cm}, \quad h = 250 \text{ mm}$$

（3）校核切应力强度。由式（13-15），梁内最大弯曲切应力为

$$\tau_{max} = \frac{F_{Smax}S_z^*}{I_z b} = \frac{200 \times 10^3 \text{ N}}{21.58 \times 10 \text{ mm} \times 8 \text{ mm}} = 115.85 \text{ MPa} > [\tau] = 100 \text{ MPa}$$

由此结果可知，梁的切应力强度不够。

（4）按切应力强度条件选择工字钢型号。由式（13-22）可得

$$\frac{I_z d}{S_z^*} \geqslant \frac{F_{Smax}}{[\tau]} = \frac{200 \times 10^3 \text{ N}}{100 \text{ MPa}} = 2000 \text{ mm}^2$$

依据上面数据查型钢表，选取 25b 号工字钢，其几何量为

$$d = 10 \text{ mm}, \quad I/S_z = 21.27 \text{ cm}_o$$

而

$$I_z d/S_z = 21.27 \times 10 \text{ mm} \times 10 \text{ mm} = 2127 \text{ mm}^2 > 2000 \text{ mm}^2$$

所以，最后选定工字钢型号为 25b。

例 13-7 已知矩形截面梁的载荷及截面尺寸如图 13-15a 所示。试：（1）画出此梁的剪力图和弯矩图；（2）求该梁的最大正应力；（3）若将该梁换成图 13-15a 所示 T 形截面铸铁梁，材料的许用拉应力 $[\sigma_t] = 40$ MPa，许用压应力 $[\sigma_c] = 100$ MPa，$y_1 = 61$ mm，$y_2 = 139$ mm，$I_z = 4963$ cm⁴，校核该 T 形截面梁的正应力强度。

解：（1）取 $ABCD$ 为研究对象，分别取 B、D 为矩心列力矩平衡方程，求出 B、D 处的支座约束力 $F_B=30$ kN，$F_D=10$ kN。可画出梁的剪力图和弯矩图分别如图 13-15b、c 所示。

图　13-15

（2）由于矩形截面的中性轴是对称轴，所以梁的最大正应力在最大弯矩所在截面的上下边缘

$$\sigma_{\max}=\frac{M_{\max}}{W_z}=\frac{M_B}{\frac{1}{6}bh^2}=\frac{20\times10^3\ \text{N}\cdot\text{m}}{\frac{1}{6}\times25\times100^2\times10^{-9}\ \text{m}^3}=480\times10^6\ \text{Pa}=480\ \text{MPa}$$

（3）强度校核。由于 T 形截面的中性轴不是对称轴，所以要对两个弯矩的极值点分别进行拉应力和压应力校核。

B 截面：$\sigma_{\text{t,max}}=\dfrac{M_By_1}{I_z}=\dfrac{20\times10^3\ \text{N}\cdot\text{m}\times61\times10^{-3}\ \text{m}}{4963\times10^{-8}\ \text{m}^4}=24.58\times10^6\ \text{Pa}=24.58\ \text{MPa}<$

$[\sigma_{\text{t}}]=40$ MPa

$$\sigma_{\text{c,max}}=\frac{M_By_2}{I_z}=\frac{20\times10^3\ \text{N}\cdot\text{m}\times139\times10^{-3}\ \text{m}}{4963\times10^{-8}\ \text{m}^4}=56\times10^6\ \text{Pa}=56\ \text{MPa}<[\sigma_{\text{c}}]=100\ \text{MPa}$$

C 截面：$\sigma_{\text{t,max}}=\dfrac{M_Cy_2}{I_z}=\dfrac{0\times10^3\ \text{N}\cdot\text{m}\times139\times10^{-3}\text{m}}{4963\times10^{-8}\ \text{m}^4}=28\times10^6\ \text{Pa}=28\ \text{MPa}<[\sigma_{\text{t}}]=$

40 MPa

$$\sigma_{\text{c,max}}=\frac{M_Cy_1}{I_z}=\frac{10\times10^3\ \text{N}\cdot\text{m}\times61\times10^{-3}\ \text{m}}{4963\times10^{-8}\ \text{m}^4}=12.29\times10^6\ \text{Pa}=12.29\ \text{MPa}<[\sigma_{\text{c}}]=$$

100 MPa

由计算结果可知 T 形截面梁是满足强度要求的。

13.4 提高梁弯曲强度的措施

前面曾经指出，弯曲正应力是控制梁的主要因素。所以弯曲正应力的强度条件 $\sigma_{max} = \dfrac{M_{max}}{W_z} \leqslant [\sigma]$ 往往是设计梁的主要依据。从这个条件看出，要提高梁的承载能力应从两个方面考虑：一方面是合理安排梁的受力情况，以降低 M_{max} 的数值；另一方面则是采用合理的截面形状，以提高 W_z 的数值，充分利用材料的性能。下面分别进行讨论。

13.4.1 合理安排梁的受力情况

改善梁的受力情况，尽量降低梁内最大弯矩，也就提高了梁的强度。为此，首先应合理布置梁的支座。以图 13-16a 所示在均布载荷作用下的简支梁为例：

$$M_{max} = \frac{1}{8}ql^2 = 0.125ql^2$$

若将两端支座各向里移动 $0.2l$（见图 13-16b），则最大弯矩减小为

$$M_{max} = \frac{1}{40}ql^2 = 0.025ql^2$$

这只为前者的 1/5。也就是说，按图 13-16b 布置支座，载荷还可以提高 4 倍。图 13-17a 所示的门式起重机的大梁、图 13-17b 所示的锅炉筒体等，支撑点略向中间移动，都可以取得降低 M_{max} 的效果。

图　13-16

图　13-17

其次，合理布置载荷，也可以收到降低最大弯矩的效果。例如将轴上的齿轮安置得紧靠轴承，就会使齿轮传到轴上的力 F 紧靠支座。像图 13-18 所示的情况，轴的最大弯矩仅为 $M_{max} = \dfrac{5}{36}Fl$；但如把集中力 F 作用于轴的中点，则 $M_{max} = \dfrac{1}{4}Fl$。相比之下，前者的最大弯

矩就减小很多。此外，在情况允许的条件下，应尽可能把较大的集中力分散成较小的力，或者改变成分布载荷。例如把作用于跨度中点的集中力 F 分散成图 13-19 所示的两个集中力，则最大弯矩将由 $M_{max}=\dfrac{1}{4}Fl$ 降低为 $M_{max}=\dfrac{1}{8}Fl$。

图 13-18

图 13-19

13.4.2 梁的合理截面

若把弯曲正应力的强度条件改写成：$M_{max}\leqslant[\sigma]W_z$，则梁可能承受的 M_{max} 与抗弯截面模量 W_z 成正比，W_z 越大越有利。另一方面，使用材料的多少和自重的大小，则与截面面积 A 成正比，面积越小越经济，越轻巧。因而合理的截面形状应该是截面面积 A 较小，而抗弯截面模量 W_z 较大。例如使截面高度 h 大于宽度 b 的矩形截面梁，抵抗垂直于平面内的弯曲变形时，如把截面竖放（见图 13-20a），则 $W_{z1}=\dfrac{bh^2}{6}$；如把截面平放，则 $W_{z2}=\dfrac{b^2h}{6}$。两者之比是

$$\frac{W_{z1}}{W_{z2}}=\frac{h}{b}>1$$

a)

b)

图 13-20

所以，竖放比平放有较高的抗弯强度，更为合理。因此，房屋和桥梁等建筑物中的矩形截面梁，一般都是竖放的。

截面的形状不同，其抗弯截面模量 W_z 也就不同。可以用比值 W_z/A 来衡量截面形状的合理性和经济性。比值 W_z/A 较大，则截面的形状就较为经济合理。可以算出矩形截面的比值 $\dfrac{W_z}{A}=\dfrac{bh^2/6}{bh}=0.167h$；圆形截面的比值 $\dfrac{W_z}{A}=\dfrac{\pi d^3/32}{\pi d^2/4}=0.125d$。

几种常用截面的 W_z/A 已列入表 13-1 中。从表中所列的数值看出，工字钢或槽钢比矩

形截面经济合理，矩形截面比圆形截面经济合理。所以桥式起重机的大梁以及其他钢结构中的抗弯杆件，经常采用工字形截面、槽形截面或箱形截面等。从正应力的分布规律来看，这也是可以理解的。因为弯曲时梁截面上的点离中性轴越远，正应力越大。

表 13-1　几种常用截面的 W_z/A

截面形状	矩　形	圆　形	槽　钢	工　字　钢
$\dfrac{W_z}{A}$	$0.167h$	$0.125d$	$(0.27\sim0.31)h$	$(0.27\sim0.31)h$

为了充分利用材料，应尽可能地把材料置放到离中性轴较远处。圆截面在中性轴附近聚集了较多的材料，使其未能充分发挥作用。为了将材料移到离中性轴较远处，可将实心圆截面改成空心圆截面。至于矩形截面，如把中性轴附近的材料移植到上、下边缘处（见图 13-21）就成了工字形截面。采用槽形或箱形截面也是按同样的做法。以上是从静载抗弯强度的角度讨论问题，但事物往往是复杂的，在讨论截面的合理形状时，还应考虑到材料的特性。对抗拉和抗压强度相等的材料（如低碳钢），宜采用对中性轴对称的截面，如圆形、矩形和工字形等。这样可使截面上、下边缘处的最大拉应力和最大压应力数值相等，同时接近许用应力。对抗拉和抗压强度不等的材料（如铸铁），宜采用中性轴靠近受拉一侧的截面形状，例如图 13-22 中所表示的一些截面。对这类截面，如能使 y_1 和 y_2 之比接近于下列关系，即

$$\frac{\sigma_{t,max}}{\sigma_{c,max}} = \frac{M_{max}y_1/I_z}{M_{max}y_2/I_z} = \frac{y_1}{y_2} = \frac{[\sigma_t]}{[\sigma_c]}$$

则最大拉应力和最大压应力便可同时接近许用应力。式中，$[\sigma_t]$、$[\sigma_c]$ 分别表示许用拉应力和许用压应力。

图　13-21　　　　　　　　　　　图　13-22

13.4.3　等强度梁的概念

前面讨论的梁都是等截面的，即 $W_z=$ 常数，但梁在各截面上的弯矩却随截面的位置而变化。由 σ_{max} 的计算公式可知，对于等截面的梁来说，只有在弯矩为最大值 M_{max} 的截面上，最大应力才有可能接近许用应力。其余各截面上弯矩较小，应力也就较低，材料没有被充分利用。为了节约材料，减轻自重，可改变截面尺寸，使抗弯截面模量随弯矩而变化。在弯矩较大处采用较大截面，而在弯矩较小处采用较小截面。这种截面沿轴线变化的梁，称为**变截面梁**。变截面梁的正应力计算仍可近似地用等截面梁的公式。如变截面梁各横截面上的最大正应力都相等，且都等于许用应力，就是**等强度梁**。设梁在任一截面上的弯矩为 $M(x)$，而截面的抗弯截面模量为 $W_z(x)$，根据上述等强度梁的要求，应有

$$\sigma_{max} = \frac{M(x)}{W_z(x)} = [\sigma]$$

或者写成

$$W_z(x) = \frac{M(x)}{[\sigma]} \tag{13-23}$$

这是等强度梁的 $W_z(x)$ 沿梁轴线变化的规律。

如图 13-23a 所示在集中力 F 作用下的简支梁为等强度梁，截面为矩形，且设截面高度 $h =$ 常数，而宽度 b 为 x 的函数，即 $b = b(x)(0 \leqslant x \leqslant l/2)$，则由式（13-23），得

$$W_z(x) = \frac{1}{6} b(x) h^2 = \frac{M(x)}{[\sigma]} = \frac{Fx/2}{[\sigma]}$$

于是

$$b(x) = \frac{3F}{[\sigma] h^2} x \tag{13-24}$$

截面宽度 $b(x)$ 是 x 的一次函数（见图 13-23b）。因为载荷对称于跨度中点，因而截面形状也对称于跨度中点。按照式（13-24）所表示的关系，在梁两端，$x = 0$，$b(x) = 0$，即截面宽度等于零。这显然不能满足切应力强度的要求，因而要按切应力强度条件改变支座附近截面的宽度。设所需的最小截面宽度为 b_{min}（见图 13-23c），根据切应力强度条件

$$\tau_{max} = \frac{3}{2} \frac{F_{Smax}}{A} = \frac{3}{2} \frac{F/2}{b_{min} h} = [\tau]$$

由此得

$$b_{min} = \frac{3F}{4h[\tau]} \tag{13-25}$$

若设想把这一等强度梁分成若干窄条，然后叠置起来，并使其略微拱起，这就成为汽车以及其他车辆上经常使用的叠板弹簧，如图 13-24 所示。

图 13-23   图 13-24

若上述矩形截面等强度梁的截面宽度 $b(x)$ 为常数，而高度 h 为 x 的函数，即 $h=h(x)$，用完全相同的方法可以求得。

按正应力强度条件可求得
$$h(x)=\sqrt{\frac{3Fx}{b[\sigma]}}$$
(13-26)

按切应力强度条件可求得
$$h_{\min}=\frac{3F}{4b[\tau]}$$
(13-27)

式（13-26）和式（13-27）所确定的梁的形状如图 13-25a 所示。如把梁做成图 13-25b 所示的形式，就成为在厂房建筑中广泛使用的"**鱼腹梁**"了。使用式（13-23），也可求得圆截面等强度梁的截面直径沿轴线的变化规律。但考虑到加工的方便及结构上的要求，常用阶梯形状的变截面梁（阶梯轴）来代替理论上的等强度梁，如图 13-26 所示。

图　13-25　　　　　　　　　　　　图　13-26

思　考　题

13-1　什么是中性层？什么是中性轴？它们之间存在什么关系？

13-2　如图 13-27 所示，根据梁的弯曲正应力分析，确定塑性材料和脆性材料各选用哪种截面形状合适。

图　13-27

13-3　在推导平面弯曲切应力计算公式过程中做了哪些基本假设？

13-4　挑东西的扁担常在中间折断，而游泳池的跳水板易在固定端处折断，这是为什么？

13-5　丁字尺的截面为矩形，设 $b/h\approx12$。由经验可知，当垂直长边 h 加力（见图 13-28a）时，丁字尺很容易变形或折断，若沿长边加力（见图 13-28b）时则不然，为什么？

13-6 当梁的材料是低碳钢时，应选用的截面形状是什么；若是铸铁则采用的截面形状是什么？

图 13-28

13-7 横截面由四根 100 mm×80 mm×10 mm 的不等边角钢焊成一体的梁，在纯弯曲条件下按照图 13-29 所示四种形式组合，试问哪一种强度最高，哪一种强度最低？

图 13-29

13-8 把直径 $d=1$ mm 的钢丝绕在直径为 2 m 的卷筒上，设 $E=200$ GPa，试计算该钢丝中产生的最大应力。

13-9 受力情况相同的三种等截面梁，如图 13-30 所示。若用$(\sigma_{max})_1$、$(\sigma_{max})_2$、$(\sigma_{max})_3$ 分别表示这三种梁内横截面上的最大正应力，则三个应力之间的关系如何？

图 13-30

习 题

13-1 求题 13-1 图中截面 A 上 a、b 点的正应力。

答：$\sigma_a=-122$ MPa；$\sigma_b=0$。

13-2 倒 T 形截面的铸铁梁如题 13-2 图所示，试求梁内最大拉应力和最大压应力。画出危险截面上的正应力分布图。

答：$\sigma_{t,max}=3.68$ MPa；$\sigma_{c,max}=10.88$ MPa。

13-3 如题 13-3 图所示为一矩形截面简支梁。已知 $F=16$ kN，$b=50$ mm，$h=150$ mm。试求：(1) 截面 1-1 上 D、E、F、H 各点的正应力；(2) 梁的最大正应力；(3) 若将截面转 90°（见题 13-3 图 c），则最大正应力是原来正应力的几倍？

题 13-1 图

答：(1) $\sigma_H = -\sigma_D = 34.1$ MPa，$\sigma_E = -18.2$ MPa，$\sigma_F = 0$；(2) $\sigma_{max} = 41$ MPa；(3) 3 倍。

题 13-2 图

题 13-3 图

13-4 简支梁承受均布载荷如题 13-4 图所示。若分别采用截面面积相等的实心和空心圆截面，且 $D_1 = 40$ mm，$d_2/D_2 = 3/5$，试分别计算它们的最大正应力，问空心截面比实心截面的最大正应力减小了百分之几？

题 13-4 图

答：实心轴 $\sigma_{max} = 159$ MPa，空心轴 $\sigma_{max} = 93.6$ MPa，减少了 41%。

13-5 试求题 13-5 图示的梁 1-1 截面上 A、B 两点的切应力及最大切应力。

题 13-5 图

答：$\tau_A = 0.074$ MPa，$\tau_B = 0.125$ MPa，$\tau_{max} = 0.16$ MPa。

13-6 题 13-6 图示简支梁长 l，截面为矩形，其高度为 h，受均布载荷 q 作用。试求最大切应力与最大正应力之比。

题 13-6 图

答：$\tau_{max}/\sigma_{max}=h/l$。

13-7　如题 13-7 图所示 T 形截面简支梁，$[\sigma_t]=30$ MPa，$[\sigma_c]=60$ MPa，$I_z=763\times10^4$ mm^4，$E=120$ GPa。求 $[P]$，并求在 $[P]$ 作用下梁下边缘沿梁长方向的总伸长。（已知 C 为形心轴）

题 13-7 图

答：$[P]=8.8$ kN；$\Delta l=2\displaystyle\int_A^B\varepsilon(x)\mathrm{d}x=0.25$ mm。

13-8　梁 AB 为 10 号工字钢（见题 13-8 图）。B 处由 $d=20$ mm 的圆杆 BC 吊起，梁和杆的许用应力 $[\sigma]=160$ MPa，试求许可均布载荷集度 q。（不计梁自重）

答：$q\leqslant15.68$ kN/m。

13-9　受均布载荷作用的外伸梁受力如题 13-9 图所示。已知 $q=12$ kN/m，材料的许用应力$[\sigma]=160$ MPa，试选择梁的工字钢型号。

答：$W_z\geqslant187.5$ cm^3，并选 18 号工字钢。

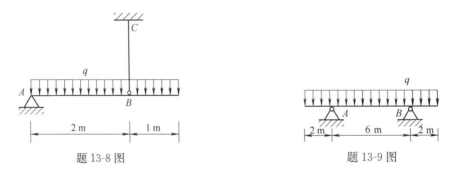

题 13-8 图　　　　　　　　　　题 13-9 图

13-10　矩形截面梁如题 13-10 图所示，已知 $F=10$ kN，$q=5$ kN/m，材料的许用应力$[\sigma]=160$ MPa，试确定截面尺寸 h。

题 13-10 图

答：$h=65.5$ mm。

13-11 梁的材料为铸铁（见题13-11图），已知$[\sigma_t]=40$ MPa，$[\sigma_c]=100$ MPa，截面对中性轴的惯性矩 $I_z=10^3$ cm^4，试校核其正应力强度。

题 13-11 图

答：$\sigma_{c,max}=90$ MPa$<[\sigma_c]$；$\sigma_{t,max}=60$ MPa$>[\sigma_t]$，不安全。

13-12 铸铁梁的载荷及横截面尺寸如题13-12图所示，许用拉应力$[\sigma_t]=40$ MPa，许用压应力$[\sigma_c]=160$ MPa，试按弯曲正应力条件校核梁的强度。若载荷不变，但将T形横截面梁倒置，即翼缘在下成⊥形，是否合理？

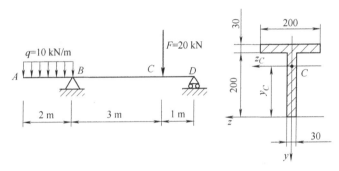

题 13-12 图

答：$\sigma_{t,max}=26.2$ MPa$<[\sigma_t]$；$\sigma_{c,max}=52.4$ MPa$<[\sigma_c]$，安全；倒置，不合理。

13-13 T形截面铸铁梁 AD 所受载荷及横截面尺寸如题13-13图所示。梁的许用拉应力 $[\sigma_t]=45$ MPa，许用压应力 $[\sigma_c]=120$ MPa，已知截面对形心轴 z 轴的惯性矩 $I_z=2611\times10^4$ mm^4。短杆 BE 为圆截面直杆，许用正应力 $[\sigma]=160$ MPa。试：（1）按强度条件确定杆 BE 的直径；（2）作梁的剪力图和弯矩图；（3）按正应力强度条件校核梁的强度。

题 13-13 图

答：（1）$d=12$ mm；（2）剪力图、弯矩图略；

（3）$\sigma_{t,max}=40.8$ MPa$\leqslant[\sigma_t]$，$\sigma_{c,max}=98$ MPa$\leqslant[\sigma_t]$，强度满足。

13-14 铸铁梁的载荷及截面尺寸如题13-14图所示，许用拉应力 $[\sigma_t]=60$ MPa，许用压应力 $[\sigma_c]=160$ MPa，z_C轴为横截面中性轴，$y_C=216$ mm，$I_{z_C}=1.112\times10^8$ mm^4。试：（1）绘出梁的剪力图和弯矩图；

（2）按正应力强度条件校核梁的强度。

题 13-14 图

答：（1）梁的剪力图和弯矩图略；（2）$\sigma_{t,max}=43.7$ MPa $<$ $[\sigma_t]$，$\sigma_{c,max}=77.7$ MPa $<$ $[\sigma_c]$ 满足正应力强度条件。

第 14 章
弯 曲 变 形

本章首先给出了描述弯曲变形的挠度和转角的概念，并建立了挠曲线近似微分方程，在此基础上应用积分法和叠加法求解梁挠度、转角以及梁的刚度计算。最后介绍了求解超静定梁的变形比较法。

14.1 弯曲变形的概念

前面一章讨论了梁的强度计算。工程中对某些受弯杆件除强度要求外，往往还有刚度要求，即要求它变形不能过大。以车床主轴为例，若其变形过大（见图 14-1），将影响齿轮的啮合和轴承的配合，造成磨损不均，产生噪声，降低寿命，还会影响加工精度。再以吊车梁为例，当变形过大时，将使梁上小车行走困难，出现爬坡现象，还会引起较严重的振动。所以，若变形超过允许值，即使仍然是弹性的，也被认为是一种失效。

工程中虽然经常限制弯曲变形，但是有些情况下，常常又利用弯曲变形达到某种要求。例如，叠板弹簧（见图 14-2）应有较大的变形，才可以更好地起缓冲减震作用。弹簧扳手（见图 14-3）要有明显的弯曲变形，才可以使测得的力矩更为准确。

图　14-1

图　14-2   图　14-3

弯曲变形计算除用于解决弯曲刚度问题外，还用于求解超静定系统（超静定问题）和振

223

动计算。

14.2 挠曲线近似微分方程

14.2.1 挠度和转角

设一悬臂梁 AB，如图 14-4 所示，在载荷作用下，其轴线将弯曲成一条光滑的连续曲线 AB'。在平面弯曲的情况下，这是一条位于载荷平面内的平面曲线。梁弯曲后的轴线称为**挠曲线**。因这是在弹性范围内的挠曲线，故也称为弹性曲线。

图 14-4

梁的弯曲变形程度可用挠度和转角来表示。

1. 挠度

由图 14-4 可见，梁轴线上任一点 C（即梁某一横截面的形心），在梁变形后将移至 C'。由于梁的变形很小，变形后的挠曲线是一条平坦的曲线，故 C 点的水平位移可以忽略不计，从而认为线位移 CC' 垂直于变形前的梁轴线。梁变形后，横截面形心沿 y 方向的位移称为**挠度**。图中以 y_C 表示，单位为 mm。

2. 转角

梁变形时，横截面还将绕中性轴转过一个角度。梁任一横截面相对于其原来位置所转过的角度称为该截面的**转角**，单位为 rad。图 14-4 中的 θ_C 即为截面 C 的转角。

为描述梁的挠度和转角，建立一个直角坐标系，以梁的左端为原点，令 x 轴与梁变形前的轴线重合，方向向右；y 轴与之垂直，方向向上（见图 14-4）。这样，变形后梁任一横截面的挠度就可用其形心在挠曲线上的纵坐标 y 表示。根据平面假设，梁变形后横截面仍垂直于梁的轴线，因此，任一横截面的转角，也可用挠曲线在该截面形心处的切线与 x 轴的夹角 θ 来表示。

挠度 y 和转角 θ 随截面位置 x 而变化，即 y 和 θ 是 x 的函数。因此，梁的挠曲线可表示为

$$y = f(x) \tag{14-1}$$

此式称为梁的**挠曲线方程**。由微分学可知，过挠曲线上任意点切线与 x 轴的夹角的正切值就是挠曲线在该点处的斜率，即

$$\tan\theta = \frac{\mathrm{d}y}{\mathrm{d}x} = y' \tag{14-2}$$

由于工程实际中梁的转角 θ 一般很小，$\tan\theta \approx \theta$，故可以认为

$$\theta \approx \frac{\mathrm{d}y}{\mathrm{d}x} = y' \tag{14-3}$$

可见 y 与 θ 之间存在一定的关系，即梁任一横截面的转角 θ 的值等于该截面的挠度 y 对位置 x 的一阶导数。这样，只要求出挠曲线方程，就可以确定梁上任一横截面的挠度和转角。

挠度和转角的符号，是根据所选定的坐标系而定的。与 y 轴正方向一致的挠度为正，反之为负；挠曲线上某点处的斜率为正时，则该处横截面的转角为正，反之为负。例如，在

224

图 14-4 所选定的坐标系中，挠度向上时为正，向下时为负；转角逆时针转向为正，顺时针转向为负。

14.2.2 挠曲线近似微分方程

在 13.1 节中，曾导出在纯弯曲时的梁变形的基本公式，即

$$\frac{1}{\rho} = \frac{M}{EI}$$

因为一般梁横截面的高度远小于跨长，剪力对变形的影响很小，可以忽略不计，所以上式也可推广到非纯弯曲的情况。但此时弯矩 M 和曲率半径 ρ 都是截面位置 x 的函数，故上式应改写为

$$\frac{1}{\rho(x)} = \frac{M(x)}{EI} \qquad (14\text{-}4)$$

式 (14-4) 所描述的是梁弯曲后轴线的曲率，而不是梁的挠度和转角，其中 EI 为抗弯刚度。但由这一公式出发，可建立梁的挠曲线方程，从而可得梁的挠度和转角。

如果在梁的挠曲线中任取一微段梁 $\mathrm{d}s$，则由图 14-5 可见，它与曲率半径的关系为

$$\mathrm{d}s = \rho(x)\mathrm{d}\theta$$

或

$$\frac{1}{\rho(x)} = \frac{\mathrm{d}\theta}{\mathrm{d}s}$$

图 14-5

式中，$\mathrm{d}\theta$ 为微段梁两端面的相对转角。由于梁的变形很小，$\mathrm{d}s \approx \mathrm{d}x$，可近似地认为

$$\frac{1}{\rho(x)} = \frac{\mathrm{d}\theta}{\mathrm{d}x} \qquad (14\text{-}5)$$

又由式 (14-3)，有

$$\frac{1}{\rho(x)} = \frac{\mathrm{d}^2 y}{\mathrm{d}x^2} \qquad (14\text{-}6)$$

将式 (14-6) 代入式 (14-4)，最后得到 y 的二阶导数为

$$y'' = \frac{\mathrm{d}^2 y}{\mathrm{d}x^2} = \frac{M(x)}{EI} \qquad (14\text{-}7)$$

这样，就将描述挠曲线曲率的公式转换为上述微分方程，并称之为**梁的挠曲线近似微分方程**。之所以说是近似，是因为推导这一公式时，略去了剪力对变形的影响，并认为 $\mathrm{d}s \approx \mathrm{d}x$。但根据这一公式所得到的解在工程中应用是足够精确的。

应当注意，在推导式 (14-7) 时，所取的 y 轴方向是向上的。只有这样，等式两边的符号才是一致的。因为当弯矩 $M(x)$ 为正时，将使梁的挠曲线呈凹形。由微分学知，此时曲线的二阶导数 y'' 在所选取的坐标系中也为正值（见图 14-6a）；同样，当弯矩 $M(x)$ 为负时，梁挠

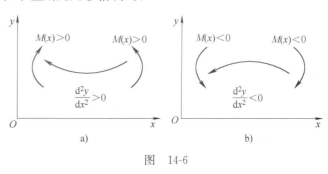

图 14-6

曲线呈上凸形，此时 y'' 也为负值（见图 14-6b）。

14.3 用积分法求梁的挠度和转角

对挠曲线近似微分方程（14-7）进行积分，可求得梁的挠度方程和转角方程。对于等截面梁，其抗弯刚度为常数，此时式（14-7）可改写为

$$EIy'' = M(x) \tag{14-8}$$

将式（14-8）两边乘以 dx，积分一次得

$$EIy' = \int M(x)dx + C \tag{14-9}$$

同样，将式（14-9）两边乘以 dx，再积分一次又得

$$EIy = \iint M(x)dxdx + Cx + D \tag{14-10}$$

在式（14-9）、式（14-10）中出现了两个积分常数 C 和 D，其值可以通过梁边界的已知挠度和转角来确定，这些条件称为**边界条件**。例如，在简支梁两端支座处的挠度为零（见图 14-7a），可列出边界条件：

$$x=0 \text{ 处，} \quad y_A=0; \quad x=l \text{ 处，} \quad y_B=0$$

悬臂梁固定端的挠度和转角皆为零（见图 14-7b），可列出边界条件：

$$x=0 \text{ 处，} \quad y_A=0; \quad x=0 \text{ 处，} \quad \theta_A=0$$

根据这些边界条件，即可求得两个积分常数 C 和 D。将已确定的积分常数再代入式（14-9）、式（14-10），可求出任一横截面的转角和挠度。

上述求梁的挠度和转角的方法，称为**积分法**。

图 14-7

例 14-1 一悬臂梁，在其自由端受集中力的作用，如图 14-8 所示。试求梁的转角方程和挠度方程，并确定最大转角 $|\theta|_{max}$ 和最大挠度 $|y|_{max}$。

解： 以固定端为原点，建立坐标系如图 14-8 所示。

（1）求支座约束力，列弯矩方程在固定端处有支座约束力 F_{RA} 和约束力偶矩 M_A，由平衡方程可得

$$F_{RA}=F, \quad M_A=Fl$$

在距原点 x 处取截面，可列出弯矩方程为

$$M(x) = -M_A + F_{RA}x = -Fl + Fx$$

图 14-8

（2）列挠曲线近似微分方程并进行积分。将弯矩方程代入式（14-8），得

$$EIy'' = -Fl + Fx$$

积分一次，得

$$EIy' = -Flx + \frac{F}{2}x^2 + C \qquad (a)$$

再积分一次，得

$$EIy = -\frac{Fl}{2}x^2 + \frac{F}{6}x^3 + Cx + D \qquad (b)$$

（3）确定积分常数。悬臂梁在固定端处的挠度和转角均为零，即在 $x=0$ 处，得

$$\theta_A = y'_A = 0 \qquad (c)$$

$$y_A = 0 \qquad (d)$$

将式（d）代入式（b），将式（c）代入式（a），得

$$D = 0, \quad C = 0$$

（4）确定转角方程和挠度方程。将所求得的积分常数 C 和 D 代入式（a）和式（b），得梁的转角方程和挠度方程为

$$\theta = y' = \frac{1}{EI}\left(-Flx + \frac{F}{2}x^2\right) = -\frac{Fx}{2EI}(2l - x) \qquad (e)$$

$$y = \frac{1}{EI}\left(-\frac{Fl}{2}x + \frac{F}{6}x^3\right) = -\frac{Fx^2}{6EI}(3l - x) \qquad (f)$$

（5）求最大转角和最大挠度。利用式（e）、式（f）可求得任一截面的转角和挠度。由图 14-8 可以看出，B 截面的挠度和转角绝对值为最大。以 $x=l$ 代入式（e）、式（f），可得

$$\theta_B = -\frac{Fl^2}{2EI}, \quad y_B = -\frac{Fl^3}{3EI}$$

即

$$|\theta|_{max} = \frac{Fl^2}{2EI}, \quad |y|_{max} = \frac{Fl^3}{3EI}$$

所得的转角 θ_B 为负值，说明截面 B 做顺时针方向转动；y_B 为负值，说明 B 截面的挠度向下。

例 14-2 一简支梁如图 14-9 所示，在全梁上受集度为 q 的均布载荷作用。试求此梁的转角方程和挠度方程，并确定最大转角 $|\theta|_{max}$ 和最大挠度 $|y|_{max}$。

图 14-9

解：（1）求支座约束力，列弯矩方程。由对称关系可求得梁的两个支座约束力为

$$F_{RA} = F_{RB} = \frac{ql}{2}$$

以 A 为原点，建立坐标系如图，列出梁的弯矩方程为

$$M(x) = \frac{ql}{2}x - \frac{qx^2}{2} \qquad (a)$$

（2）列挠曲线近似微分方程并进行积分。将式（a）代入式（14-8）得

$$EIy'' = \frac{ql}{2}x - \frac{qx^2}{2} \tag{b}$$

通过两次积分，分别得

$$EIy' = \frac{ql}{4}x^2 - \frac{qx^3}{6} + C \tag{c}$$

$$EIy = \frac{ql}{12}x^3 - \frac{qx^4}{24} + Cx + D \tag{d}$$

（3）确定积分常数。简支梁两端支座处的挠度均为零，即在 $x=0$ 处，

$$y_A = 0 \tag{e}$$

将式（e）代入式（d），得 $D=0$。

在 $x=l$ 处，

$$y_B = 0 \tag{f}$$

将其仍代入式（d）得 $y_B = \frac{q}{12}l^4 - \frac{q}{24}l^4 + Cl = 0$，由此解出 $C = -\frac{ql^3}{24}$。

（4）确定转角方程和挠度方程。将所求得的积分常数 C 和 D 代入式（c）、式（d）得

$$\theta = y' = \frac{1}{EI}\left(\frac{ql}{4}x^2 - \frac{q}{6}x^3 - \frac{ql^3}{24}\right) = -\frac{q}{24EI}(l^3 - 6lx^2 + 4x^3) \tag{g}$$

$$y = \frac{1}{EI}\left(\frac{ql}{12}x^3 - \frac{q}{24}x^4 - \frac{ql^3}{24}x\right) = -\frac{qx}{24EI}(l^3 - 2lx^2 + x^3) \tag{h}$$

（5）求最大转角和最大挠度。梁上载荷和边界条件均对称于梁跨的中点，故梁的挠曲线必对称。由此可知，最大挠度必位于梁的中点。以 $x=l/2$ 代入式（h）后得

$$y_C = -\frac{ql/2}{24EI}\left(l^3 - \frac{l^3}{2} + \frac{l^3}{8}\right) = -\frac{5ql^4}{384EI}$$

式中的负号表示梁中点的挠度向下。绝对值最大的挠度为

$$|y|_{max} = \frac{5ql^4}{384EI}$$

又由图 14-9 可见，在两端支座处横截面的转角数值相等，绝对值均为最大。以 $x=0$ 和 $x=l$ 代入式（g）后，得转角

$$\theta_A = -\frac{ql^3}{24EI}, \quad \theta_B = \frac{ql^3}{24EI}$$

故

$$|\theta|_{max} = \frac{ql^3}{24EI}$$

由以上两例中的式（c）、式（d），可以看出积分常数 C 和 D 的几何意义。如以 $x=0$ 代入此两式，则

$$EIy' = EI\theta_0 = C, \quad EIy = EIy_0 = D$$

可见，积分常数 C、D 分别表示坐标原点处截面的转角 θ_0 和挠度 y_0 与抗弯刚度 EI 的乘积。

例 14-3 一简支梁如图 14-10 所示，在 C 点处受一集中力 F 作用。试求此梁的转角方程和挠度方程，并确定最大转角 $|\theta|_{max}$ 和最大挠度 $|y|_{max}$。

解：（1）求支座约束力，列弯矩方程。与上两例不同，此梁上的外力将梁分为两段，故须分别列出左右两段的弯矩方程。先求支座约束力：

由 $\sum M_B(\boldsymbol{F}) = 0$ 得

$$F_{RA} = \frac{Fb}{l}$$

由 $\sum M_A(\boldsymbol{F})=0$ 得 $\qquad\qquad F_{RB}=\dfrac{Fa}{l}$

建立坐标系如图 14-10 所示，再列出两段梁的弯矩方程为

AC 段　$M_1(x)=\dfrac{Fb}{l}x,\quad 0\leqslant x_1\leqslant a$

CB 段　$M_2(x)=\dfrac{Fb}{l}x_2-F(x_2-a),\quad a\leqslant x_2\leqslant l$

（2）列挠曲线近似微分方程并进行积分。因两段
的弯矩方程不同，故梁的挠曲线近似微分方程也须分
别列出。两段梁的挠曲线近似微分方程及其积分分别
列入表 14-1 中。

图　14-10

表 14-1　两段梁的挠曲线近似微分方程及积分

AC 段 $(0\leqslant x_1\leqslant a)$	CB 段 $(a\leqslant x_2\leqslant l)$
$EIy_1''=\dfrac{Fb}{l}x_1\quad$ (b$_1$)	$EIy_2''=\dfrac{Fb}{l}x_2-F(x_2-a)\quad$ (b$_2$)
$EIy_1'=\dfrac{Fb}{2l}x_1^2+C_1\quad$ (c$_1$)	$EIy_2'=\dfrac{Fb}{2l}x_2^2-\dfrac{F}{2}(x_2-a)^2+C_2\quad$ (c$_2$)
$EIy_1=\dfrac{Fb}{6l}x_1^3+C_1x_1+D_1\quad$ (d$_1$)	$EIy_2=\dfrac{Fb}{6l}x_2^3-\dfrac{F}{6}(x_2-a)^3+C_2x_2+D_2\quad$ (d$_2$)

（3）确定积分常数。上面的积分结果出现了 4 个
积分常数，需要 4 个已知的变形条件才能确定。由于
梁变形后其挠曲线是一条光滑连续的曲线，在 AC 和
CB 两段梁交接处 C 的横截面，既属于 AC 段，又属于
CB 段，故其转角或挠度必须相等，否则挠曲线就会出
现不光滑或不连续的现象（见图 14-11）。因此，在两
段梁交接处（$x_1=x_2=a$）的变形应满足条件：

$$\theta_1=\theta_2 \qquad\qquad (a)$$
$$y_1=y_2 \qquad\qquad (b)$$

这样的条件称为**连续条件**。式（a）表示挠曲线在 C 处
应光滑；式（b）表示挠曲线在该处应连续。利用上述
的两个连续条件，连同梁的两个边界条件，即可确定 4
个积分常数。

图　14-11

以 $x=a$ 代入表 14-1 中的式（c$_1$）、式（c$_2$），并按上列条件，令两式相等，即

$$\frac{Fb}{2l}a^2+C_1=\frac{Fb}{2l}a^2-\frac{F}{2}(a-a)^2+C_2$$

由此得 $\qquad\qquad C_1=C_2$

再以 $x_1=x_2=a$ 代入表 14-1 中的式（d$_1$）、式（d$_2$），并令两式相等，即

$$\frac{Fb}{6l}a^3+C_1a+D_1=\frac{Fb}{6l}a^3-\frac{F}{6}(a-a)^3+C_2a+D_2$$

故由此又得 $\qquad\qquad D_1=D_2$

229

又由于梁在 A、B 两端支座处应满足的边界条件是:

在 $x=0$ 处 $\qquad\qquad y_1=y_A=0$ (c)

在 $x=l$ 处 $\qquad\qquad y_2=y_B=0$ (d)

以式（c）代入表 14-1 的式（d_1），得

$$D_1=D_2=0$$

以式（d）代入表 14-1 的式（d_2），得

$$C_1=C_2=-\frac{Fb}{6l}(l^2-b^2)$$

（4）确定转角方程和挠度方程。将所求得的积分常数代回表 14-1 中的式（c_1）、式（c_2）、式（d_1）和式（d_2），即得两段梁的转角方程和挠度方程如表 14-2 所列。

表 14-2　两段梁的转角方程和挠度方程

AC 段 $(0\leqslant x_1\leqslant a)$		CB 段 $(a\leqslant x_2\leqslant l)$	
$EIy_1'=\frac{Fb}{6l}(l^2-3x_1^2-b^2)$	(c_1)	$EIy_2'=-\frac{Fb}{6l}\left[(l^2-b^2)-3x_2^2+\frac{3l}{b}(x_2-a)^2\right]$	(c_2)
$EIy_1=-\frac{Fbx}{6l}(l^2-x_1^2-b^2)$	(d_1)	$EIy_2=\frac{Fb}{6l}\left[(l^2-b^2)x_2-x_2^3+\frac{l}{b}(x_2-a)^3\right]$	(d_2)

（5）求最大转角和最大挠度。最大转角：由图 14-10 可见，梁 A 端或 B 端的转角可能最大。以 $x=0$ 代入表 14-2 中的式（c_1），得梁 A 端截面的转角为

$$\theta_A=-\frac{Fb(l^2-b^2)}{6EIl}=-\frac{Fab(l+b)}{6EIl} \tag{e}$$

以 $x=l$ 代入表 14-2 中的式（c_2），得梁 B 端截面的转角为

$$\theta_B=\frac{Fab(l+a)}{6EIl} \tag{f}$$

比较两式的绝对值可知，当 $a>b$ 时，θ_B 为最大转角。

最大挠度：在 $\theta=y'=0$ 处，y 为极值，此处的挠度绝对值最大。故应先确定转角为零的截面位置，然后再求最大挠度。先研究 AC 段，设在 x_0 处，截面的转角为零，以 x_0 代入表 14-2 中的式（c_1）并令 $y'=0$，即

$$-\frac{Fb}{6l}(l^2-3x_0^2-b^2)=0$$

由此解得

$$x_0=\sqrt{\frac{l^2-b^2}{3}} \tag{g}$$

由式（g）可以看出，当 $a>b$ 时，$x_0<a$，故知转角 θ 为零的截面必在 AC 段内，以式（g）代入表 14-2 中的式（d_1）并整理，即可求得绝对值最大的挠度为

$$|y|_{max}=\frac{Fb}{9\sqrt{3}\,EIl}\sqrt{(l^2-b^2)^3} \tag{h}$$

（6）讨论。由式（g）可以看出，当载荷 F 无限接近 B 端支座，即 $b\to0$ 时，则

$$x_0\to\frac{1}{\sqrt{3}}=0.577l$$

这说明，即使在这种极限情况下，梁最大挠度的所在位置仍与梁的中点非常接近。因此可以近似地用梁中点的挠度来代替梁的实际最大挠度。以 $x=\dfrac{l}{2}$ 代入表 14-2 中的式（c_1），即可算出梁中点处的挠度为

$$|y_{l/2}|=\frac{Fb}{48EI}(3l^2-4b^2) \tag{i}$$

以 $y_{l/2}$ 代替 y_{max} 所引起的误差不超过 3%。

当载荷 F 位于梁的中点，即当 $a=b=\dfrac{l}{2}$ 时，则由式（e）、式（f）和式（h）得梁的最大转角和最大挠度分别为

$$|\theta|_{max}=-\theta_A=\theta_B=\frac{Fl^2}{16EI},\quad |y|_{max}=|y_{l/2}|=\frac{Fl^3}{48EI}$$

综合上述各例可见，用积分法求梁变形的步骤是：

（1）求支座约束力，列弯矩方程；

（2）列出梁的挠曲线近似微分方程，并对其逐次积分；

（3）利用边界条件和连续条件确定积分常数；

（4）建立转角方程和挠度方程；

（5）求最大转角 $|\theta|_{max}$ 和最大挠度 $|y|_{max}$，或指定截面的转角和挠度。

积分法是求梁变形的一种基本方法，其优点是可以求得梁的转角方程和挠度方程；其缺点是运算过程较烦琐。因此，在一般设计手册中，已将常用梁的挠度和转角的有关计算公式列成表格，以备查用。表 14-3 给出了简单载荷作用下常见梁的挠度和转角。

表 14-3　简单载荷作用下常见梁的挠度和转角

序号	梁的形式及其载荷	挠曲线方程	端截面转角	最大挠度
1		$y=-\dfrac{Mx^2}{2EI}$	$\theta_B=-\dfrac{Ml}{EI}$	$y_B=-\dfrac{Ml^2}{2EI}$
2		$y=-\dfrac{Fx^2}{6EI}(3l-x)$	$\theta_B=-\dfrac{Fl^2}{2EI}$	$y_B=-\dfrac{Fl^3}{3EI}$
3		$y=-\dfrac{qx^2}{24EI}(x^2-4lx+6l^2)$	$\theta_B=-\dfrac{ql^3}{6EI}$	$y_B=-\dfrac{ql^4}{8EI}$
4		$y=-\dfrac{Fx^2}{6EI}(3a-x)\quad(0\leqslant x\leqslant a)$ $y=-\dfrac{Fa^2}{6EI}(3x-a)\quad(a\leqslant x\leqslant l)$	$\theta_B=-\dfrac{Fa^2}{2EI}$	$y_B=-\dfrac{Fa^2}{6EI}(3l-a)$

（续）

序号	梁的形式及其载荷	挠曲线方程	端截面转角	最 大 挠 度
5		$y=-\dfrac{Mx^2}{2EI}$ $(0\leqslant x\leqslant a)$ $y=-\dfrac{Ma}{EI}\left(x-\dfrac{a}{2}\right)$ $(a\leqslant x\leqslant l)$	$\theta_B=-\dfrac{Ma}{EI}$	$y_B=-\dfrac{Ma}{EI}\left(l-\dfrac{a}{2}\right)$
6		$y=-\dfrac{Mx}{6EIl}(l-x)(2l-x)$	$\theta_A=-\dfrac{Ml}{3EI}$ $\theta_B=\dfrac{Ml}{6EI}$	$x=\left(1-\dfrac{1}{\sqrt{3}}\right)l$ $y_{max}=-\dfrac{Ml^2}{9\sqrt{3}\,EI}$ $x=\dfrac{l}{2}$, $y_{l/2}=-\dfrac{Ml^2}{16EI}$
7		$y=-\dfrac{Fx}{48EI}(3l^2-4x^2)$ $\left(0\leqslant x\leqslant \dfrac{l}{2}\right)$	$\theta_A=-\dfrac{Fl^2}{16EI}$ $\theta_B=\dfrac{Fl^2}{16EI}$	$x=\dfrac{l}{2}$, $y_{max}=-\dfrac{Fl^3}{48EI}$
8		$y=-\dfrac{Fbx}{6EIl}(l^2-x^2-b^2)\ (0\leqslant x\leqslant a)$ $y=-\dfrac{Fb}{6EIl}\left[\dfrac{l}{b}(x-a)^3+\right.$ $\left.(l^2-b^2)x-x^3\right]$ $(a\leqslant x\leqslant l)$	$\theta_A=-\dfrac{Fab(l+b)}{6EIl}$ $\theta_B=\dfrac{Fab(l+a)}{6EIl}$	$a>b, x=\sqrt{\dfrac{l^2-b^2}{3}}$ $y_{max}=-\dfrac{Fb(l^2-b^2)^{\frac{3}{2}}}{9\sqrt{3}\,EIl}$ $x=\dfrac{l}{2}$, $y_{l/2}=-\dfrac{Fb(3l^2-4b^2)}{48EI}$
9		$y=-\dfrac{qx}{24EI}(l^3-2lx^2+x^3)$	$\theta_A=-\dfrac{ql^3}{24EI}$ $\theta_B=\dfrac{ql^3}{24EI}$	$y_{max}=-\dfrac{5ql^4}{384EI}$
10		$y=\dfrac{Mx}{6EIl}(l^2-3b^2-x^2)$ $(0\leqslant x\leqslant a)$ $y=-\dfrac{M(l-x)}{6EIl}[l^2-3a^2-(l-x)^2]$ $(a\leqslant x\leqslant l)$	$\theta_A=\dfrac{M}{6EIl}(l^2-3b^2)$ $\theta_B=\dfrac{M}{6EIl}(l^2-3a^2)$ $\theta_C=-\dfrac{M}{6EIl}\cdot$ $(3a^2+3b^2-l^2)$	$x=\sqrt{\dfrac{l^2-3b^2}{3}}$ 处, $y_{1max}=\dfrac{M(l^2-3b^2)^{\frac{3}{2}}}{9\sqrt{3}\,EIl}$ $x=\sqrt{\dfrac{l^2-3a^2}{3}}$ 处, $y_{2max}=\dfrac{M(l^2-3a^2)^{\frac{3}{2}}}{9\sqrt{3}\,EIl}$
11		$y=\dfrac{Mx}{6EIl}(l^2-x^2)$ $(0\leqslant x\leqslant l)$ $y=-\dfrac{M}{6EI}(3x^2-4xl+l^2)$ $(l\leqslant x\leqslant l+a)$	$\theta_A=\dfrac{Ml}{6EI}$ $\theta_B=-\dfrac{Ml}{3EI}$ $\theta_C=-\dfrac{M}{3EI}(l+3a)$	$x=\dfrac{l}{\sqrt{3}}$ 处, $y_{max}=-\dfrac{Ml^2}{9\sqrt{3}\,EI}$ $x=l+a$ 处 $y_{max}=\dfrac{Ma}{6EI}(2l+3a)$

（续）

序号	梁的形式及其载荷	挠曲线方程	端截面转角	最大挠度
12	θ_A θ_B θ_C F A B C y_C l a	$y=\dfrac{Fax}{6EIl}(l^2-x^2)$ $\quad(0\leqslant x\leqslant l)$ $y=-\dfrac{F(x-l)}{6EI}[a(3x-l)-(x-l)^2]$ $\quad(l\leqslant x\leqslant l+a)$	$\theta_A=\dfrac{Fal}{6EI}$ $\theta_B=-\dfrac{Fal}{3EI}$ $\theta_C=-\dfrac{Fa}{6EI}(2l+3a)$	$x=\dfrac{l}{\sqrt3}$ 处，$y_{\max}=\dfrac{Fal^2}{9\sqrt3\,EI}$ $x=l+a$ 处， $y_{\max}=-\dfrac{Fa^2}{3EI}(l+a)$
13	θ_A θ_B q A B C y_C θ_C l a	$y=\dfrac{qa^2}{12EI}\left(lx-\dfrac{x^3}{l}\right)$ $\quad(0\leqslant x\leqslant l)$ $y=-\dfrac{qa^2}{12EI}\left[\dfrac{x^3}{l}-\dfrac{(2l+a)(x-l)^3}{al}\right.$ $\left.+\dfrac{(x-l)^4}{2a^2}-lx\right]$ $\quad(l\leqslant x\leqslant l+a)$	$\theta_A=\dfrac{qa^2l}{12EI}$ $\theta_B=-\dfrac{qa^2l}{6EI}$ $\theta_C=-\dfrac{qa^2}{6EI}(l+a)$	$x=\dfrac{l}{\sqrt3}$ 处， $y_{\max}=-\dfrac{qa^2l^2}{18\sqrt3\,EI}$ $x=l+a$ 处， $y_{\max}=-\dfrac{qa^3}{24EI}(3a+4l)$

14.4 用叠加法求梁的挠度和转角

在弯曲变形很小，且材料服从胡克定律的情况下，挠曲线微分方程是
线性的。又因在小变形前提下，弯矩与载荷的关系也是线性的。这样梁在
若干力共同作用下产生的变形（或支座约束力、弯矩）将等于各个力单独作用时产生的变形
（或支座约束力、弯矩）的代数和。

下面举例说明求梁变形的**叠加法**。

例 14-4 图 14-12a 所示悬臂梁，受集中力 F 和集度为 q 的均布载荷作用。求端点 B 处
的挠度和转角。

解：由表 14-3 查得，因集中力 F 而引起的 B 端的挠度和转角（见图 14-12b）分别为

$$y_{BF}=\frac{Fl^3}{3EI}, \quad \theta_{BF}=\frac{Fl^2}{2EI}$$

因分布载荷而引起的 B 端的挠度和转角（见图 14-12c）分别为

$$y_{Bq}=-\frac{ql^4}{8EI}, \quad \theta_{Bq}=-\frac{ql^3}{6EI}$$

则由叠加法得 B 端的总挠度和总转角分别为

$$y_B=y_{BF}+y_{Bq}=\frac{Fl^3}{3EI}-\frac{ql^4}{8EI}, \quad \theta_B=\theta_{BF}+\theta_{Bq}=\frac{Fl^2}{2EI}-\frac{ql^3}{6EI}$$

例 14-5 一变截面外伸梁如图 14-13a 所示，AB 段的刚度为 EI_1，BC 段的刚度为 EI_2；
在 C 端受集中力 F 的作用。求截面 C 的挠度和转角。

解：此梁因两段的刚度不同，不能直接用表 14-3 的公式；如用积分法求解，推算较繁。
现采用叠加的方法。

先设梁在 B 点的截面不转动，BC 段视为一悬臂梁，如图 14-13b 所示。由表 14-3 查得，
此时截面 C 的转角和挠度分别为

$$\theta_C'=-\frac{Fa^2}{2EI_2}, \quad y_C'=-\frac{Fa^3}{3EI_2}$$

图 14-12

图 14-13

再将梁在支座 B 稍右处假想地截开，截面上作用有剪力 $F_{SB}=F$，弯矩 $M_B=Fa$。其中剪力 F_{SB} 可由 B 端的支座约束力所平衡，不引起梁的变形，而弯矩 M_B 则相当于一个集中力偶。由表 14-3 查得，因 M_B 而使截面 B 产生的转角为

$$\theta_B=-\frac{(Fa)l}{3EI_1}$$

此时 BC 段将转至位置 BC''（见图 14-13c），截面 C 同时产生与 θ_B 相同的转角，即

$$\theta_C''=\theta_B=-\frac{(Fa)l}{3EI_1}$$

并产生挠度

$$y_C''=\theta_B a=-\frac{(Fa)la}{3EI_1}$$

在此基础上，再考虑因 BC 段的变形而引起的转角 θ_C' 及挠度 y_C'。由叠加法，截面 C 的总转角和总挠度为

$$\theta_C=\theta_C''+\theta_C'=-\frac{(Fa)l}{3EI_1}-\frac{Fa^2}{2EI_2},\quad y_C=y_C''+y_C'=-\frac{Fa^2l}{3EI_1}-\frac{Fa^3}{3EI_2}$$

如图 14-13d 所示。

14.5 梁的刚度计算

在工程实际中，对弯曲构件的刚度要求，就是要求其最大挠度或转角不得超过某一规定的限度，即

$$|y|_{\max}\leqslant[y] \tag{14-11}$$

$$|\theta|_{\max}\leqslant[\theta] \tag{14-12}$$

式中，$[y]$ 为构件的许用挠度，单位为 mm；$[\theta]$ 为构件的许用转角，单位为 rad。

上两式为弯曲构件的刚度条件。式中的许用挠度和许用转角，对不同类别的构件有不同的规定，一般可由设计规范中查得。例如：

对吊车梁 $$[y]=\left(\frac{1}{400}\sim\frac{1}{750}\right)l$$

对架空管道 $$[y]=\frac{l}{500}$$

式中，l 为梁的跨度。在机械中，对轴则有如下的刚度要求：

一般用途的轴 $\qquad [y]=(0.000\ 3\sim 0.000\ 5)l$

刚度要求较高的轴 $\qquad [y]=0.000\ 2\ l$

安装齿轮的轴 $\qquad [y]=(0.01\sim 0.03)m_n$

安装蜗轮的轴 $\qquad [y]=(0.02\sim 0.05)m_{t2}$

式中，l 为支撑间的跨距；m_n 为齿轮的法面模数；m_{t2} 为蜗轮的端面模数。

对一般弯曲构件，如其强度条件能够满足，刚度方面的要求一般也能达到。所以在设计计算中，通常是根据强度条件或构造上的要求，先确定构件的截面尺寸，然后进行刚度校核。

例 14-6　某车床主轴如图 14-14a 所示，已知工作时的切削力 $F_1=2\ \text{kN}$，齿轮所受的径向啮合力 $F_2=1\ \text{kN}$；主轴的外径 $D=8\ \text{cm}$，内径 $d=4\ \text{cm}$，$l=40\ \text{cm}$，$a=20\ \text{cm}$；C 点处的许用挠度 $[y]=0.0001l$，轴承 B 处的许用转角 $[\theta]=0.001\ \text{rad}$。设材料的弹性模量 $E=210\ \text{GPa}$，试校核其刚度。

图　14-14

解：将主轴简化为如图 14-14b 所示的外伸梁，外伸部分的抗弯刚度 EI 近似地视为与主轴相同。此梁的变形又可视为图 14-14c、d 所示的两梁的变形叠加。

（1）计算变形主轴横截面的惯性矩为

$$I=\frac{\pi}{64}(D^4-d^4)=\frac{\pi}{64}(8^4-4^4)\ \text{cm}^4=188.5\ \text{cm}^4$$

由图 14-14c，自表 14-3 查得，因 F_1 而引起的 C 端的挠度为

$$y_{CF1} = \frac{F_1 a^2}{3EI}(l+a) = \left[\frac{2\times10^3\times20^2\times10^{-4}}{3\times210\times10^9\times1885\times10^{-8}}(40\times10^{-2}+20\times10^{-2})\right]\text{m}$$

$$= 40.4\times10^{-4}\ \text{m} = 4.04\times10^{-3}\ \text{cm}$$

因 F_1 而引起的 B 处的转角为

$$\theta_{BF1} = \frac{F_1 al}{3EI} = \left(\frac{2\times10^3\times20\times10^{-2}\times40\times10^{-2}}{3\times210\times10^9\times188.5\times10^{-8}}\right)\text{rad} = 0.1347\times10^{-3}\ \text{rad}$$

由图 14-14d，因 F_2 而引起的 B 处的转角及 C 端的挠度，可根据简支梁中点受集中力的情况，从表 14-3 中查得

$$\theta_{BF2} = -\frac{F_2 l^2}{16EI} = \left(\frac{1\times10^3\times40^2\times10^{-2}}{16\times210\times10^9\times188.5\times10^{-8}}\right)\text{rad} = -0.0253\times10^{-3}\ \text{rad}$$

最后由叠加法，得 C 处的总挠度为

$$y_C = y_{CF1} + y_{CF2} = (4.04\times10^{-3} - 0.506\times10^{-3})\text{cm} = 3.53\times10^{-3}\ \text{cm}$$

B 处截面的总转角为

$$\theta_B = \theta_{BF1} + \theta_{BF2} = (0.1347\times10^{-3} - 0.0253\times10^{-3})\text{rad} = 0.1094\times10^{-3}\ \text{rad}$$

(2) 校核刚度主轴的许用挠度和许用转角为

$$[y] = 0.0001l = (0.0001\times40)\ \text{cm} = 4\times10^{-3}\ \text{cm}$$

$$[\theta] = 0.001\ \text{rad} = 1\times10^{-3}\ \text{rad}$$

将主轴的 y_C 和 θ_B 与其比较，可知：

$$y_C = 3.53\times10^{-3}\ \text{cm} < [y] = 4\times10^{-3}\ \text{cm}$$

$$\theta_B = 0.1094\times10^{-3}\ \text{rad} < [\theta] = 1\times10^{-3}\ \text{rad}$$

主轴满足刚度条件。

14.6 提高梁刚度的措施

由梁的挠曲线近似微分方程可以看出，梁的弯曲变形与弯矩 $M(x)$ 及抗弯刚度 EI 有关；而影响弯矩的因素又包括载荷、约束情况、梁的跨度等。这些影响梁变形的因素在本章各例和表 14-3 所列的计算公式中都有所反映。因此，根据这些因素，可以通过以下途径来提高梁的弯曲刚度。

1. 调整加载方式

在可能的情况下，适当调整梁的加载方式，可以起到降低弯矩的作用。如例题 14-6 中的车床主轴，若将主动齿轮安装于从动轮的上面，则此时主轴所受到的径向啮合力 F_2 将向下（见图 14-15），这样，在 F_1 和 F_2 的作用下主轴将产生更大的挠度和转角。而按照例14-6 中的安装方式（见图 14-14），则可使因 F_1 和 F_2 引起的挠度和转角相互抵消一部分，从而提高了主轴的刚度。又如图 14-16a 所示的简支梁，其中点的挠度为

$$|y_{CF}| = \frac{Fl^3}{48EI}$$

如将集中力 F 分散为均布载荷，其集度为 $q = F/l$（见图 14-16b），此时梁中点的挠度使后者比前者降低了近一半，即

$$|y_{Cq}| = \frac{5\left(\frac{F}{l}\right)l^4}{384EI} = \frac{5Fl^3}{384EI}$$

图 14-15

图 14-16

2. 减小跨度或增加支座

梁的跨长或有关长度对梁的变形影响较大，由表 14-3 中可以看出，梁的挠度和转角是与跨度或有关长度的二次方、三次方甚至四次方成比例的。因此，在可能情况下减小梁的跨度或有关长度，对减小梁的变形会起到很大的作用。例如一受均布载荷的简支梁（见图 14-17a)，如将两端的支座向内移动某一距离，减小两支座的跨距（见图 14-17b)，可使梁的变形明显减小。图 14-18 所示的传动轴，应尽可能地令皮带轮及齿轮靠近支座，减小外伸臂的长度，这样，梁的弯矩和变形都会随之降低。

图 14-17

图 14-18

在跨度不允许减小的情况下，为提高梁的刚度，也可增加支座。例如在简支梁的中点处增加一个支座（见图 14-19)，也可大大地减小梁的挠度和转角；机械加工中的镗杆在镗孔时，为减少镗刀处的挠度，可在镗杆的一端加一个顶尖（见图 14-20)。这些都是减小弯曲构件刚度的有效方法。增加支座后的弯曲构件将成为一个超静定梁，关于超静定梁的解法，将在下一节中讨论。

3. 选用合理截面

从提高梁弯曲刚度的角度考虑，合理的截面形状应该是，以较小截面面积，获得较大的惯性矩。例如，工程实际中常以工字钢、槽钢等作为弯曲构件，吊车梁常采用由钢板焊接而成的箱形截面，一些机器的机架采用不同形式的薄壁空心截面等，这些都是以增大截面惯性矩的办法来增加构件的刚度。

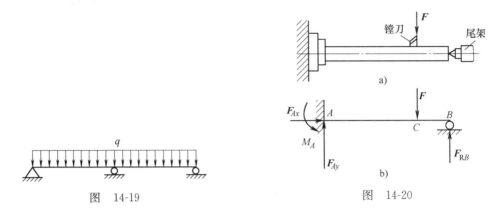

图 14-19　　　　　　　　　图 14-20

最后必须指出，弯曲构件的变形虽与材料的弹性模量 E 有关（E 值越大，构件的变形越小），但就钢材而言，如采用强度较高的钢材来代替强度较低的钢材，并不能起到提高构件刚度的作用，因为各种钢材的弹性模量 E 值非常接近。

*14.7 超静定梁

14.7.1 超静定梁的概念

前面所讨论的梁中，其约束力都可以通过静力平衡方程求得。这种梁称为**静定梁**。但在工程实际中，有时为了降低梁的应力或变形，保证其有足够的强度和刚度，或者因构造上的需要，往往在维持平衡所必需的约束之外，再增加一个或几个约束。这时，未知约束力的数目将相应增加，因而多于平衡方程的数目，仅用静力平衡方程已不能完全求解，这样的梁称为**超静定梁**。

超静定梁在工程实际中是经常遇到的。例如上节中所提到的镗杆，为减小镗刀处的挠度，提高加工精度，在其自由端用尾架上的顶尖顶住（见图 14-20a），这就相当于增加了一个支座（见图 14-20b），这时镗杆上有 4 个约束力：F_{Ax}、F_{Ay}、M_A 和 F_{RB}（顶尖给镗杆的水平力忽略不计）；而可列出的平衡方程只有 3 个：

$$\sum F_x = 0, \quad \sum F_y = 0, \quad \sum M_A(F) = 0$$

未知约束力数目比平衡方程数目多出一个，这是一次超静定梁。

又如由多个支座固定的吊车梁（见图 14-21）为二次超静定梁；一些机器中的齿轮轴（见图 14-22），采用 3 个轴承支撑，这些构件都属于超静定梁。

图 14-21

图 14-22

14.7.2 用变形比较法求解超静定梁

对超静定梁进行强度计算或刚度计算时，首先须求出梁的支座约束力，求解方法与解拉压超静定问题类似，需要根据梁的变形协调条件和力与变形量间的物理关系，建立补充方程，然后与平衡方程联立求解。建立补充方程是解超静定梁的关键。下面以铣床刀杆为例说明超静定梁的解法。

如图 14-23a 所示为万能铣床的刀杆，左端与刚性很大的主轴紧固连接，右端以轴承支承，加工时工件给铣刀的切削力为 F，其计算简图如图 14-23b 所示，现求刀杆的支座约束力。根据支座的约束性质，刀杆的支座约束力有 4 个，而只能列出 3 个平衡方程，这是一次超静定问题。

在超静定梁中，那些超过维持梁平衡所必需的约束，习惯上称为**多余约束**；与其对应的支座约束力称为多余约束力或多余支座约束力。可以设想，如果解除某超静定梁的多余约束，它将变为一个静定梁。这种静定梁称为原超静定梁的**基本静定梁**。在图 14-23b 中，如果以 B 端的可动铰支座为多余约束，将其解除后，就可得到图 14-23c 所示的悬臂梁，它就是原超静定梁的基本静定梁。

作用于基本静定梁上的外力，除原来的载荷 F 外，还必须加上多余支座约束力 F_{RB}（见图 14-23d），使其与原超静定梁的受力情况相同；同时还应满足一个变形协调条件，使基本静定梁的变形情况与原超静定梁一致。例如在图 14-23b 中，原超静定梁在 B 端有可动铰支座的约束，不可能产生挠度。因此，就要求基本静定梁在原载荷 F 和多余支座约束力 F_{RB} 的作用下，B 端的挠度为零（见图 14-23d），即

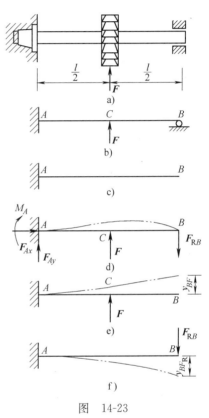

图 14-23

$$y_B = 0 \qquad\qquad (a)$$

这样，就将一个集中力 F 作用下的超静定梁，转换为一个在原载荷 F 和多余支座约束力 F_{RB} 的作用下，B 端的挠度为零的静定梁了。根据上述考虑，应用叠加法可得

$$y_B = y_{BF} + y_{BFR} = 0 \qquad\qquad (b)$$

这就是基本静定梁应满足的变形协调条件（简称变形条件）。式中的 y_{BF} 和 y_{BFR} 分别为力 F 和 F_{RB} 所引起的 B 端的挠度（见图 14-23e、f），可由表 14-3 查得

$$y_{BF} = \frac{5Fl^3}{48EI} \qquad\qquad (c)$$

$$y_{BFR} = -\frac{F_{RB}l^3}{3EI} \qquad\qquad (d)$$

式（c）、式（d）即为力与变形间的物理关系，将其代入式（b），得

$$y_{BF} = \frac{5Fl^3}{48EI} - \frac{F_{RB}l^3}{3EI} = 0 \qquad\qquad (e)$$

这就是所需的补充方程。由此方程可以解出 $F_{RB} = \dfrac{5}{16}F$ 。求得多余支座约束力后，再利用平衡方程，不难求出其他支座约束力。由图 14-23d，可列出平衡方程

$$\sum F_x = 0, \qquad F_{Ax} = 0 \tag{f}$$

$$\sum F_y = 0, \qquad F_{Ay} + F - F_{RB} = 0 \tag{g}$$

$$\sum M_A(\boldsymbol{F}) = 0, \qquad -M_A - F_{RB}l + F \cdot l/2 = 0 \tag{h}$$

将 F_{RB} 代入上列各式，解得刀杆的约束力为

$$F_{Ax} = 0, \qquad F_{Ay} = -\frac{11}{16}F, \qquad M_A = \frac{3}{16}Fl$$

所得结果均为正值，说明各支座约束力的方向与原设方向一致。支座约束力求出以后，即可如静定梁一样，进行强度和刚度计算。由以上分析可见，上述求解超静定梁的方法和步骤是：

（1）解除多余约束，选取适当的基本静定梁，在基本静定梁作用有原梁载荷和多余的支座约束力。

（2）列出基本静定梁在所解除约束处的变形条件，这一变形条件要求符合原超静定梁在多余约束处的边界条件。

（3）分别求出在原载荷和多余支座约束力作用下，解除约束处的挠度和转角，将其代入变形条件，建立补充方程。

（4）由补充方程和平衡方程解出多余支座约束力和其他支座约束力。

（5）进行强度或刚度计算。这种解超静定梁的方法，称为**变形比较法**。

解超静定梁时，选择哪个约束为多余约束，可根据解题时的方便而定。若选择的多余约束不同，相应的基本静定梁的形式和变形条件也随之而异。例如上例中的超静定梁（见图 14-24a），也可以选择阻止 A 端转动的约束为多余约束，相应的多余支座约束力为力偶矩 M_A。解除这一多余约束后，A 端将由固定端支座变为固定铰支座，相应的基本静定梁则为简支梁，其上作用有原载荷 $\boldsymbol{F}$ 和多余约束力偶矩 M_A（见图 14-24b）。这时的变形条件是 A 端的转角为零，即

图 14-24

$$\theta_A = \theta_{AF} + \theta_{AM} = 0$$

由表 14-3 查得，因集中力 $\boldsymbol{F}$ 和力偶矩 M_A 而引起的 A 端的转角分别为

$$\theta_{AF} = \frac{Fl^2}{16EI}, \qquad \theta_{AM} = -\frac{M_A l}{3EI}$$

将其代入变形条件，得到补充方程

$$\frac{Fl^2}{16EI} - \frac{M_A l}{3EI} = 0$$

由此解得 $M_A = \dfrac{3}{16}Fl$，最后再利用平衡方程解出其余的支座约束力，其结果与前一解法相同。

14-1 什么叫转角和挠度，它们之间有什么关系？其符号如何规定？

14-2 什么叫梁变形的边界条件和连续条件？用积分法求梁的变形时，它们起了什么作用？

14-3 梁的变形和弯矩有什么关系？正弯矩产生正转角，负弯矩产生负转角；弯矩最大的地方转角最大，弯矩为零的地方转角为零。这种说法对吗？

14-4 叠加原理的适用条件是什么？

14-5 试述用变形比较法解超静定梁的方法和步骤。

14-6 根据弯矩与曲率间的物理关系 $\kappa(x)=\dfrac{M(x)}{EI}$ 可知，曲率与弯矩成正比，试问横截面的挠度与转角是否也与弯矩成正比？

14-7 已知梁的 EI 为常数，如图 14-25 所示，欲使梁的挠曲线在 $x=l/3$ 处出现一拐点，则比值 m_1/m_2 是多少？

图 14-25

14-1 试画出题 14-1 图中各梁挠曲线的大致形状。

题 14-1 图

答：略

14-2 用积分法求题 14-2 图中各梁的转角方程、挠曲线方程以及指定位置的转角和挠度。已知 EI 为常数。

答：a) $\theta_B=\dfrac{M_0 l}{EI}$，$y_B=\dfrac{M_0 l^2}{2EI}$；b) $\theta_C=\dfrac{3Fl^2}{8EI}$，$y_C=-\dfrac{5Fl^3}{48EI}$；

c) $\theta_A=\dfrac{M_0 l}{6EI}$，$\theta_B=\dfrac{M_0 l}{3EI}$，$y_C=\dfrac{M_0 l^2}{16EI}$；d) $\theta_A=\dfrac{ql^3}{6EI}$，$y_A=-\dfrac{ql^4}{8EI}$。

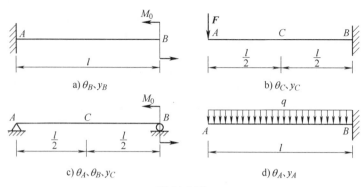

题 14-2 图

14-3 用叠加法求题 14-3 图中各梁指定位置的转角和挠度。已知 EI 为常数。

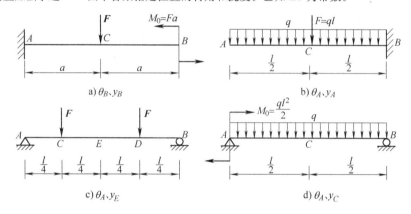

题 14-3 图

答：a) $\theta_B = \dfrac{3Fa^2}{2EI}$，$y_B = \dfrac{7Fa^3}{6EI}$；　　b) $\theta_A = \dfrac{7ql^3}{24EI}$，$y_A = -\dfrac{11ql^4}{48EI}$；

　　c) $\theta_A = \dfrac{3Fl^2}{32EI}$，$y_E = -\dfrac{11Fl^3}{384EI}$；　d) $\theta_A = \dfrac{5ql^3}{24EI}$，$y_C = -\dfrac{17ql^4}{384EI}$。

14-4 写出题 14-4 图示各梁的边界条件和连续条件。

题 14-4 图

答：$y_A = y_B = 0$，梁在 A 处转角相等；$y_A = y_B = 0$，梁在 A、B 处转角相等。

14-5 求题 14-5 图示中悬臂梁的挠曲线方程及自由端的挠度和转角，设 EI＝常量。

答：a) $\theta_B = -\dfrac{Fa^2}{2EI}$，$y_B = -\dfrac{Fa^2}{6EI}(3l - a)$；

　　b) $\theta_B = -\dfrac{ma}{EI}$，$y_B = -\dfrac{ma}{EI}\left(l - \dfrac{a}{2}\right)$。

*14-6 在简支梁的一半跨度内作用均布载荷 q（见题 14-6 图 a），试求跨度中点的挠度。设 EI 为常数。（提示：把图 a 的载荷看作是图 b 和图 c 的叠加，但在图 b 所示载荷作用下，跨度中点的挠度等于零。）

题 14-5 图

题 14-6 图

答：$y_C = -\dfrac{5ql^4}{768EI}$。

14-7 简支梁受载荷作用，如题 14-7 图所示。试用叠加法求跨度中点的挠度。设 EI 为常数。

答：a) $y = -\dfrac{5q_0 l^4}{768EI}$；b) $y = -\dfrac{5(q_1+q)l^4}{768EI}$。

14-8 一简支梁如题 14-8 图所示，已知 $F = 22$ kN，$l = 4$ m；若许用应力 $[\sigma] = 160$ MPa，许用挠度 $[y] = \dfrac{1}{400}l$，试选择工字钢的型号。

题 14-7 图

题 14-8 图

答：选 18 号工字钢。

* 14-9 试求题 14-9 图示各梁的支座约束力，并绘制弯矩图。

题 14-9 图

答：a) $F_{RA} = F_{RB} = \dfrac{3}{8}ql$（↑），$F_{RC} = \dfrac{5}{4}ql$（↑）；

b) $F_{RA} = \dfrac{7}{4} F$（↑），$F_{RB} = \dfrac{3}{4} F$（↓）；$M_B = \dfrac{1}{4} Fl$（逆时针）。

14-10　已知题 14-10 图 a 所示梁中点 C 的挠度为

$$y_C = Pb(3l^2 - 4b^2)/(48EI) \quad (a \geqslant b)$$

求图 b 所示梁中点 C 的挠度为 y_C。

题 14-10 图

答：$\dfrac{ql^3}{8EI}$

14-11　题 14-11 图示组合梁，由梁 AC 与 CB 并用铰链 C 连接而成，其所受载荷如图所示。试用叠加法求 D 截面的挠度 y_D。两段梁的抗弯刚度均为 EI。

题 14-11 图

答：$\dfrac{-qa^4}{48EI}$。

14-12　题 14-12 图示梁的抗弯刚度均为 EI，图 a 梁 B 端挠度为 $\dfrac{Fl^3}{3EI}$，转角为 $\dfrac{Fl^2}{2EI}$，求图 b 梁 B 端的转角和挠度。

题 14-12 图

答：$\dfrac{Fl^2}{4EI}$；$\dfrac{5Fl^3}{24EI}$。

第 15 章
压 杆 稳 定

本章主要介绍压杆稳定、临界压力、临界应力的概念及其计算公式。详细介绍柔度的概念、欧拉公式及其适用范围。着重介绍压杆的稳定性计算。最后分析提高压杆稳定的主要措施。

15.1 压杆稳定的概念

15.1.1 问题的提出

前面讨论的受压杆件,是从强度方面考虑的,根据压缩强度条件来保证压杆的正常工作。事实上,这仅仅对于短粗的压杆才是正确的,而对于细长的压杆,就不能单纯从强度方面考虑了。例如,有一根 (3×0.5) cm^2 的矩形截面木杆,其压缩强度极限是 $\sigma_b = 40$ MPa,承受轴向压力,如图 15-1 所示。根据实验可知,当杆很短时(高为 3 cm 左右),将它压坏所需的力 F_1 为

$$F_1 = \sigma_b A = 40 \times 10^6 \text{ Pa} \times 3 \times 0.5 \times 10^{-4} \text{ m}^2 = 6 \times 10^3 \text{ N}$$

但若杆长达到 100 cm,则只要用 $F_2 = 27.8$ N 的力,就会使杆突然产生显著的弯曲变形而丧失其工作能力。在此例中,F_2 与 F_1 的数值相差很远。这也说明,细长压杆的承载能力并不取决于其轴向压缩时的抗压强度,而是与它受压时突然变弯有关。细长杆受压时,其轴线不能维持原有直线形状的平衡状态而突然变弯这一现象,称为**丧失稳定**,简称**失稳**。由此可见,两根材料和横截面都相同的压杆,只是由于杆长不同,其破坏性质将发生质的改变。对于短粗压杆,只需考虑其强度问题;对于细长压杆,则应考虑其原有直线形状平衡状态的稳定性问题。

图　15-1

15.1.2 平衡的稳定性

为了对平衡稳定性的概念有个清楚的了解,现在来看一个实例。

考察一个放在光滑面上的小球,如图 15-2 所示。在平衡位置 O 处,小球都能在重力 W 和约束力 F_R 作用下处于平衡状态,但若小球受到轻微的扰动而稍微偏离其平衡位置,则作

用在小球上的力不一定平衡，这时将出现不同的情况。在图 15-2a 中，重力 W 和约束力 F_R 成为一个恢复力，能使小球回到平衡位置 O 处。这时，小球原来在 O 处的平衡称为**稳定平衡**。在图 15-2c 中，情况正好相反，重力 W 和约束力 F_R 合成为一个倾覆力，使小球继续偏离。这时，小球原来在 O 处的平衡称为**不稳定平衡**。图 15-2b 表示上述两种情况的分界线。当小球偏离原有平衡位置时，它将再次处于平衡状态，既没有恢复的趋势，也没有偏离的趋势。这时，小球原来在 O 处的平衡称为**随遇平衡**。这个例子说明，要判别小球原来在 O 处的平衡状态稳定与否，必须使小球从原有平衡位置稍有偏离，然后再考虑它是否有恢复的趋势或继续偏离的趋势，以区分小球原来处于稳定平衡还是处于不稳定平衡。这种分析方法，是研究平衡稳定性的必要途径。

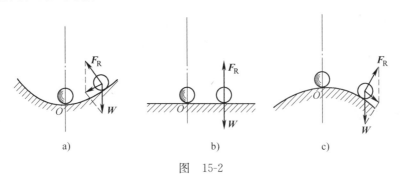

图　15-2

15.1.3　压杆的弹性稳定问题

上面研究了刚性小球的稳定问题，现在回到弹性杆的稳定问题上来。取一根下端固定、上端自由的细长杆，在其上端沿杆轴方向施加压力 F，杆受轴向压缩而处于直线平衡状态（见图 15-3a）。为了考察这种平衡状态是否稳定，可暂加一微小的横向干扰力，使杆原来的直线平衡形状受到扰动而产生微弯（见图 15-3b）。然后解除干扰力，这时可以观察到，当压力 F 不大且小于某一临界值时，杆将恢复原来的直线形状（见图 15-3c），这表明杆在原有直线形状下的平衡是稳定平衡。但当压力 F 大到某一临界值时，杆将不再恢复原来的直线形状，而处于曲线形状的平衡状态（见图 15-3d）。此时，如 F 再微小增加，杆的弯曲变形将显著增大直至最后趋向破坏，这表明，杆在原有直线形状下的平衡是**不稳定平衡**。

图　15-3

上面所观察到的现象表明，细长压杆原有直线状态是否稳定，与承受压力 **F** 的大小有关。当压力 **F** 增大到临界值 **F**$_{cr}$ 时，弹性压杆将从稳定平衡过渡到不稳定平衡。压力的临界值 **F**$_{cr}$ 称为压杆的**临界压力**，或称**临界载荷**，它是压杆原有直线形状从稳定平衡过渡到不稳定平衡的分界点。

压杆一般又称为柱。压杆在纵向力作用下的弯曲，也称为纵弯曲，压杆失稳的现象，有时也称为柱的屈曲。

在工程中，有很多较长的压杆常需要考虑其稳定性，如千斤顶的丝杠（见图 15-4）、托架中的压杆（见图 15-5）等。由于失稳破坏是突然发生的，往往会给机械和工程结构带来很大的危害，历史上出现过大量由于失稳而引起的严重事故事例。因此，在设计细长压杆时，进行稳定性计算是非常必要的。

图　15-4

图　15-5

15.2　细长压杆的临界压力

15.2.1　两端铰支压杆的临界压力

由上节可知，要判定细长压杆是否稳定，首先必须求出其临界压力 F_{cr}。实验指出，压杆的临界压力与压杆两端的支撑情况有关。先研究两端铰支情况下细长压杆的临界压力。

现有一个长度为 l、两端铰支的压杆 AB，如图 15-6a 所示。由于临界压力是使压杆开始失去稳定时的压力，也就是使压杆保持微弯状态下处于平衡的压力，因此，可从研究压杆在 F 力作用下处于微弯状态的挠曲线入手。在图 15-6a 所示的坐标系中，令距杆端为 x 处截面的挠度为 y，则可由图 15-6b 可知，该截面的弯矩为

$$M(x) = -Fy \qquad (15\text{-}1)$$

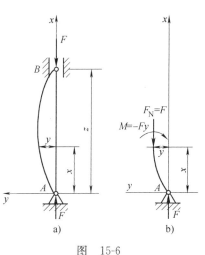

图　15-6

式中，F 是个可以不考虑正负号的数值。而在所选定的坐标系中，当 y 为正值时 $M(x)$ 为负值；反之，当 y 为负值时 $M(x)$ 为正值。为了使等式两边的符号一致，所以在式（15-1）的右端加上了负号。这时，可列出挠曲线近似微分方程为

$$EI\frac{\mathrm{d}^2 y}{\mathrm{d}x^2}=M(x)=-Fy \tag{15-2}$$

令

$$k^2=\frac{F}{EI} \tag{15-3}$$

则式（15-2）经过移项后可写为

$$\frac{\mathrm{d}^2 y}{\mathrm{d}x^2}+k^2 y=0 \tag{15-4}$$

因此，这一微分方程的通解是

$$y=C_1\sin kx+C_2\cos kx \tag{15-5}$$

式中，C_1 和 C_2 是两个待定的积分常数。另外，从式（15-5）可见，因为 F 还不知道，所以 k 也是一个待定值。杆端的约束情况提供了两个边界条件，即在

$$x=0\text{ 处，}\quad y=0;\quad\text{在 }x=l\text{ 处，}\quad y=0$$

将第一个边界条件代入式（15-5）可得 $C_2=0$。将第二个边界条件代入式（15-5）可得 $C_1\sin kl=0$，即 $C_1=0$ 或 $\sin kl=0$。若取 $C_1=0$，则由式（15-5）可知，$y=0$，即压杆轴线上各点处的挠度都等于零，表明杆没有弯曲，这与杆在微弯状态下保持平衡的前提相矛盾。因此，只能取 $\sin kl=0$，满足这一条件的 kl 值为

$$kl=n\pi,\quad n=0,1,2,\cdots$$

由此得到

$$k=\sqrt{\frac{F}{EI}}=\frac{n\pi}{l}\quad\text{或}\quad F=\frac{n^2\pi^2 EI}{l^2} \tag{15-6}$$

式（15-6）表明，无论 n 取何值，都有对应的 F，但实际使用时 F 应取最小值，以求得在压杆失稳时的最小轴向压力。所以应取 $n=1$（若取 $n=0$，则 $F=0$，与讨论的情况不符），相应的临界压力为

$$F_{\mathrm{cr}}=\frac{\pi^2 EI}{l^2} \tag{15-7}$$

式中，E 为压杆材料的弹性模量；I 为压杆横截面对中性轴的惯性矩；l 为压杆的长度。

上式称为两端铰支细长压杆临界压力的**欧拉公式**。

从式（15-7）可以看出，临界力 F_{cr} 与杆的抗弯刚度 EI 成正比，与杆长 l 成反比。这就是说，杆越细长，其临界力越小，即越易失稳。

应该注意：在杆件两端为球形铰链支承的情况下，可认为杆端方向的支承情况相同。这时，为了求出使压杆失稳的最小轴向压力，在式（15-7）中的惯性矩 I 应取最小值 $I_{\min}$。因为压杆失稳时，总是在抗弯能力最小的纵向平面（最小刚度平面）内弯曲失稳的。例如，图 15-7 所示的矩形截面压杆，若截面积尺寸 $b<h$，则 $I_y<I_z$，这时压杆将在与 z 轴垂直的 x-y 平面内弯曲失稳，因而在求临界力的公式（15-7）中，应取 $I_{\min}=I_y$。

图 15-7

15.2.2　其他支承情况压杆的临界力

上述确定压杆临界压力的公式，是在两端铰支情况下推导出来的。当压杆端部支承情况不同时，利用相似的推导方法，也可求得相应的临界压力公式。结果如下：

（1）一端固定、一端自由的压杆（见图 15-8a）

$$F_{cr} = \frac{\pi^2 EI}{(2l)^2} \tag{15-8}$$

（2）两端固定的压杆（见图 15-8b）

$$F_{cr} = \frac{\pi^2 EI}{(l/2)^2} \tag{15-9}$$

（3）一端固定、一端铰支的压杆（见图 15-8c）

$$F_{cr} \approx \frac{\pi^2 EI}{(0.7l)^2} \tag{15-10}$$

综合起来，可以得到欧拉公式的一般形式为

$$F_{cr} = \frac{\pi^2 EI}{(\mu l)^2} \tag{15-11}$$

式中，μ 称为**长度系数**；μl 称为**相当长度**。长度系数 μ 取决于杆端的支承情况；对于以上 4 种情况分别为：

两端铰支：$\mu = 1$；一端固定、一端自由：$\mu = 2$；

两端固定：$\mu = 0.5$；一端固定、一端铰支：$\mu = 0.7$。

由此可见，若杆端约束越强，则 μ 越小，相应的压杆临界压力越高；反之，若杆端约束越弱，则 μ 越大，压杆临界压力越低。

事实上，压杆的临界压力与其挠曲线形状是有联系的，对于后 3 种支承情况的压杆，如果将它们的挠曲线形状与两端铰支压杆的挠曲线形状加以比较，就可以直接定出它们的临界压力。从图 15-8 中的挠曲线形状可以看出：长为 l 的一端固定、一端自由的压杆，与长为 $2l$ 的两端铰支压杆相当；长为 l 且两端固定的压杆（其挠曲线上有 A、B 两个拐点，该处弯矩为零），与长为 $l/2$ 的两端铰支压杆相当；长为 l 的一端固定、一端铰支的压杆，约与

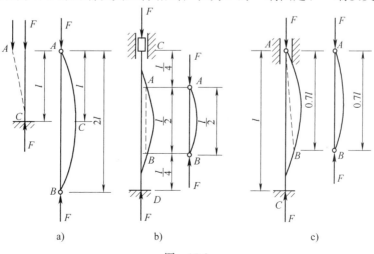

图　15-8

长为 $0.7l$ 的两端铰支压杆相当。

应该指出，上面所讨论的杆端约束，都是经过简化后典型的理想约束情况。在工程实际中，杆端的约束情况往往是复杂的，有时很难简单地将其归结为哪一种理想约束。这时，就应该根据实际情况进行简化。在各种实际的杆端约束情况下，压杆的长度系数 μ 值，一般可以从有关的设计手册中或规范中查到。

15.3 临界应力及临界应力总图

15.3.1 临界应力和柔度

在临界压力作用下压杆横截面上的应力，可用临界压力 F_{cr} 除以压杆横截面积 A 而得到，称为压杆的**临界应力**，以 σ_{cr} 表示，即

$$\sigma_{cr} = \frac{F_{cr}}{A} \tag{15-12}$$

将式（15-11）代入上式得

$$\sigma_{cr} = \frac{\pi^2 EI}{(\mu l)^2 A} \tag{15-13}$$

上式中的 I 与 A 都是与截面有关的几何量，可用压杆截面的惯性半径 i 来表示。由式（10-10）得

$$i = \sqrt{\frac{I}{A}}$$

于是式（15-13）可以写成

$$\sigma_{cr} = \frac{\pi^2 E i^2}{(\mu l)^2} = \frac{\pi^2 E}{\left(\dfrac{\mu l}{i}\right)^2}$$

令

$$\lambda = \frac{\mu l}{i} \tag{15-14}$$

可得压杆临界应力公式为

$$\sigma_{cr} = \frac{\pi^2 E}{\lambda^2} \tag{15-15}$$

式中，λ 表示压杆的相当长度 μl 与其惯性半径 i 的比值，称为压杆的**柔度**或**长细比**，它反映了杆端约束情况、压杆长度、截面形状和尺寸对临界应力的综合影响。例如，对于直径 d 的圆形截面半径，其惯性半径为

$$i = \sqrt{\frac{I}{A}} = \sqrt{\frac{\pi d^4 / 64}{\pi d^2 / 4}} = \frac{d}{4}$$

则柔度

$$\lambda = \frac{\mu l}{i} = \frac{4 \mu l}{d} \tag{15-16}$$

由式（15-15）及式（15-16）可以看出，如压杆越细长，则其柔度 λ 越大。压杆的临界应力越小，这说明压杆越容易失去稳定。反之，若为短粗压杆，则其柔度 λ 较小，而临界应力较大，压杆就不容易失稳。所以，柔度 λ 是压杆稳定计算中的一个重要参数。

15.3.2　欧拉公式的适用范围

欧拉公式是根据压杆的挠曲线近似微分方程推导出来的，而这个微分方程只有在材料服从胡克定律的条件下才成立。因此，只有当压杆的临界应力 σ_{cr} 不超过材料的比例极限 σ_p 时，欧拉公式才能适用。具体来说，欧拉公式的适用条件是

$$\sigma_{cr} = \frac{\pi^2 E}{\lambda^2} \leqslant \sigma_p \tag{15-17}$$

由式（15-17）可求得对应于比例极限 σ_p 的柔度 λ_p 为

$$\lambda_p = \pi \sqrt{\frac{E}{\sigma_p}} \tag{15-18}$$

于是，欧拉公式的适用范围可用压杆的柔度 λ_p 来表示，即要求压杆的实际柔度 λ 不能小于对应于比例极限时的柔度 λ_p，也即 $\lambda \geqslant \lambda_p$，只有这样，才能满足式（15-17）中的 $\sigma_{cr} \leqslant \sigma_p$ 的要求。

能满足上述条件的压杆，称为**大柔度杆**或**细长杆**。对于常用的 Q235 钢制成的压杆，弹性模量 $E = 200\ \text{GPa}$，比例极限 $\sigma_p = 200\ \text{MPa}$，代入式（15-18）可得

$$\lambda_p = \pi \sqrt{\frac{E}{\sigma_p}} = 3.14 \times \sqrt{\frac{200 \times 10^9\ \text{Pa}}{200 \times 10^6\ \text{Pa}}} \approx 100$$

也就是说，以 Q235 钢制成的压杆，其柔度 $\lambda \geqslant \lambda_p = 100$ 时，才能用欧拉公式来计算临界应力。对于其他材料也可求得相应的 λ_p。

由临界应力公式（15-15）可知，压杆的临界应力随其柔度而变化，两者的关系可用一曲线来表示。如取临界应力 σ_{cr} 为纵坐标、柔度 λ 为横坐标，按公式（15-15）可画出如图 15-9 所示的曲线 AB，该曲线称为欧拉双曲线。在图上也可以表明欧拉公式的适用范围，即曲线上的实线部分 BC 才是适用的；而虚线部分 AC 是不适用的，因为对应于该部分的应力已超过了比例极限 σ_p。图上 σ_p 对应于 C 点的柔度值为 λ_p。有关图中的 CD 和 DE 段，将在下面说明。

图　15-9

15.3.3　中、小柔度杆的临界应力

在工程实际中，也经常遇到柔度小于 λ_p 的压杆，这类压杆的临界应力已不能再用式（15-15）来计算。目前多采用建立在实验基础上的经验公式，如直线公式和抛物线公式等。下面先介绍简便、常用的直线形经验公式，即

$$\sigma_{cr} = a - b\lambda \tag{15-19}$$

此式在图 15-9 中以倾斜直线 CD 表示。式中，a、b 是与材料性质有关的常数，其单位都是

MPa。常见材料的 a、b 值，可以从表 15-1 中查得。

表 15-1　直线公式的系数 a、b 及柔度值 λ_p、λ_s

材　　料	a/MPa	b/MPa	λ_p	λ_s
Q235 钢	304	1.12	100	62
35 钢	461	2.568	100	60
45 钢、55 钢	578	3.744	100	60
铸铁	332.2	1.454	80	—
松木	28.7	0.19	110	40

上述经验公式也有一个适用范围。对于塑性材料的压杆，还要求其临界应力不超过材料的屈服极限 σ_s，若以 λ_s 代表对应于 σ_s 的柔度，则要求

$$\sigma_{cr}=a-b\lambda\leqslant\sigma_s$$

或

$$\lambda\geqslant\frac{a-\sigma_s}{b}$$

由上式即可求得对应于屈服极限 σ_s 的柔度 λ_s 为

$$\lambda_s=\frac{a-\sigma_s}{b} \tag{15-20}$$

当压杆的实际柔度 $\lambda\geqslant\lambda_s$ 时，直线公式才适用。例如对于 Q235 钢，$\sigma_s=235$ MPa，$a=304$ MPa，$b=1.12$ MPa，可求得

$$\lambda_s\geqslant\frac{304\ \mathrm{MPa}-235\ \mathrm{MPa}}{1.12\ \mathrm{MPa}}\approx62$$

柔度在 λ_s 和 λ_p 之间（即 $\lambda_s\leqslant\lambda<\lambda_p$）的压杆，称为**中柔度杆**或**中长杆**。实验指出，这种压杆的破坏性质接近于大柔度杆，也有较明显的失稳现象。

柔度较小（$\lambda<\lambda_s$）的杆，称为**小柔度杆**或**粗短杆**。对绝大多数碳素结构钢和优质碳素结构钢来说，小柔度杆的 λ 在 0~60 之间。实验证明，这种压杆当应力达到屈服极限 σ_s 时才被破坏，破坏时很难观察到失稳现象。这说明小柔度杆是由强度不足而被破坏的，应该以屈服极限 σ_s 作为极限应力；若在形式上作为稳定问题考虑，则可认为临界应力 $\sigma_{cr}=\sigma_s$，在图 15-9 上以水平直线段 DE 表示。对于脆性材料如铸铁制成的压杆，则应取强度极限 σ_b 作为临界应力。

相应于大、中、小柔度的三类压杆，其临界应力与柔度关系的三部分曲线或直线，组成了临界应力图（见图 15-9）。从图上可以明显地看出，小柔度杆的临界应力与 λ 无关，而大、中柔度杆的临界应力则随 λ 的增加而减小。

工程实际中，对于中、小柔度压杆的临界应力，也有建议采用抛物线经验公式计算的，此公式为

$$\sigma_{cr}=a_1-b_1\lambda^2 \tag{15-21}$$

式中，a_1、b_1 为材料性质有关的常数。例如，在我国钢结构设计规范中，就采用了上述的抛物线公式。本书主要采用直线公式。

例 15-1　图 15-10 所示为一两端铰支的压杆，材料为 Q235 钢，截面为一薄壁圆环。如材料的弹性模量 $E=206$ GPa，$l=3$ m，平均半径 $r_0=4$ cm，试计算其临界应力。

解：对薄壁圆环而言，其面积 $A\approx2\pi r_0 t$，惯性矩 $I=\pi r_0^3 t$，所以，其惯性半径为

$$i = \sqrt{\frac{\pi r_0^3 t}{2\pi r_0 t}} = \frac{r_0}{\sqrt{2}} = \frac{4 \text{ cm}}{\sqrt{2}} = 2.83 \text{ cm}$$

相应的柔度为

$$\lambda = \frac{\mu l}{i} = \frac{1 \times 3 \times 10^2 \text{ cm}}{2.83 \text{ cm}} = 106 > \lambda_p = 100$$

杆为大柔度杆，用欧拉公式求解：

$$\sigma_{cr} = \frac{\pi^2 E}{\lambda^2} = \frac{3.14^2 \times 206 \times 10^3}{106^2} \text{ MPa} = 108.77 \text{ MPa}$$

图　15-10

例 15-2　一个 $12 \text{ cm} \times 20 \text{ cm}$ 的矩形截面木柱，长度 $l = 7 \text{ m}$，支撑情况是：在最大刚度平面内弯曲时为两端铰支（见图 15-11a），在最小刚度平面内弯曲时为两端固定（见图 15-11b）。木材的弹性模量 $E = 10 \text{ GPa}$，$\lambda_p = 110$，$\lambda_s = 50$。试求木柱的临界压力和临界应力。

解：由于木柱在最小和最大刚度平面内的支撑情况不同，所以，须分别计算其临界压力和临界应力。

计算最大刚度平面内的临界压力和临界应力，考虑木柱最大刚度平面内失稳时，如图 15-11a 所示，截面对 y 轴的惯性矩和惯性半径分别为

$$I_y = \frac{12 \times 20^3}{12} \text{ cm}^4 = 8000 \text{ cm}^4$$

$$i_y = \sqrt{\frac{I_y}{A}} = \sqrt{\frac{8000 \text{ cm}^4}{12 \text{ cm} \times 20 \text{ cm}}} = 5.77 \text{ cm}$$

对两端铰支情形，长度系数 $\mu = 1$，由式（15-14）可算出其柔度为

图　15-11

$$\lambda_y = \frac{\mu l}{i_y} = \frac{1 \times 700 \text{ cm}}{5.77 \text{ cm}} = 121 > \lambda_p = 110$$

因柔度大于 λ_p，应该用欧拉公式计算临界压力。由式（15-11）得

$$F_{cr} = \frac{\pi^2 E I_y}{(\mu l)^2} = \frac{\pi^2 \times 10 \times 10^9 \text{ Pa} \times 8000 \times 10^{-8} \text{ m}}{(1 \times 7)^2 \text{ m}^2} = 161 \times 10^3 \text{ N} = 161 \text{ kN}$$

再由式（15-15）计算临界应力，得

$$\sigma_{cr} = \frac{\pi^2 E}{\lambda_y^2} = \frac{\pi^2 \times 10 \times 10^3 \text{ MPa}}{(121)^2} = 6.73 \text{ MPa}$$

计算最小刚度平面内的临界压力和临界应力，如图 15-11b 所示，截面对 z 轴的惯性矩和惯性半径分别为

$$I_z = \frac{20 \times 12^3}{12} \text{ cm}^4 = 2880 \text{ cm}^4$$

$$i_z = \sqrt{\frac{I_z}{A}} = \sqrt{\frac{2880 \text{ cm}^4}{12 \text{ cm} \times 20 \text{ cm}}} = 3.46 \text{ cm}$$

对于两端固定情形，长度系数 $\mu = 0.5$，由式（15-14）可算出其柔度为

$$\lambda_z = \frac{\mu l}{i_z} = \frac{0.5 \times 700 \text{ cm}}{3.46 \text{ cm}} = 101 < \lambda_p = 110$$

在此平面内弯曲时，柱的柔度 $\lambda_s < \lambda_z < \lambda_p$，应采用经验公式计算临界应力。查表 15-1 得，对于木材（松木），$a = 28.7$ MPa，$b = 0.19$ MPa，利用直线公式 (15-19)，得

$$\sigma_{cr} = a - b\lambda = 28.7 \text{ MPa} - 0.19 \text{ MPa} \times 101 = 9.5 \text{ MPa}$$

其临界压力为

$$F_{cr} = A\sigma_{cr} = 9.5 \times 10^6 \text{ Pa} \times (0.12 \times 0.2) \text{ m} = 228 \times 10^3 \text{ N} = 228 \text{ kN}$$

比较上述计算结果可知，第一种情形的临界压力和临界应力都较小，所以木柱失稳时将在最大刚度平面内产生弯曲。此例说明，当在最小和最大刚度平面内的支承情况不同时，木柱不一定在最小刚度平面内失稳，必须经过具体计算之后才能确定。

15.4 压杆的稳定计算

由前几节的讨论可知，压杆在使用过程中存在着失稳破坏，而失稳破坏时的临界应力往往低于强度计算中的许用应力 $[\sigma]$。因此为保证压杆能安全可靠使用，必须对压杆建立相应的稳定条件，进行稳定性计算。下面对此问题进行讨论和研究。

15.4.1 安全系数法

显然，要使压杆不丧失稳定，就必须使压杆的轴向压力或工作应力小于其极限值，再考虑到压杆应具有适当的安全储备，因此，压杆的稳定条件为

$$F \leq \frac{F_{cr}}{[n_{st}]} \quad \text{或} \quad \sigma \leq \frac{\sigma_{cr}}{[n_{st}]}$$

式中，$[n_{st}]$ 为规定的稳定安全系数。若令 $n_{st} = \frac{F_{cr}}{F} = \frac{\sigma_{cr}}{\sigma}$ 为压杆实际工作的稳定安全系数，于是可得用安全系数表示的压杆稳定条件

$$n_{st} = \frac{F_{cr}}{F} \geq [n_{st}] \quad \text{或} \quad n_{st} = \frac{\sigma_{cr}}{\sigma} \geq [n_{st}] \tag{15-22}$$

稳定安全系数 $[n_{st}]$ 一般要高于强度安全系数。这是因为一些难以避免的因素，如杆件的初弯曲、压力偏心、材料的不均匀和支座缺陷等，都会严重地影响压杆的稳定，降低了临界应力。关于规定的稳定安全系数 $[n_{st}]$，一般可从有关专业手册中或设计规范中查得。

15.4.2 折减系数法

为了方便计算，通常将稳定许用应力表示为压杆材料的强度许用应力 $[\sigma]$ 乘以一个系数 φ，即

$$\frac{\sigma_{cr}}{[n_{st}]} = \varphi[\sigma]$$

由此可得到

$$\sigma = \frac{F}{A} \leq \varphi[\sigma] \tag{15-23}$$

式中，φ 是一个小于 1 的系数，称为折减系数。利用公式（15-23）可以为压杆选择截面，这种方法称为**折减系数法**。由于使用式（15-23）时要涉及与规范有关的较多内容，这里不再举例。

例 15-3　千斤顶如图 15-12 所示，丝杠长度 $l = 37.5$ cm，内径 $d = 4$ cm，材料为 45 钢，最大起重力为 $F = 80$ kN，规定稳定安全系数 $[n_{st}] = 4$。试校核该丝杠的稳定性。

图　15-12

解：（1）计算柔度。丝杠可简化为下端固定、上端自由的压杆，故长度系数 $\mu = 2$。

由式（15-16）计算丝杠的柔度，因为 $i = d/4$，所以

$$\lambda = \frac{\mu l}{i} = \frac{\mu l}{d/4} = \frac{2 \times 37.5 \text{ cm}}{(4/4) \text{ cm}} = 75$$

（2）计算临界压力并校核稳定性。由表 15-1 中查得 45 钢相应于屈服极限和比例极限时的柔度为 $\lambda_s = 60$，$\lambda_p = 100$。而 $\lambda_s < \lambda < \lambda_p$，可知丝杠是中柔度压杆，现在采用直线经验公式计算其临界力。在表 15-1 上查得 $a = 578$ MPa，$b = 3.744$ MPa，故丝杠的临界力为

$$F_{cr} = \sigma_{cr} A = (a - b\lambda) \times \frac{\pi d^2}{4} = (578 \times 10^6 \text{ Pa} - 3.744 \times 10^6 \text{ Pa} \times 75) \times \frac{\pi \times 0.04^2 \text{ m}^2}{4} = 373 \times 10^3 \text{ N}$$

由式（15-22）校核丝杠的稳定性，即

$$n_{st} = \frac{F_{cr}}{F} = \frac{373000 \text{ N}}{80000 \text{ N}} = 4.66 > [n_{st}] = 4$$

从计算结果可知，此千斤顶丝杠是稳定的。

例 15-4　一根 25a 号工字钢支柱，长 7 m，两端固定，材料是 Q235 钢，$E = 200$ GPa，$\lambda_p = 100$，规定的稳定安全系数 $[n_{st}] = 2$，试求支柱的许可载荷 $[F]$。

解：（1）计算柔度 λ。支柱是 25a 号工字钢，查型钢表可得：
$i_x = 10.2$ cm，$i_y = 2.4$ cm，$I_x = 5020$ cm^4，$I_y = 280$ cm^4，故

$$\lambda_x = \frac{\mu l}{i_x} = \frac{0.5 \times 7 \times 10^2 \text{ cm}}{10.2 \text{ cm}} = 34.3$$

$$\lambda_y = \frac{\mu l}{i_y} = \frac{0.5 \times 7 \times 10^2 \text{ cm}}{2.4 \text{ cm}} = 145.8$$

因为 $\lambda_y > \lambda_x$，故应按 y 轴为中性轴的弯曲进行稳定性计算。

（2）计算临界压力 F_{cr}。因为 $\lambda_y > \lambda_p > \lambda_x$，故按欧拉公式计算临界力为

$$F_{cr} = \frac{\pi^2 E I_y}{(\mu i)^2} = \frac{3.14^2 \times 200 \times 10^3 \text{ MPa} \times 280 \times 10^4 \text{ mm}^4}{(0.5 \times 7 \times 10^3)^2 \text{ mm}^2} = 451.2 \times 10^3 \text{ N} = 451.2 \text{ kN}$$

（3）确定支柱的安全载荷 $[F]$。

$$[F] = \frac{F_{cr}}{[n_{st}]} = \frac{451.2}{2} \text{ kN} = 225.6 \text{ kN}$$

例 15-5　如图 15-13a 所示结构由直径 $d = 50$ mm 的圆截面杆组成，受力和尺寸如图所示。$F = 15$ kN，材料弹性模量 $E = 200$ GPa，$\sigma_p = 200$ MPa，$\sigma_s = 235$ MPa，$a = 304$ MPa，

$b=1.12$ MPa，稳定安全系数$[n_{st}]=6$，许用应力 $[\sigma]=160$ MPa。试校核该结构的安全性。

解： 此结构由两根直杆构成，其中 BC 杆受拉，属于强度问题；AB 杆受压，属于稳定性问题。

首先取节点 A 为研究对象，受到三个力作用，是平面汇交力系，受力如图 15-13b 所示，列两个力的平衡方程

$$\sum F_x=0, \quad F_{NBC}\sin30°-F=0$$
$$\sum F_y=0, \quad F_{NAB}-F_{NBC}\cos30°=0$$

解得

$$F_{NAB}=\sqrt{3}\,F=25.98 \text{ kN}, \quad F_{NBC}=2F=30 \text{ kN}$$

BC 杆属于强度问题：

$$\sigma_{BC}=\frac{F_{NBC}}{A}=\frac{30\times10^3 \text{ N}}{\frac{1}{4}\pi\times50^2\times10^{-6} \text{ m}^2}=15.3 \text{ MPa}<[\sigma]=160 \text{ MPa}$$

BC 杆安全。

AB 杆是受压直杆，属于稳定性问题：

$$\lambda_1=\pi\sqrt{\frac{E}{\sigma_p}}=99.35$$

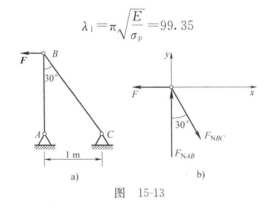

图 15-13

AB 杆的柔度

$$\lambda_{AB}=\frac{\mu l_{AB}}{i_{AB}}=\frac{1\times\sqrt{3}}{\frac{50}{4}\times10^{-3}}=138.6>\lambda_p=99.35$$

AB 杆为大柔度杆，采用欧拉公式计算其临界压力

$$F_{cr}=\frac{\pi^2EI}{(\mu l)^2}=\frac{\pi^2\times200\times10^9\times\frac{\pi}{64}\times(50\times10^{-3})^4}{(1\times\sqrt{3})^2} \text{ N}=201.9 \text{ kN}$$

$$n=\frac{F_{cr}}{F_{NAB}}=\frac{201.9 \text{ kN}}{25.98 \text{ kN}}=7.77>[n_{st}]=6$$

或

$$F_{NAB}=25.98 \text{ kN}\leqslant F_{cr}/n_{st}=33.6 \text{ kN}$$

故结构安全。

例 15-6 在图 15-14 结构中，立柱 CD 截面为圆形，直径 $d=15$ mm；横梁 AB 截面为矩形，其宽、高分别为 $b=40$ mm，$h=60$ mm。两构件材料相同，弹性模量 $E=200$ GPa，$\sigma_p=$

300 MPa，$\sigma_s = 400$ MPa，横梁左端为固定铰链支座，立柱上端为球铰，下端固定，外力 $F=5$ kN。试计算结构的安全系数。

解：此结构由横梁和立柱两部分组成，横梁属于强度问题，立柱属于稳定性问题。

（1）取梁为研究对象，其最大弯矩在 C 截面处，为

$$M_{max} = F \times \overline{BC} = 5000 \text{ N} \times 0.8 \text{ m} = 4000 \text{ N} \cdot \text{m}$$

对于塑性材料

$$\sigma_u = \sigma_s = 400 \text{ MPa}$$

图 15-14

$$\sigma_{max} = \frac{M_{max}}{W_z} = \frac{4000 \text{ N} \cdot \text{m}}{\dfrac{1}{6}bh^2} = \frac{4000 \text{ N} \cdot \text{m}}{\dfrac{1}{6} \times 40 \times 60^2 \times 10^{-9} \text{ m}^3} = 166.7 \text{ MPa}$$

梁的安全系数

$$n = \frac{\sigma_u}{\sigma_{max}} = \frac{400 \text{ MPa}}{166.7 \text{ MPa}} = 2.4$$

（2）对于立柱是稳定性问题，计算其安全系数。

$$\lambda_1 = \pi\sqrt{\frac{E}{\sigma_p}} = \pi\sqrt{\frac{200 \times 10^9 \text{ Pa}}{300 \times 10^6 \text{ Pa}}} = 81.1$$

圆形的立柱的惯性半径 $i = \sqrt{\dfrac{I}{A}} = \dfrac{1}{4}d$，故

$$\lambda = \frac{\mu l}{i} = \frac{0.7 \times 600 \text{ mm}}{\dfrac{1}{4} \times 15 \text{ mm}} = 112 > \lambda_1 = 81.1$$

所以立柱是大柔度杆，用欧拉公式计算其临界压力

$$F_{cr} = A\sigma_{cr} = \frac{1}{4}\pi d^2 \times \frac{\pi^2 E}{\lambda^2} = \frac{1}{4}\pi \times 15^2 \times 10^{-6} \text{ m}^2 \times \frac{\pi^2 \times 200 \times 10^9 \text{ Pa}}{112^2} = 27.81 \text{ kN}$$

取 A 为矩心，列力矩的平衡方程得立柱的工作压力

$$F_N = \frac{5 \text{ kN} \times 1.2 \text{ m}}{0.4 \text{ m}} = 15 \text{ kN}$$

压杆的稳定安全系数

$$n_{st} = \frac{F_{cr}}{F_N} = \frac{27.81 \text{ kN}}{15 \text{ kN}} = 1.85$$

结构两部分的安全系数不同,强度和稳定安全因数分别为 2.4 和 1.85。

例 15-7 如图 15-15 所示托架中,杆 AB 的直径 $d=40$ mm,长度 $l=800$ mm,两端可视为铰支,材料为 Q235 钢,屈服极限 $\sigma_s=240$ MPa,比例极限 $\sigma_p=200$ MPa。弹性模量 $E=200$ GPa,$a=304$ MPa,$b=1.12$ MPa。(1) 试求 AB 杆的临界载荷;(2) 若已知工作载荷 $F=70$ kN,并要求杆 AB 的稳定安全系数 $[n_{st}]=2$,校核托架是否稳定?

解:(1)AB 杆是受压直杆,要计算其临界载荷首先要计算它的柔度,来判断用什么公式计算临界应力,再计算临界载荷。

由已知条件计算:

$$\lambda_1 = \pi\sqrt{\frac{E}{\sigma_p}} = \pi \times \sqrt{\frac{200 \times 10^9 \text{ Pa}}{200 \times 10^6 \text{ Pa}}} = 99.3$$

$$\lambda = \frac{\mu l}{i} = \frac{1 \times 800 \text{ mm}}{\frac{1}{4}d} = \frac{1 \times 800 \text{ mm}}{\frac{1}{4} \times 40 \text{ mm}} = 80$$

$$\lambda_s = \frac{a-\sigma_s}{b} = \frac{(304-240) \text{ MPa}}{1.12 \text{ MPa}} = 57$$

图　15-15

所以 $\lambda_1 < \lambda < \lambda_s$,故 AB 杆是中长杆,用经验公式计算临界应力,再计算临界载荷。

$$F_{cr} = \sigma_{cr}A = (a-b\lambda)A = (304 \text{ MPa} - 1.12 \text{ MPa} \times 80) \times \frac{1}{4}\pi \times 40^2 \times 10^{-6} \text{ m}^2 = 269.4 \text{ kN}$$

(2) 取 CD 为研究对象,受力分析,取 C 为矩心,列力矩平衡方程有

$$F_{AB} \times \sin\alpha \times 600 \text{ mm} - F \times 900 \text{ mm} = 0$$

得 $F=158.7$ kN,AB 杆工作的稳定安全系数

$$n = \frac{F_{cr}}{F_{AB}} = \frac{269.4 \text{ kN}}{158.7 \text{ kN}} = 1.7 < [n_{st}] = 2$$

由此可知 AB 杆不稳定。

15.5 提高压杆稳定性的措施

由以上各节的讨论可知,影响压杆临界压力和临界应力的因素,或者说影响压杆稳定性的因素,包括压杆截面的形状和尺寸、压杆的长度、压杆端部的支承情况、压杆材料的性质

等。因此，如要采取适当措施来提高压杆的稳定性，必须从以下几方面加以考虑。

15.5.1　选择合理的截面形状

由细长杆和中长杆的临界应力公式

$$\sigma_{cr}=\frac{\pi^2 E}{\lambda^2}, \quad \sigma_{cr}=a-b\lambda$$

可知，两类压杆临界应力的大小和柔度 λ 有关，柔度越小，则临界应力越高，压杆抵抗失稳的能力越强。压杆的柔度为

$$\lambda=\frac{\mu l}{i}=\mu l\sqrt{\frac{A}{I}}$$

由上式可知，对于一定长度和支承方式的压杆，在面积一定的前提下，应尽可能使材料远离截面形心，以加大惯性矩，从而减小压杆的柔度。

例如图 15-16 所示，采用空心的环形截面比实心的圆形截面更为合理。但这时应注意，若为薄壁圆筒，则其壁厚不能过薄，要有一定的限制，以防止圆筒出现局部失稳现象。

如果压杆在各个纵向平面内的支承情况相同，例如球形铰支座和固定端，则应尽可能使截面的最大和最小两个惯性矩相等，即 $I_y=I_z$，这可使压杆在各纵向平面内有相同或接近相同的稳定性。上述的圆形和环形截面，还有正方形截面等都能满足这一要求。显然，图 15-17b 的截面更能满足这一要求。

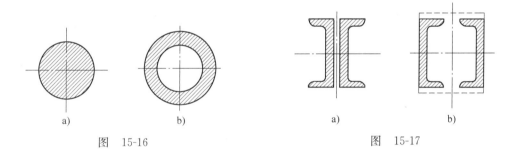

图　15-16　　　　　　　　　　　　　　图　15-17

另外，在工程实际中，也有一类压杆，在两个互相垂直的纵向平面内，其支承情况或相当长度（μl）并不相同，例如柱形铰支座。这时，就相应要求截面对两个互相垂直的轴的惯性矩也不相同，即 $I_y\neq I_z$。理想的截面设计是使压杆在两个纵向平面内的柔度相同，即

$$\lambda_y=\lambda_z$$

或

$$(\mu l)_y\sqrt{\frac{A}{I_y}}=(\mu l)_z\sqrt{\frac{A}{I_z}}$$

经适当设计的组合截面，都有可能满足上述要求。

15.5.2　减小压杆的支承长度

由前述细长杆和中长杆的临界应力计算公式可知，随着压杆长度的增加，其柔度 λ 增加而临界应力 σ_{cr} 减小。因此，在条件允许时，应尽可能减小压杆的长度，或者在压杆的中间增设支座，以提高压杆的稳定性。例如，图 15-18 所示无缝钢管的穿孔机，如在顶杆的中间增加一个抱辊装置，则可提高顶杆的稳定性，从而增加顶杆的穿孔压力 F。

图 15-18

15.5.3 改善杆端的约束情况

由压杆柔度公式可知，若杆端约束刚性越强，则压杆长度系数 μ 越小，即柔度越小，从而临界应力越高。因此，应尽可能改善杆端约束情况，加强杆端约束的刚性。

15.5.4 合理选用材料

由细长杆的临界应力计算公式可知，临界应力值与材料的弹性模量 E 有关；选用 E 值较大的材料，可以提高细长压杆的临界应力。但应注意，就钢材而言，各种钢材的 E 值大致相同，约为 $200\sim210\,GPa$，即使选用高强度钢材，其 E 值也增大不多。所以，对细长压杆来说，选用高强度钢做材料是不必要的。

但是，对于中柔度杆而言，情况则不同。由实验可知，其破坏既有失稳现象，也有强度不足的因素。另外，在直线经验公式的系数 a、b 中，优质钢的 a 值较高。由此可知，中柔度压杆的临界应力与材料的强度有关，强度越高的材料，临界应力也越高。所以，对中柔度压杆而言，选用高强度钢做材料，将有利于提高压杆的稳定性。

最后指出，对于压杆，除了可以采取上述几方面的措施以提高其稳定性外，在可能的条件下，还可以从结构方面采取相应的措施。例如，将结构中比较细长的压杆转换成拉杆，这样，就可以从根本上避免失稳问题。例如对图 15-19 所示的托架，在可能的条件下，在不影响结构的承载能力时，如将图 15-19a 所示的结构改换成图 15-19b 所示的结构，则 AB 杆由承受压力变为承受拉力，从而避免了压杆的失稳问题。

a)   b)

图 15-19

思 考 题

15-1 试述失稳破坏与强度破坏的区别。

15-2 图 15-20 为两组截面，两截面面积相同，试问作为压杆时（两端为球铰），各组中哪一种截面形状合理？

图 15-20

15-3 细长压杆的材料宜用高强度钢还是普通钢？为什么？

15-4 何谓压杆的柔度？它与哪些因素有关？它对临界应力有什么影响？

15-5 欧拉公式适用的范围是什么？如超过范围继续使用，则计算结果偏于危险还是偏于安全？

15-6 如何判别压杆在哪个平面内失稳？图 15-21 所示截面形状的压杆，设两端为球铰。试问，失稳时其截面分别绕哪根轴转动？

图 15-21

15-7 "在材质、杆长、支承情况相同条件下，压杆横截面面积 A 越大，则临界应力就越大。"试举例说明这个结论是否正确？为什么？

15-8 图 15-22 所示各杆的材料和横截面均相同，试问杆能承受的压力哪根最大，哪根最小（图 15-22f 所示杆在中间支承处不能转动）？

图 15-22

15-1 题 15-1 图示为三根材料相同、直径相等的细长杆件。试问，哪一根杆的稳定性最差？哪一根杆的稳定性最好？

答：a、c

15-2 铸铁压杆的直径 $d=40$ mm，长度 $l=0.7$ m，一端固定，另一端自由。试求压杆的临界压力。已知 $E=108$ GPa。

答：68 kN。

15-3 如题 15-3 图中所示为某型飞机起落架中承受轴向压力的斜撑杆。杆为空心圆管，外径 $D=52$ mm，内径 $d=44$ mm，$l=950$ mm。$\sigma_b=1600$ MPa，$\sigma_p=1200$ MPa，$E=210$ GPa。试求斜撑杆的临界压力 F_{cr} 及临界应力 σ_{cr}。

答：$F_{cr}=400$ kN；$\sigma_{cr}=665$ MPa。

题 15-1 图   题 15-3 图

15-4 某型柴油机的挺杆长度 $l=25.7$ cm，圆形横截面的直径 $d=8$ mm，钢材的 $E=210$ GPa，$\sigma_p=240$ MPa。挺杆所受最大力 $F=1.76$ kN。规定的稳定安全系数 $[n_{st}]=2.5$。试校核挺杆的稳定性。

答：$n_{st}=3.57>[n_{st}]$。

15-5 题 15-5 图示压杆的材料为 Q235 钢，其 $E=210$ GPa，在正视图 a 的平面内，两端均为铰支，在俯视图 b 的平面内，两端为固定。试求此压杆的临界压力。

答：257 kN。

15-6 题 15-6 图为 25a 工字钢柱，柱长 $l=7$ m，两端固定，规定稳定安全系数 $[n_{st}]=2$，材料是 Q235 钢，$E=210$ GPa。试求钢柱的许可载荷。

答：$F\leqslant237$ kN。

题 15-5 图   题 15-6 图

15-7 题 15-7 图示为一钢管柱，上端铰支、下端固定，外径 $D=7.6$ cm，内径 $d=6.4$ cm，长度 $l=2.5$ m，材料是铬锰合金钢，比例极限 $\sigma_p=540$ MPa，弹性模量 $E=215$ GPa，如承受的力 $F=150$ kN，规定稳定安全系数 $[n_{st}]=3.5$，试校核此钢管柱的稳定性。

答：$n_{st} = 3.77 > [n_{st}]$。

15-8 托架如题 15-8 图所示，AB 杆的直径 $d = 4$ cm，长度 $l = 80$ cm，两端铰支，材料是 Q235 钢，$E = 200$ GPa。试求：

(1) 根据 AB 杆的失稳计算托架的临界载荷 F_{cr}；

(2) 若已知实际载荷 $F_Q = 70$ kN，AB 杆的规定稳定安全系数 $[n_{st}] = 2$，问此托架是否安全？（不考虑 CD 强度）

答：(1) 269 kN；(2) $n_{st} = 1.7 < [n_{st}]$，安全。

题 15-7 图

题 15-8 图

15-9 题 15-9 图中的横梁 AB 为矩形截面，竖杆截面为圆形，直径 $d = 20$ mm，竖杆两端为柱销连接，材料为 Q235 钢，$E = 206$ GPa，规定稳定安全系数 $[n_{st}] = 3$，若测得 AB 梁的最大弯曲正应力 $\sigma = 120$ MPa。试校核竖杆 CD 的稳定性。

题 15-9 图

答：$n_{st} = 3.87 > [n_{st}]$。

*15-10 一结构如题 15-10 图所示，AB 杆可视为刚体，两支柱的抗弯刚度 EI 相同，两端皆为铰支，试问当载荷 F_Q 多大时，该结构将因支柱失稳而毁坏？

答：$F_Q = \dfrac{3\pi^2 EI}{4l^2}$。

15-11 题 15-11 图示结构中，AB 和 BC 均为圆截面钢杆，已知材料的屈服极限 $\sigma_s = 240$ MPa，比例极限 $\sigma_p = 200$ MPa，材料的弹性模量 $E = 200$ GPa。直线公式的系数 $a = 304$ MPa，$b = 1.12$ MPa，两杆直径相同 $d = 4$ cm，$l_{AB} = 40$ cm，若两杆的安全系数均取为 3，试求结构的最大许可载荷 F。

答：$[F] = 77.8$ kN。

15-12 题 15-12 图示结构，横梁截面为 10 号工字钢。$W_z = 49$ cm³，BD 直杆截面为矩形 20 mm × 30 mm，两端为球铰，材料的弹性模量 $E = 200$ GPa，$\lambda_p = 100$，稳定安全系数 $n_{st} = 2.5$，横梁许用应力 $[\sigma] = 140$ MPa，试校核结构是否安全。

题 15-10 图

题 15-11 图

题 15-12 图

答：$\sigma_{max} = 31.2$ MPa$< [\sigma]$；$n = 5.38 > n_{st}$。

15-13 设有结构如题 15-13 图所示，梁柱材料均为低碳钢，许用应力$[\sigma] = 160$ MPa，AB 梁横截面为正方形，边长 $b = 120$ mm，梁长 $l = 3$ m，CB 柱为圆形截面，其直径 $d = 30$ mm，CB 柱长 $l' = 1$ m，试确定此结构的许可载荷 $[q]$。已知：$n_{st} = 2.25$，$E = 200$ GPa，$\lambda_p = 101$。

题 15-13 图

答：$[q] = 23.37$ kN/m。

15-14 题 15-14 图示横梁 CD，由横截面为矩形的支杆 AB 支承，尺寸如图所示。材料为 Q235 钢，弹性模量 $E = 200$ GPa，比例极限 $\sigma_p = 200$ MPa，屈服极限 $\sigma_s = 240$ MPa，杆 AB 两端为球铰，直线公式经验常数 $a = 310$ MPa，$b = 1.14$ MPa，支杆 AB 规定稳定安全系数 $[n_{st}] = 3$。试从支杆 AB 稳定性角度求该结构所能承受的最大载荷 q_{max}。

答：$q_{max} = 97.24$ kN/m。

15-15 题 15-15 图示 AB 梁为 20a 工字钢，$W_z = 237$ cm^3，立柱是 $d = 60$ mm 的圆杆。横梁和立柱材料相同，$E = 200$ GPa，$[\sigma] = 160$ MPa，$\sigma_p = 200$ MPa，$[n_{st}] = 2.5$。图中 $q = 15$ kN/m，$a = 1$ m，试校核结构的安全性。

题 15-14 图

题 15-15 图

答：$\sigma_{max} = 111.3$ MPa$< [\sigma]$，$n_{st} = 2.98 > [n_{st}]$；安全。

附录　热轧型钢表（GB/T 706—2016）

工字钢、等边角钢、不等边角钢、槽钢的截面尺寸、截面面积、理论质量及截面特性见附表 1～附表 4。

附表 1　工字钢截面尺寸、截面面积、理论质量及截面特性

斜度1:6

符号意义：
h—高度
b—腿宽度
d—腰厚度
t—腿中间厚度
r—内圆弧半径
r_1—腿端圆弧半径

型号	截面尺寸/mm						截面面积/cm²	理论质量/(kg/m)	外表面积/(m²/m)	惯性矩/cm⁴		惯性半径/cm		截面系数/cm³	
	h	b	d	t	r	r_1				I_x	I_y	i_x	i_y	W_x	W_y
10	100	68	4.5	7.6	6.5	3.3	14.33	11.3	0.432	245	33.0	4.14	1.52	49.0	9.72
12	120	74	5.0	8.4	7.0	3.5	17.80	14.0	0.493	436	46.9	4.95	1.62	72.7	12.7
12.6	126	74	5.0	8.4	7.0	3.5	18.10	14.2	0.505	488	46.9	5.20	1.61	77.5	12.7

（续）

型号	截面尺寸/mm						截面面积/cm²	理论质量/(kg/m)	外表面积/(m²/m)	惯性矩/cm⁴		惯性半径/cm		截面系数/cm³	
	h	b	d	t	r	r_1				I_x	I_y	i_x	i_y	W_x	W_y
14	140	80	5.5	9.1	7.5	3.8	21.50	16.9	0.553	712	64.4	5.76	1.73	102	16.1
16	160	88	6.0	9.9	8.0	4.0	26.11	20.5	0.621	1130	93.1	6.58	1.89	141	21.2
18	180	94	6.5	10.7	8.5	4.3	30.74	24.1	0.681	1660	122	7.36	2.00	185	26.0
20a	200	100	7.0	11.4	9.0	4.5	35.55	27.9	0.742	2370	158	8.15	2.12	237	31.5
20b	200	102	9.0	11.4	9.0	4.5	39.55	31.1	0.746	2500	169	7.96	2.06	250	33.1
22a	220	110	7.5	12.3	9.5	4.8	42.10	33.1	0.817	3400	225	8.99	2.31	309	40.9
22b	220	112	9.5	12.3	9.5	4.8	46.50	36.5	0.821	3570	239	8.78	2.27	325	42.7
24a	240	116	8.0	13.0	10.0	5.0	47.71	37.5	0.878	4570	280	9.77	2.42	381	48.4
24b	240	118	10.0	13.0	10.0	5.0	52.51	41.2	0.882	4800	297	9.57	2.38	400	50.4
25a	250	116	8.0	13.0	10.0	5.0	48.51	38.1	0.898	5.020	280	10.2	2.40	402	48.3
25b	250	118	10.0	13.0	10.0	5.0	53.51	42.0	0.902	5280	309	9.94	2.40	423	52.4
27a	270	122	8.5	13.7	10.5	5.3	54.52	42.8	0.958	6550	345	10.9	2.51	485	56.6
27b	270	124	10.5	13.7	10.5	5.3	59.92	47.0	0.962	6870	366	10.7	2.47	509	58.9
28a	280	122	8.5	13.7	10.5	5.3	55.37	43.5	0.978	7110	345	11.3	2.50	508	56.6
28b	280	124	10.5	13.7	10.5	5.3	60.97	47.9	0.982	7480	379	11.1	2.49	534	61.2
30a	300	126	9.0	14.4	11.0	5.5	61.22	48.1	1.031	8950	400	12.1	2.55	597	63.5
30b	300	128	11.0	14.4	11.0	5.5	67.22	52.8	1.035	9400	422	11.8	2.50	627	65.9
30c	300	130	13.0	14.4	11.0	5.5	73.22	57.5	1.039	9850	445	11.6	2.46	657	68.5
32a	320	130	9.5	15.0	11.5	5.8	67.12	52.7	1.084	11100	460	12.8	2.62	692	70.8
32b	320	132	11.5	15.0	11.5	5.8	73.52	57.7	1.088	11600	502	12.6	2.61	726	76.0
32c	320	134	13.5	15.0	11.5	5.8	79.92	62.7	1.092	12200	544	12.3	2.61	760	81.2

（续）

型号	截面尺寸/mm h	b	d	t	r	r₁	截面面积/cm²	理论质量/(kg/m)	外表面积/(m²/m)	惯性矩/cm⁴ I_x	I_y	惯性半径/cm i_x	i_y	截面系数/cm³ W_x	W_y
36a	360	136	10.0	15.8	12.0	6.0	76.44	60.0	1.185	15800	552	14.4	2.69	875	81.2
36b		138	12.0				83.64	65.7	1.189	16500	582	14.1	2.64	919	84.3
36c		140	14.0				90.84	71.3	1.193	17300	612	13.8	2.60	962	87.4
40a	400	142	10.5	16.5	12.5	6.3	86.07	67.6	1.285	21700	660	15.9	2.77	1090	93.2
40b		144	12.5				94.07	73.8	1.289	22800	692	15.6	2.71	1140	96.2
40c		146	14.5				102.1	80.1	1.293	23900	727	15.2	2.65	1190	99.6
45a	450	150	11.5	18.0	13.5	6.8	102.4	80.4	1.411	32200	855	17.7	2.89	1430	114
45b		152	13.5				111.4	87.4	1.415	33800	894	17.4	2.84	1500	118
45c		154	15.5				120.4	94.5	1.419	35300	938	17.1	2.79	1570	122
50a	500	158	12.0	20.0	14.0	7.0	119.2	93.6	1.539	46500	1120	19.7	3.07	1860	142
50b		160	14.0				129.2	101	1.543	48600	1170	19.4	3.01	1940	146
50c		162	16.0				139.2	109	1.547	50600	1220	19.0	2.96	2080	151
55a	550	166	12.5	21.0	14.5	7.3	134.1	105	1.667	62900	1370	21.6	3.19	2290	164
55b		168	14.5				145.1	114	1.671	65600	1420	21.2	3.14	2390	170
55c		170	16.5				156.1	123	1.675	68400	1480	20.9	3.08	2490	175
56a	560	166	12.5				135.4	106	1.687	65600	1370	22.0	3.18	2340	165
56b		168	14.5				146.6	115	1.691	68500	1490	21.6	3.16	2450	174
56c		170	16.5				157.8	124	1.695	71400	1560	21.3	3.16	2550	183
63a	630	176	13.0	22.0	15.0	7.5	154.6	121	1.862	93900	1700	24.5	3.31	2980	193
63b		178	15.0				167.2	131	1.866	98100	1810	24.2	3.29	3160	204
63c		180	17.0				179.8	141	1.870	102000	1920	23.8	3.27	3300	214

注：表中 r、r₁ 的数据用于孔型设计，不做交货条件。

附表 2　等边角钢截面尺寸、截面面积、理论质量及截面特性

符号意义：
b——边宽度
d——边厚度
r——内圆弧半径
r_1——边端圆弧半径
Z_0——重心距离

型号	截面尺寸/mm b	d	r	截面面积/cm²	理论质量/(kg/m)	外表面积/(m²/m)	惯性矩/cm⁴ I_x	I_{x1}	I_{x0}	I_{y0}	惯性半径/cm i_x	i_{x0}	i_{y0}	截面系数/cm³ W_x	W_{x0}	W_{y0}	重心距离/cm Z_0
2	20	3	3.5	1.132	0.89	0.078	0.40	0.81	0.63	0.17	0.59	0.75	0.39	0.29	0.45	0.20	0.60
	20	4	3.5	1.459	1.15	0.077	0.50	1.09	0.78	0.22	0.58	0.73	0.38	0.36	0.55	0.24	0.64
2.5	25	3	3.5	1.432	1.12	0.098	0.82	1.57	1.29	0.34	0.76	0.95	0.49	0.46	0.73	0.33	0.73
	25	4	3.5	1.859	1.46	0.097	1.03	2.11	1.62	0.43	0.74	0.93	0.48	0.59	0.92	0.40	0.76
3.0	30	3	4.5	1.749	1.37	0.117	1.46	2.71	2.31	0.61	0.91	1.15	0.59	0.68	1.09	0.51	0.85
	30	4	4.5	2.276	1.79	0.117	1.84	3.63	2.92	0.77	0.90	1.13	0.58	0.87	1.37	0.62	0.89
3.6	36	3	4.5	2.109	1.66	0.141	2.58	4.68	4.09	1.07	1.11	1.39	0.71	0.99	1.61	0.76	1.00
	36	4	4.5	2.756	2.16	0.141	3.29	6.25	5.22	1.37	1.09	1.38	0.70	1.28	2.05	0.93	1.04
	36	5	4.5	3.382	2.65	0.141	3.95	7.84	6.24	1.65	1.08	1.36	0.7	1.56	2.45	1.00	1.07
4	40	3	5	2.359	1.85	0.157	3.59	6.41	5.69	1.49	1.23	1.55	0.79	1.23	2.01	0.96	1.09
	40	4	5	3.086	2.42	0.157	4.60	8.56	7.29	1.91	1.22	1.54	0.79	1.60	2.58	1.19	1.13
	40	5	5	3.792	2.98	0.156	5.53	10.7	8.76	2.30	1.21	1.52	0.78	1.96	3.10	1.39	1.17
4.5	45	3	5	2.659	2.09	0.177	5.17	9.12	8.20	2.14	1.40	1.76	0.89	1.58	2.58	1.24	1.22
	45	4	5	3.486	2.74	0.177	6.65	12.2	10.6	2.75	1.38	1.74	0.89	2.05	3.32	1.54	1.26
	45	5	5	4.292	3.37	0.176	8.04	15.2	12.7	3.33	1.37	1.72	0.88	2.51	4.00	1.81	1.30
	45	6	5	5.077	3.99	0.176	9.33	18.4	14.8	3.89	1.36	1.70	0.80	2.95	4.64	2.06	1.33

（续）

型号	截面尺寸/mm b	截面尺寸/mm d	截面尺寸/mm r	截面面积/cm²	理论质量/(kg/m)	外表面积/(m²/m)	惯性矩/cm⁴ I_x	惯性矩/cm⁴ I_{x1}	惯性矩/cm⁴ I_{x0}	惯性矩/cm⁴ I_{y0}	惯性半径/cm i_x	惯性半径/cm i_{x0}	惯性半径/cm i_{y0}	截面系数/cm³ W_x	截面系数/cm³ W_{x0}	截面系数/cm³ W_{y0}	重心距离/cm Z_0
5	50	3	5.5	2.971	2.33	0.197	7.18	12.5	11.4	2.98	1.55	1.96	1.00	1.96	3.22	1.57	1.34
		4		3.897	3.06	0.197	9.26	16.7	14.7	3.82	1.54	1.94	0.99	2.56	4.16	1.96	1.38
		5		4.803	3.77	0.196	11.2	20.9	17.8	4.64	1.53	1.92	0.98	3.13	5.03	2.31	1.42
		6		5.688	4.46	0.196	13.1	25.1	20.7	5.42	1.52	1.91	0.98	3.68	5.85	2.63	1.46
5.6	56	3	6	3.343	2.62	0.221	10.2	17.6	16.1	4.24	1.75	2.20	1.13	2.48	4.08	2.02	1.48
		4		4.39	3.45	0.220	13.2	23.4	20.9	5.46	1.73	2.18	1.11	3.24	5.28	2.52	1.53
		5		5.415	4.25	0.220	16.0	29.3	25.4	6.61	1.72	2.17	1.10	3.97	6.42	2.98	1.57
		6		6.42	5.04	0.220	18.7	35.3	29.7	7.73	1.71	2.15	1.10	4.68	7.49	3.40	1.61
		7		7.404	5.81	0.219	21.2	41.2	33.6	8.82	1.69	2.13	1.09	5.36	8.49	3.80	1.64
		8		8.367	6.57	0.219	23.6	47.2	37.4	9.89	1.68	2.11	1.09	6.03	9.44	4.16	1.68
6	60	5	6.5	5.829	4.58	0.236	19.9	36.1	31.6	8.21	1.85	2.33	1.19	4.59	7.44	3.48	1.67
		6		6.914	5.43	0.235	23.4	43.3	36.9	9.60	1.83	2.31	1.18	5.41	8.70	3.98	1.70
		7		7.977	6.26	0.235	26.4	50.7	41.9	11.0	1.82	2.29	1.17	6.21	9.88	4.45	1.74
		8		9.02	7.08	0.235	29.5	58.0	46.7	12.3	1.81	2.27	1.17	6.98	11.0	4.88	1.78
6.3	63	4	7	4.978	3.91	0.248	19.0	33.4	30.2	7.89	1.96	2.46	1.26	4.13	6.78	3.29	1.70
		5		6.143	4.82	0.248	23.2	41.7	36.8	9.57	1.94	2.45	1.25	5.08	8.25	3.90	1.74
		6		7.288	5.72	0.247	27.1	50.1	43.0	11.2	1.93	2.43	1.24	6.00	9.66	4.46	1.78
		7		8.412	6.60	0.247	30.9	58.6	49.0	12.8	1.92	2.41	1.23	6.88	11.0	4.98	1.82
		8		9.515	7.47	0.247	34.5	67.1	54.6	14.3	1.90	2.40	1.23	7.75	12.3	5.47	1.85
		10		11.66	9.15	0.246	41.1	84.3	64.9	17.3	1.88	2.36	1.22	9.39	14.6	6.36	1.93
7	70	4	8	5.570	4.37	0.275	26.4	45.7	41.8	11.0	2.18	2.74	1.40	5.14	8.44	4.17	1.86
		5		6.876	5.40	0.275	32.2	57.2	51.1	13.3	2.16	2.73	1.39	6.32	10.3	4.95	1.91

（续）

型号	截面尺寸/mm			截面面积/cm²	理论质量/(kg/m)	外表面积/(m²/m)	惯性矩/cm⁴				惯性半径/cm			截面系数/cm³			重心距离/cm
	b	d	r				I_x	I_{x1}	I_{x0}	I_{y0}	i_x	i_{x0}	i_{y0}	W_x	W_{x0}	W_{y0}	Z_0
7	70	6	8	8.160	6.41	0.275	37.8	68.7	59.9	15.6	2.15	2.71	1.38	7.48	12.1	5.67	1.95
		7		9.424	7.40	0.275	43.1	80.3	68.4	17.8	2.14	2.69	1.38	8.59	13.8	6.34	1.99
		8		10.67	8.37	0.274	48.2	91.9	76.4	20.0	2.12	2.68	1.37	9.68	15.4	6.98	2.03
7.5	75	5	9	7.412	5.82	0.295	40.0	70.6	63.3	16.6	2.33	2.92	1.50	7.32	11.9	5.77	2.04
		6		8.797	6.91	0.294	47.0	84.6	74.4	19.5	2.31	2.90	1.49	8.64	14.0	6.67	2.07
		7		10.16	7.98	0.294	53.6	98.7	85.0	22.2	2.30	2.89	1.48	9.93	16.0	7.44	2.11
		8		11.50	9.03	0.294	60.0	113	95.1	24.9	2.28	2.88	1.47	11.2	17.9	8.19	2.15
		9		12.83	10.1	0.294	66.1	127	105	27.5	2.27	2.86	1.46	12.4	19.8	8.89	2.18
		10		14.13	11.1	0.293	72.0	142	114	30.1	2.26	2.84	1.46	13.6	21.5	9.56	2.22
8	80	5	9	7.912	6.21	0.315	48.8	85.4	77.3	20.3	2.48	3.13	1.60	8.34	13.7	6.66	2.15
		6		9.397	7.38	0.314	57.4	103	91.0	23.7	2.47	3.11	1.59	9.87	16.1	7.65	2.19
		7		10.86	8.53	0.314	65.6	120	104	27.1	2.46	3.10	1.58	11.4	18.4	8.58	2.23
		8		12.30	9.66	0.314	73.5	137	117	30.4	2.44	3.08	1.57	12.8	20.6	9.46	2.27
		9		13.73	10.8	0.314	81.1	154	129	33.6	2.43	3.06	1.56	14.3	22.7	10.3	2.31
		10		15.13	11.9	0.313	88.4	172	140	36.8	2.42	3.04	1.56	15.6	24.8	11.1	2.35
9	90	6	10	10.64	8.35	0.354	82.8	146	131	34.3	2.79	3.51	1.80	12.6	20.6	9.95	2.44
		7		12.30	9.66	0.354	94.8	170	150	39.2	2.78	3.50	1.78	14.5	23.6	11.2	2.48
		8		13.94	10.9	0.353	106	195	169	44.0	2.76	3.48	1.78	16.4	26.6	12.4	2.52
		9		15.57	12.2	0.353	118	219	187	48.7	2.75	3.46	1.77	18.3	29.4	13.5	2.56
		10		17.17	13.5	0.353	129	244	204	53.3	2.74	3.45	1.76	20.1	32.0	14.5	2.59
		12		20.31	15.9	0.352	149	294	236	62.2	2.71	3.41	1.75	23.6	37.1	16.5	2.67

（续）

型号	截面尺寸/mm			截面面积/cm²	理论质量/(kg/m)	外表面积/(m²/m)	惯性矩/cm⁴				惯性半径/cm			截面系数/cm³			重心距离/cm
	b	d	r				I_x	I_{x1}	I_{x0}	I_{y0}	i_x	i_{x0}	i_{y0}	W_x	W_{x0}	W_{y0}	Z_0
10	100	6	12	11.93	9.37	0.393	115	200	182	47.9	3.10	3.90	2.00	15.7	25.7	12.7	2.67
		7		13.80	10.8	0.393	132	234	209	54.7	3.09	3.89	1.99	18.1	29.6	14.3	2.71
		8		15.64	12.3	0.393	148	267	235	61.4	3.08	3.88	1.98	20.5	33.2	15.8	2.76
		9		17.46	13.7	0.392	164	300	260	68.0	3.07	3.86	1.97	22.8	36.8	17.2	2.80
		10		19.26	15.1	0.392	180	334	285	74.4	3.05	3.84	1.96	25.1	40.3	18.5	2.84
		12		22.80	17.9	0.391	209	402	331	86.8	3.03	3.81	1.95	29.5	46.8	21.1	2.91
		14		26.26	20.6	0.391	237	471	374	99.0	3.00	3.77	1.94	33.7	52.9	23.4	2.99
		16		29.63	23.3	0.390	263	540	414	111	2.98	3.74	1.94	37.8	58.6	25.6	3.06
11	110	7	12	15.20	11.9	0.433	177	311	281	73.4	3.41	4.30	2.20	22.1	36.1	17.5	2.96
		8		17.24	13.5	0.433	199	355	316	82.4	3.40	4.28	2.19	25.0	40.7	19.4	3.01
		10		21.26	16.7	0.432	242	445	384	100	3.38	4.25	2.17	30.6	49.4	22.9	3.09
		12		25.20	19.8	0.431	283	535	448	117	3.35	4.22	2.15	36.1	57.6	26.2	3.16
		14		29.06	22.8	0.431	321	625	508	133	3.32	4.18	2.14	41.3	65.3	29.1	3.24
12.5	125	8	14	19.75	15.5	0.492	297	521	471	123	3.88	4.88	2.50	32.5	53.3	25.9	3.37
		10		24.37	19.1	0.491	362	652	574	149	3.85	4.85	2.48	40.0	64.9	30.6	3.45
		12		28.91	22.7	0.491	423	783	671	175	3.83	4.82	2.46	41.2	76.0	35.0	3.53
		14		33.37	26.2	0.490	482	916	764	200	3.80	4.78	2.45	54.2	86.4	39.1	3.61
		16		37.74	29.6	0.489	537	1050	851	224	3.77	4.75	2.43	60.9	96.3	43.0	3.68
14	140	10	14	27.37	21.5	0.551	515	915	817	212	4.34	5.46	2.78	50.6	82.6	39.2	3.82
		12		32.51	25.5	0.551	604	1100	959	249	4.31	5.43	2.76	59.8	96.9	45.0	3.90
		14		37.57	29.5	0.550	689	1280	1090	284	4.28	5.40	2.75	68.8	110	50.5	3.98
		16		42.54	33.4	0.549	770	1470	1220	319	4.26	5.36	2.74	77.5	123	55.6	4.06

（续）

型号	截面尺寸/mm b	d	r	截面面积/cm²	理论质量/(kg/m)	外表面积/(m²/m)	惯性矩/cm⁴ I_x	I_{x1}	I_{x0}	I_{y0}	惯性半径/cm i_x	i_{x0}	i_{y0}	截面系数/cm³ W_x	W_{x0}	W_{y0}	重心距离/cm Z_0
15	150	8	14	23.75	18.6	0.592	521	900	827	215	4.69	5.90	3.01	47.4	78.0	38.1	3.99
		10		29.37	23.1	0.591	638	1130	1010	262	4.66	5.87	2.99	58.4	95.5	45.5	4.08
		12		34.91	27.4	0.591	749	1350	1190	308	4.63	5.84	2.97	69.0	112	52.4	4.15
		14		40.37	31.7	0.590	856	1580	1360	352	4.60	5.80	2.95	79.5	128	58.8	4.23
		15		43.06	33.8	0.590	907	1690	1440	374	4.59	5.78	2.95	84.6	136	61.9	4.27
		16		45.74	35.9	0.589	958	1810	1520	395	4.58	5.77	2.94	89.6	143	64.9	4.31
16	160	10	16	31.50	24.7	0.630	780	1370	1240	322	4.98	6.27	3.20	66.7	109	52.8	4.31
		12		37.44	29.4	0.630	917	1640	1460	377	4.95	6.24	3.18	79.0	129	60.7	4.39
		14		43.30	34.0	0.629	1050	1910	1670	432	4.92	6.20	3.16	91.0	147	68.2	4.47
		16		49.07	38.5	0.629	1180	2190	1870	485	4.89	6.17	3.14	103	165	75.3	4.55
18	180	12	16	42.24	33.2	0.710	1320	2330	2100	543	5.59	7.05	3.58	101	165	78.4	4.89
		14		48.90	38.4	0.709	1510	2720	2410	622	5.56	7.02	3.56	116	189	88.4	4.97
		16		55.47	43.5	0.709	1700	3120	2700	699	5.54	6.98	3.55	131	212	97.8	5.05
		18		61.96	48.6	0.708	1880	3500	2990	762	5.50	6.94	3.51	146	235	105	5.13
20	200	14	18	54.64	42.9	0.788	2100	3730	3340	864	6.20	7.82	3.98	146	236	112	5.46
		16		62.01	48.7	0.788	2370	4270	3760	971	6.18	7.79	3.96	164	266	124	5.54
		18		69.30	54.4	0.787	2620	4810	4160	1080	6.15	7.75	3.94	182	294	136	5.62
		20		76.51	60.1	0.787	2870	5350	4550	1180	6.12	7.72	3.93	200	322	147	5.69
		24		90.66	71.2	0.785	3340	6460	5290	1380	6.07	7.64	3.90	236	374	167	5.87
22	220	16	21	68.67	53.9	0.866	3190	5680	5060	1310	6.81	8.59	4.37	200	326	154	6.03
		18		76.75	60.3	0.866	3540	6400	5620	1450	6.79	8.55	4.35	223	361	168	6.11
		20		84.76	66.5	0.865	3870	7110	6150	1590	6.76	8.52	4.34	245	395	182	6.18

（续）

型号	截面尺寸/mm			截面面积/cm²	理论质量/(kg/m)	外表面积/(m²/m)	惯性矩/cm⁴				惯性半径/cm			截面系数/cm³			重心距离/cm
	b	d	r				I_x	I_{x1}	I_{x0}	I_{y0}	i_x	i_{x0}	i_{y0}	W_x	W_{x0}	W_{y0}	Z_0
22	220	22	21	92.68	72.8	0.865	4200	7830	6670	1730	6.73	8.48	4.32	267	429	195	6.26
		24		100.5	78.9	0.864	4520	8550	7170	1870	6.71	8.45	4.31	289	461	208	6.33
		26		108.3	85.0	0.864	4830	9280	7690	2000	6.68	8.41	4.30	310	492	221	6.41
25	250	18	24	87.84	69.0	0.985	5270	9380	8370	2170	7.75	9.76	4.97	290	473	224	6.84
		20		97.05	76.2	0.984	5780	10400	9180	2380	7.72	9.73	4.95	320	519	243	6.92
		22		106.2	83.3	0.983	6280	11500	9970	2580	7.69	9.69	4.93	349	564	261	7.00
		24		115.2	90.4	0.983	6770	12500	10700	2790	7.67	9.66	4.92	378	608	278	7.07
		26		124.2	97.5	0.982	7240	13600	11500	2980	7.64	9.62	4.90	406	650	295	7.15
		28		133.0	104	0.982	7700	14600	12200	3180	7.61	9.58	4.89	433	691	311	7.22
		30		141.8	111	0.981	8160	15700	12900	3380	7.58	9.55	4.88	461	731	327	7.30
		32		150.5	118	0.981	8600	16800	13600	3570	7.56	9.51	4.87	488	770	342	7.37
		35		163.4	128	0.980	9240	18400	14600	3850	7.52	9.46	4.86	527	827	364	7.48

注：截面图中的 $r_1 = 1/3d$ 及表中 r 的数据用于孔型设计，不做交货条件。

附表 3　不等边角钢截面尺寸、截面面积、理论质量及截面特性

符号意义：
B——长边宽度
b——短边宽度
d——边厚度
r——内圆弧半径
r₁——边端圆弧半径
X₀——重心距离
Y₀——重心距离

型号	截面尺寸/mm				截面面积/cm²	理论质量/(kg/m)	外表面积/(m²/m)	惯性矩/cm⁴					惯性半径/cm			截面系数/cm³			tanα	重心距离/cm	
	B	b	d	r				I_x	I_{x1}	I_y	I_{y1}	I_u	i_x	i_y	i_u	W_x	W_y	W_u		X_0	Y_0
2.5/1.6	25	16	3	3.5	1.162	0.91	0.080	0.70	1.56	0.22	0.43	0.14	0.78	0.44	0.34	0.43	0.19	0.16	0.392	0.42	0.86
			4		1.499	1.18	0.079	0.88	2.09	0.27	0.59	0.17	0.77	0.43	0.34	0.55	0.24	0.20	0.381	0.46	0.90
3.2/2	32	20	3		1.492	1.17	0.102	1.53	3.27	0.46	0.82	0.28	1.01	0.55	0.43	0.72	0.30	0.25	0.382	0.49	1.08
			4		1.939	1.52	0.101	1.93	4.37	0.57	1.12	0.35	1.00	0.54	0.42	0.93	0.39	0.32	0.374	0.53	1.12
4/2.5	40	25	3	4	1.890	1.48	0.127	3.08	5.39	0.93	1.59	0.56	1.28	0.70	0.54	1.15	0.49	0.40	0.385	0.59	1.32
			4		2.467	1.94	0.127	3.93	8.53	1.18	2.14	0.71	1.36	0.69	0.54	1.49	0.63	0.52	0.381	0.63	1.37
4.5/2.8	45	28	3	5	2.149	1.69	0.143	4.45	9.10	1.34	2.23	0.80	1.44	0.79	0.61	1.47	0.62	0.51	0.383	0.64	1.47
			4		2.806	2.20	0.143	5.69	12.1	1.70	3.00	1.02	1.42	0.78	0.60	1.91	0.80	0.66	0.380	0.68	1.51
5/3.2	50	32	3	5.5	2.431	1.91	0.161	6.24	12.5	2.02	3.31	1.20	1.60	0.91	0.70	1.84	0.82	0.68	0.404	0.73	1.60
			4		3.177	2.49	0.160	8.02	16.7	2.58	4.45	1.53	1.59	0.90	0.69	2.39	1.06	0.87	0.402	0.77	1.65
5.6/3.6	56	36	3	6	2.743	2.15	0.181	8.88	17.5	2.92	4.7	1.73	1.80	1.03	0.79	2.32	1.05	0.87	0.408	0.80	1.78
			4		3.590	2.82	0.180	11.5	23.4	3.76	6.33	2.23	1.79	1.02	0.79	3.03	1.37	1.13	0.408	0.85	1.82
			5		4.415	3.47	0.180	13.9	29.3	4.49	7.94	2.67	1.77	1.01	0.78	3.71	1.65	1.36	0.404	0.88	1.87

（续）

型号	截面尺寸/mm				截面面积/ cm²	理论质量/ (kg/m)	外表面积/ (m²/m)	惯性矩/cm⁴					惯性半径/cm			截面系数/cm³			tanα	重心距离/cm	
	B	b	d	r				I_x	I_{x1}	I_y	I_{y1}	I_u	i_x	i_y	i_u	W_x	W_y	W_u		X_0	Y_0
6.3/4	63	40	4	7	4.058	3.19	0.202	16.5	33.3	5.23	8.63	3.12	2.02	1.14	0.88	3.87	1.70	1.40	0.398	0.92	2.04
			5		4.993	3.92	0.202	20.0	41.6	6.31	10.9	3.76	2.00	1.12	0.87	4.74	2.07	1.71	0.396	0.95	2.08
			6		5.908	4.64	0.201	23.4	50.0	7.29	13.1	4.34	1.96	1.11	0.86	5.59	2.43	1.99	0.393	0.99	2.12
			7		6.802	5.34	0.201	26.5	58.1	8.24	15.5	4.97	1.98	1.10	0.86	6.40	2.78	2.29	0.389	1.03	2.15
7/4.5	70	45	4	7.5	4.553	3.57	0.226	23.2	45.9	7.55	12.3	4.40	2.26	1.29	0.98	4.86	2.17	1.77	0.410	1.02	2.24
			5		5.609	4.40	0.225	28.0	57.1	9.13	15.4	5.40	2.23	1.28	0.98	5.92	2.65	2.19	0.407	1.06	2.28
			6		6.644	5.22	0.225	32.5	68.4	10.6	18.6	6.35	2.21	1.26	0.98	6.95	3.12	2.59	0.404	1.09	2.32
			7		7.658	6.01	0.225	37.2	80.0	12.0	21.8	7.16	2.20	1.25	0.97	8.03	3.57	2.94	0.402	1.13	2.36
7.5/5	75	50	5	8	6.126	4.81	0.245	34.9	70.0	12.6	21.0	7.41	2.39	1.44	1.10	6.83	3.3	2.74	0.435	1.17	2.40
			6		7.260	5.70	0.245	41.1	84.3	14.7	25.4	8.54	2.38	1.42	1.08	8.12	3.88	3.19	0.435	1.21	2.44
			8		9.467	7.43	0.244	52.4	113	18.5	34.2	10.9	2.35	1.40	1.07	10.5	4.99	4.10	0.429	1.29	2.52
			10		11.59	9.10	0.244	62.7	141	22.0	43.4	13.1	2.33	1.38	1.06	12.8	6.04	4.99	0.423	1.36	2.60
8/5	80	50	5	8	6.376	5.00	0.255	42.0	85.2	12.8	21.1	7.66	2.56	1.42	1.10	7.78	3.32	2.74	0.388	1.14	2.60
			6		7.560	5.93	0.255	49.5	103	15.0	25.4	8.85	2.56	1.41	1.08	9.25	3.91	3.20	0.387	1.18	2.65
			7		8.724	6.85	0.255	56.2	119	17.0	29.8	10.2	2.54	1.39	1.08	10.6	4.48	3.70	0.384	1.21	2.69
			8		9.867	7.75	0.254	62.8	136	18.9	34.3	11.4	2.52	1.38	1.07	11.9	5.03	4.16	0.381	1.25	2.73
9/5.6	90	56	5	9	7.212	5.66	0.287	60.5	121	18.3	29.5	11.0	2.90	1.59	1.23	9.92	4.21	3.49	0.385	1.25	2.91
			6		8.557	6.72	0.286	71.0	146	21.4	35.6	12.9	2.88	1.58	1.23	11.7	4.96	4.13	0.384	1.29	2.95
			7		9.881	7.76	0.286	81.0	170	24.4	41.7	14.7	2.86	1.57	1.22	13.5	5.70	4.72	0.382	1.33	3.00
			8		11.18	8.78	0.286	91.0	194	27.2	47.9	16.3	2.85	1.56	1.21	15.3	6.41	5.29	0.380	1.36	3.04
10/6.3	100	63	6	10	9.618	7.55	0.320	99.1	200	30.9	50.5	18.4	3.21	1.79	1.38	14.6	6.35	5.25	0.394	1.43	3.24
			7		11.11	8.72	0.320	113	233	35.3	59.1	21.0	3.20	1.78	1.38	16.9	7.29	6.02	0.394	1.47	3.28
			8		12.58	9.88	0.319	127	266	39.4	67.9	23.5	3.18	1.77	1.37	19.1	8.21	6.78	0.391	1.50	3.32
			10		15.47	12.1	0.319	154	333	47.1	85.7	28.3	3.15	1.74	1.35	23.3	9.98	8.24	0.387	1.58	3.40

（续）

型号	截面尺寸/mm				截面面积/ cm²	理论质量/ (kg/m)	外表面积/ (m²/m)	惯性矩/cm⁴					惯性半径/cm			截面系数/cm³			tanα	重心距离/cm	
	B	b	d	r				I_x	I_{x1}	I_y	I_{y1}	I_u	i_x	i_y	i_u	W_x	W_y	W_u		X_0	Y_0
10/8	100	80	6	10	10.64	8.35	0.354	107	200	61.2	103	31.7	3.17	2.40	1.72	15.2	10.2	8.37	0.627	1.97	2.95
			7		12.30	9.66	0.354	123	233	70.1	120	36.2	3.16	2.39	1.72	17.5	11.7	9.60	0.626	2.01	3.00
			8		13.94	10.9	0.353	138	267	78.6	137	40.6	3.14	2.37	1.71	19.8	13.2	10.8	0.625	2.05	3.04
			10		17.17	13.5	0.353	167	334	94.7	172	49.1	3.12	2.35	1.69	24.2	16.1	13.1	0.622	2.13	3.12
11/7	110	70	6	10	10.64	8.35	0.354	133	266	42.9	69.1	25.4	3.54	2.01	1.54	17.9	7.90	6.53	0.403	1.57	3.53
			7		12.30	9.66	0.354	153	310	49.0	80.8	29.0	3.53	2.00	1.53	20.6	9.09	7.50	0.402	1.61	3.57
			8		13.94	10.9	0.353	172	354	54.9	92.7	32.5	3.51	1.98	1.53	23.3	10.3	8.45	0.401	1.65	3.62
			10		17.17	13.5	0.353	208	443	65.9	117	39.2	3.48	1.96	1.51	28.5	12.5	10.3	0.397	1.72	3.70
12.5/8	125	80	7	11	14.10	11.1	0.403	228	455	74.4	120	43.8	4.02	2.30	1.76	26.9	12.0	9.92	0.408	1.80	4.01
			8		15.99	12.6	0.403	257	520	83.5	138	49.2	4.01	2.28	1.75	30.4	13.6	11.2	0.407	1.84	4.06
			10		19.71	15.5	0.402	312	650	101	173	59.5	3.98	2.26	1.74	37.3	16.6	13.6	0.404	1.92	4.14
			12		23.35	18.3	0.402	364	780	117	210	69.4	3.95	2.24	1.72	44.0	19.4	16.0	0.400	2.00	4.22
14/9	140	90	8	12	18.04	14.2	0.453	366	731	121	196	70.8	4.50	2.59	1.98	38.5	17.3	14.3	0.411	2.04	4.50
			10		22.26	17.5	0.452	446	913	140	246	85.8	4.47	2.56	1.96	47.3	21.2	17.5	0.409	2.12	4.58
			12		26.40	20.7	0.451	522	1100	170	297	100	4.44	2.54	1.95	55.9	25.0	20.5	0.406	2.19	4.66
			14		30.46	23.9	0.451	594	1280	192	349	114	4.42	2.51	1.94	64.2	28.5	23.5	0.403	2.27	4.74
15/9	150	90	8	12	18.84	14.8	0.473	442	898	123	196	74.1	4.84	2.55	1.98	43.9	17.5	14.5	0.364	1.97	4.92
			10		23.26	18.3	0.472	539	1120	149	246	89.9	4.81	2.53	1.97	54.0	21.4	17.7	0.362	2.05	5.01
			12		27.60	21.7	0.471	632	1350	173	297	105	4.79	2.50	1.95	63.8	25.1	20.8	0.359	2.12	5.09
			14		31.86	25.0	0.471	721	1570	196	350	120	4.76	2.48	1.94	73.3	28.8	23.8	0.356	2.20	5.17
			15		33.95	26.7	0.471	764	1680	207	376	127	4.74	2.47	1.93	78.0	30.5	25.3	0.354	2.24	5.21
			16		36.03	28.3	0.470	806	1800	217	403	134	4.73	2.45	1.93	82.6	32.3	26.8	0.352	2.27	5.25

（续）

型号	截面尺寸/mm				截面面积/cm²	理论质量/(kg/m)	外表面积/(m²/m)	惯性矩/cm⁴					惯性半径/cm			截面系数/cm³			tanα	重心距离/cm	
	B	b	d	r				I_x	I_{x1}	I_y	I_{y1}	I_u	i_x	i_y	i_u	W_x	W_y	W_u		X_0	Y_0
16/10	160	100	10	13	25.32	19.9	0.512	669	1360	205	337	122	5.14	2.85	2.19	62.1	26.6	21.9	0.390	2.28	5.24
			12		30.05	23.6	0.511	785	1640	239	406	142	5.11	2.82	2.17	73.5	31.3	25.8	0.388	2.36	5.32
			14		34.71	27.2	0.510	896	1910	271	476	162	5.08	2.80	2.16	84.6	35.8	29.6	0.385	2.43	5.40
			16		39.28	30.8	0.510	1000	2180	302	548	183	5.05	2.77	2.16	95.3	40.2	33.4	0.382	2.51	5.48
18/11	180	110	10	14	28.37	22.3	0.571	956	1940	278	447	167	5.80	3.13	2.42	79.0	32.5	26.9	0.376	2.44	5.89
			12		33.71	26.5	0.571	1120	2330	325	539	195	5.78	3.10	2.40	93.5	38.3	31.7	0.374	2.52	5.98
			14		38.97	30.6	0.570	1290	2720	370	632	222	5.75	3.08	2.39	108	44.0	36.3	0.372	2.59	6.06
			16		44.14	34.6	0.569	1440	3110	412	726	249	5.72	3.06	2.38	122	49.4	40.9	0.369	2.67	6.14
20/12.5	200	125	12	14	37.91	29.8	0.641	1570	3190	483	788	286	6.44	3.57	2.74	117	50.0	41.2	0.392	2.83	6.54
			14		43.87	34.4	0.640	1800	3730	551	922	327	6.41	3.54	2.73	135	57.4	47.3	0.390	2.91	6.62
			16		49.74	39.0	0.639	2020	4260	615	1060	366	6.38	3.52	2.71	152	64.9	53.3	0.388	2.99	6.70
			18		55.53	43.6	0.639	2240	4790	677	1200	405	6.35	3.49	2.70	169	71.7	59.2	0.385	3.06	6.78

注：截面图中的 $r_1 = 1/3d$ 及表中 r 的数据用于孔型设计，不做交货条件。

附表 4 槽钢截面尺寸、截面面积、理论质量及截面特性

符号意义：
h——高度；
b——腿宽度；
d——腰厚度；
t——腿中间厚度；
r——内圆弧半径；
r_1——腿端圆弧半径；
Z_0——重心距离

型号	截面尺寸/mm						截面面积/cm²	理论质量/(kg/m)	外表面积/(m²/m)	惯性矩/cm⁴			惯性半径/cm		截面系数/cm³		重心距离/cm
	h	b	d	t	r	r_1				I_x	I_y	I_{y1}	i_x	i_y	W_x	W_y	Z_0
5	50	37	4.5	7.0	7.0	3.5	6.925	5.44	0.226	26.0	8.30	20.9	1.94	1.10	10.4	3.55	1.35
6.3	63	40	4.8	7.5	7.5	3.8	8.446	6.63	0.262	50.8	11.9	28.4	2.45	1.19	16.1	4.50	1.36
6.5	65	40	4.3	7.5	7.5	3.8	8.292	6.51	0.267	55.2	12.0	28.3	2.54	1.19	17.0	4.59	1.38
8	80	43	5.0	8.0	8.0	4.0	10.24	8.04	0.307	101	16.6	37.4	3.15	1.27	25.3	5.79	1.43
10	100	48	5.3	8.5	8.5	4.2	12.74	10.0	0.365	198	25.6	54.9	3.95	1.41	39.7	7.80	1.52
12	120	53	5.5	9.0	9.0	4.5	15.36	12.1	0.423	346	37.4	77.7	4.75	1.56	57.7	10.2	1.62
12.6	126	53	5.5	9.0	9.0	4.5	15.69	12.3	0.435	391	38.0	77.1	4.95	1.57	62.1	10.2	1.59
14a	140	58	6.0	9.5	9.5	4.8	18.51	14.5	0.480	564	53.2	107	5.52	1.70	80.5	13.0	1.71
14b	140	60	8.0	9.5	9.5	4.8	21.31	16.7	0.484	609	61.1	121	5.35	1.69	87.1	14.1	1.67
16a	160	63	6.5	10.0	10.0	5.0	21.95	17.2	0.538	866	73.3	144	6.28	1.83	108	16.3	1.80
16b	160	65	8.5	10.0	10.0	5.0	25.15	19.8	0.542	935	83.4	161	6.10	1.82	117	17.6	1.75

（续）

型号	h	b	d	t	r	r_1	截面面积/cm²	理论质量/(kg/m)	外表面积/(m²/m)	I_x	I_y	I_{y1}	i_x	i_y	W_x	W_y	Z_0
										惯性矩/cm⁴			惯性半径/cm		截面系数/cm³		重心距离/cm
18a	180	68	7.0	10.5	10.5	5.2	25.69	20.2	0.596	1270	98.6	190	7.04	1.96	141	20.0	1.88
18b		70	9.0	10.5	10.5	5.2	29.29	23.0	0.600	1370	111	210	6.84	1.95	152	21.5	1.84
20a	200	73	7.0	11.0	11.0	5.5	28.83	22.6	0.654	1780	128	244	7.86	2.11	178	24.2	2.01
20b		75	9.0	11.0	11.0	5.5	32.83	25.8	0.658	1910	144	268	7.64	2.09	191	25.9	1.95
22a	220	77	7.0	11.5	11.5	5.8	31.83	25.0	0.709	2390	158	298	8.67	2.23	218	28.2	2.10
22b		79	9.0	11.5	11.5	5.8	36.23	28.5	0.713	2570	176	326	8.42	2.21	234	30.1	2.03
24a	240	78	7.0	12.0	12.0	6.0	34.21	26.9	0.752	3050	174	325	9.45	2.25	254	30.5	2.10
24b		80	9.0	12.0	12.0	6.0	39.01	30.6	0.756	3280	194	355	9.17	2.23	274	32.5	2.03
24c		82	11.0	12.0	12.0	6.0	43.81	34.4	0.760	3510	213	388	8.96	2.21	293	34.4	2.00
25a	250	78	7.0	12.0	12.0	6.0	34.91	27.4	0.722	3370	176	322	9.82	2.24	270	30.6	2.07
25b		80	9.0	12.0	12.0	6.0	39.91	31.3	0.776	3530	196	353	9.41	2.22	282	32.7	1.98
25c		82	11.0	12.0	12.0	6.0	44.91	35.3	0.780	3690	218	384	9.07	2.21	295	35.9	1.92
27a	270	82	7.5	12.5	12.5	6.2	39.27	30.8	0.826	4360	216	393	10.5	2.34	323	35.5	2.13
27b		84	9.5	12.5	12.5	6.2	44.67	35.1	0.830	4690	239	428	10.3	2.31	347	37.7	2.06
27c		86	11.5	12.5	12.5	6.2	50.07	39.3	0.834	5020	261	467	10.1	2.28	372	39.8	2.03
28a	280	82	7.5	12.5	12.5	6.2	40.02	31.4	0.846	4760	218	388	10.9	2.33	340	35.7	2.10
28b		84	9.5	12.5	12.5	6.2	45.62	35.8	0.850	5130	242	428	10.6	2.30	366	37.9	2.02
28c		86	11.5	12.5	12.5	6.2	51.22	40.2	0.854	5500	268	463	10.4	2.29	393	40.3	1.95
30a	300	85	7.5	13.5	13.5	6.8	43.89	34.5	0.897	6050	260	467	11.7	2.43	403	41.1	2.17
30b		87	9.5	13.5	13.5	6.8	49.89	39.2	0.901	6500	289	515	11.4	2.41	433	44.0	2.13
30c		89	11.5	13.5	13.5	6.8	55.89	43.9	0.905	6950	316	560	11.2	2.38	463	46.4	2.09

（续）

型号	截面尺寸/mm						截面面积/cm²	理论质量/(kg/m)	外表面积/(m²/m)	惯性矩/cm⁴			惯性半径/cm		截面系数/cm³		重心距离/cm
	h	b	d	t	r	r_1	cm²	(kg/m)	(m²/m)	I_x	I_y	I_{y1}	i_x	i_y	W_x	W_y	Z_0
32a	320	88	8.0	14.0	14.0	7.0	48.50	38.1	0.947	7600	305	552	12.5	2.50	475	46.5	2.24
32b		90	10.0	14.0	14.0	7.0	54.90	43.1	0.951	8140	336	593	12.2	2.47	509	49.2	2.16
32c		92	12.0	14.0	14.0	7.0	61.30	48.1	0.955	8690	374	643	11.9	2.47	543	52.6	2.09
36a	360	96	9.0	16.0	16.0	8.0	60.89	47.8	1.053	11900	455	818	14.0	2.73	660	63.5	2.44
36b		98	11.0	16.0	16.0	8.0	68.09	53.5	1.057	12700	497	880	13.6	2.70	703	66.9	2.37
36c		100	13.0	16.0	16.0	8.0	75.29	59.1	1.061	13400	536	948	13.4	2.67	746	70.0	2.34
40a	400	100	10.5	18.0	18.0	9.0	75.04	58.9	1.144	17600	592	1070	15.3	2.81	879	78.8	2.49
40b		102	12.5	18.0	18.0	9.0	83.04	65.2	1.148	18600	640	1140	15.0	2.78	932	82.5	2.44
40c		104	14.5	18.0	18.0	9.0	91.04	71.5	1.152	19700	688	1220	14.7	2.75	986	86.2	2.42

注：表中 r、r_1 的数据用于孔型设计，不做交货条件。

参 考 文 献

［1］付彦坤，赵同彬，陈俊国. 工程力学［M］. 北京：机械工业出版社，2018.

［2］戴葆青，等. 工程力学［M］. 北京：北京航空航天大学出版社，2013.

［3］哈尔滨工业大学理论力学教研室. 理论力学［M］. 7版. 北京：高等教育出版社，2009.

［4］刘鸿文. 材料力学［M］. 6版. 北京：高等教育出版社，2017.

［5］王崇革，付彦坤. 理论力学教程［M］. 北京：北京航空航天大学出版社，2006.

［6］陈继刚，等. 工程力学［M］. 徐州：中国矿业大学出版社，2002.

［7］范钦珊，等. 工程力学［M］. 北京：中央广播电视大学出版社，1991.

［8］戴葆青，等. 材料力学［M］. 北京：北京航空航天大学出版社，2006.

［9］李钝，等. 工程力学试题库［M］. 武汉：武汉大学出版社，2013.

［10］邱家骏. 工程力学［M］. 北京：机械工业出版社，2002.

［11］顾志荣，吴永生. 材料力学学习方法及解题指导［M］. 上海：同济大学出版社，2003.

［12］张流芳. 材料力学［M］. 2版. 武汉：武汉理工大学出版社，2002.

［13］李永强. 理论力学［M］. 北京：高等教育出版社，2018.

［14］刘达. 材料力学常见题型解析及模拟题［M］. 西安：西北工业大学出版社，1997.

［15］蔡泰信，和兴锁. 理论力学导教·导学·导考［M］. 西安：西北工业大学出版社，2003.

［16］付彦坤，戴葆青. 工程力学［M］. 北京：北京航空航天大学出版社，2016.

［17］孙训方，等. 材料力学［M］. 6版. 北京：高等教育出版社，2013.

［18］单辉祖，谢佳锋. 工程力学：静力学与材料力学［M］. 北京：高等教育出版社，2006.

［19］蔡乾煌，等. 材料力学精要与典型例题讲解［M］. 北京：清华大学出版社，2004.

［20］胡增强. 材料力学习题解析［M］. 北京：清华大学出版社，2005.

［21］苟文选. 材料力学：Ⅰ［M］. 西安：西北工业大学出版社，2003.

［22］胡增强. 材料力学800题［M］. 徐州：中国矿业大学出版社，1994.